面 向 2 1 世 纪 课 程 教 材

Textbook Series for 21st Century

普通高等教育"九五"国家级重点教材

普通高等教育"十五"国家级规划教材

普通高等教育"十一五"国家级规划教材

面向 2 1 世纪课程教材

Textbook Series for 21st Century

材料力学 II

CAILIAO LIXUE

（第 4 版）

单辉祖　编著

高等教育出版社·北京

内容简介

　　本教材仍保持第 3 版模块式的特点，由《材料力学 I 》与《材料力学 II 》两部分组成。《材料力学 I 》包括材料力学的基本部分，涉及杆件变形的基本形式与组合形式，涵盖强度、刚度与稳定性问题。《材料力学 II 》包括材料力学的加深与扩展部分。

　　本书为《材料力学 II 》，包括弯曲问题进一步研究、能量法、静不定问题分析、动载荷、疲劳、应力分析的实验方法、杆与杆系分析的计算机方法与考虑材料塑性的强度计算等八章。 各章均附有复习题与习题，对于其中部分难题，给出了较详细的求解提示或解法要点。

　　本书具有体系合理、论述严谨、文字精炼、层次分明、重视基础与应用、重视学生能力培养、专业面向宽与教学适用性强等特点，而且，在选材与论述上，特别注意与近代力学的发展相适应。

　　本书可作为高等工科学校多学时类材料力学课程教材，也可供大专院校、职工大学、成人高校及工程技术人员参考。

　　与本书配套的相关教学资源有《材料力学课堂讲授电子教案与习题解答》、《材料力学问题与范例分析》(第 2 版)、《材料力学学习指导书》、《材料力学网上作业系统》与《材料力学网络课程》等，以上教学资源均由高等教育出版社出版发行。

图书在版编目（C I P）数据

材料力学. II ／ 单辉祖编著. --4 版. --北京：
高等教育出版社,2016.9（2019.5重印）
　ISBN 978-7-04-045665-3

　　 I . ①材… 　 II . ①单… 　 III . ①材料力学-高等学校-
教材 　 IV . ①TB301

中国版本图书馆 CIP 数据核字（2016）第 136897 号

策划编辑　黄　强　　　责任编辑　黄　强　　　封面设计　杨立新　　　　版式设计　范晓红
插图绘制　杜晓丹　　　责任校对　陈　杨　　　责任印制　毛斯璐

出版发行	高等教育出版社	网　址	http://www.hep.edu.cn
社　址	北京市西城区德外大街4号		http://www.hep.com.cn
邮政编码	100120	网上订购	http://www.hepmall.com.cn
印　刷	高教社（天津）印务有限公司		http://www.hepmall.com
开　本	787mm×960mm　1/16		http://www.hepmall.cn
印　张	16	版　次	1999 年 9 月第 1 版
字　数	280 千字		2016 年 9 月第 4 版
购书热线	010-58581118	印　次	2019 年 5 月第 4 次印刷
咨询电话	400-810-0598	定　价	25.80 元

本书如有缺页、倒页、脱页等质量问题,请到所购图书销售部门联系调换
版权所有　侵权必究
物料号　45665-00

第4版前言

本教材是《材料力学Ⅰ, Ⅱ》的第4版, 仍保持模块式教材体系, 由《材料力学Ⅰ》与《材料力学Ⅱ》两部分组成。前者涵盖材料力学的基本内容, 后者为材料力学的加深与扩展部分。

在这次修订中, 对全书进行了全面修改, 使论述更严谨规范, 文字更精炼流畅, 层次更分明。在这次修订中, 对于某些学生较难接受的内容, 进行了较大改写, 使阐述更容易理解。在这次修订中, 还特别注意更新内容与传统内容的融合与贯通。

为了帮助读者深入理解与掌握材料力学的基本概念与理论, 提高分析与解决问题的能力, 本书编者新近编著的《材料力学问题与范例分析》(第2版, 高等教育出版社), 可作为本书的配套参考教材。

本书承大连理工大学郑芳怀教授审阅, 提出了许多精辟中肯的意见。在本书的编写与修订中, 先后得到了北京航空航天大学吴鹤华、蒋持平、方汝溶与崔德裕等教授的积极参与和协助。谨此一并致谢。

本书虽经多次修订, 疏漏与欠妥之处仍感难免, 欢迎使用本书的教师与读者批评指正。

编 者
2015 年 11 月

第 3 版前言

本书属于普通高等教育"十一五"国家级规划教材,也是"北京高等教育精品教材"的立项项目。

第 3 版仍保持模块式教材体系,仍由《材料力学 I》与《材料力学 II》两部分组成。

《材料力学 I》为材料力学的基本部分,包括绪论、轴向拉压应力与材料的力学性能、轴向拉压变形、扭转、弯曲内力、弯曲应力、弯曲变形、应力应变状态分析、强度理论、组合变形与压杆稳定问题等 11 章。

《材料力学 II》为材料力学的加深与扩展部分,包括弯曲问题进一步研究、能量法、静不定问题分析、动载荷、疲劳、应力分析的实验方法、杆与杆系分析的计算机方法与考虑材料塑性的强度计算等 8 章。

在这次修订中,对部分教学内容与体系稍作调整。例如,为与理论力学的教学进度相协调,将原来分散在各章的动载荷问题集中成一章,并放置在《材料力学 II》中。又如,为适应众多任课教师的教学习惯,组合变形也独立成章。在这次修订中,对全书文字表述(包括插图)进行了进一步修改与润色,使论述更严谨,文字更精炼流畅,层次更分明。在这次修订中,还增加了大量的例题与带有详细提示或解法要点的习题,同时,进一步加强了解题思路分析与结果讨论。

为了帮助读者深入理解与掌握材料力学的基本概念与理论,提高分析与解题的能力,本书编者编写的《材料力学问题、例题与分析方法》(高等教育出版社),可作为本书的配套参考辅助教材。

本教材承大连理工大学郑芳怀教授审阅,提出了许多精辟而中肯的意见。在编写过程中,北京航空航天大学蒋持平等教授参加了编写讨论,吴鹤华、方汝蓉与崔德裕等教授对书稿进行了校订。谨此一并致谢。

本教材虽经修订,但疏漏与欠妥之处仍感难避免,欢迎使用本书的教师与读者批评指正。

编 者
2009 年 2 月

第 2 版前言

本书是单辉祖编著《材料力学》（Ⅰ）与《材料力学》（Ⅱ）的第二版，属于普通高等教育"十五"国家级规划教材。

本书第一版于 1999 年出版，自出版以来，得到兄弟院校广大教师与学生的欢迎与好评，并获"2000 年度中国高校科学技术奖自然科学奖（教材类）二等奖"和 2002 年全国普通高等学校优秀教材二等奖。第二版仍保持模块式教材体系，仍由《材料力学》（Ⅰ）与《材料力学》（Ⅱ）两部分组成。

《材料力学》（Ⅰ）为材料力学的基本部分，包括绪论、轴向拉压应力与材料的力学性能、轴向拉压变形、扭转、弯曲内力、弯曲应力、弯曲变形、应力应变状态分析、复杂应力状态强度问题以及压杆稳定问题等十章。《材料力学》（Ⅱ）为材料力学的加深与扩展部分，包括非对称弯曲与特殊梁、能量法（一）、能量法（二）、静不定问题分析、杆与杆系分析的计算机方法、应力分析的实验方法、疲劳与断裂以及考虑材料塑性的强度计算等八章。

编者在修订本书时，仍秉承编者的一贯风格，力求论述严谨、文字精炼、层次分明、重视基础与应用、重视学生能力培养、广泛联系工程实际与教学适用性强等，并在选材与阐述上，注意与近代力学的发展相适应。

在这次修订中，为便于教学，对部分教学内容与体系稍作调整，例如，将拉压杆的弹塑性分析以简介的形式移至第三章，对构件作等加速运动与匀速转动的应力计算有所增强，将轴力与扭矩分析独立成节，弯曲内力独立成章，将截面几何性质全部集中在《材料力学》（Ⅰ）的附录 A 中，等等。

这次修订中，在扩大专业面向方面也作了一些改进，希望本教材既符合机械与航空等类专业的教学需要，也基本满足土建与水利等类专业的教学要求。实际上，材料力学作为高等工科院校的一门重要基础技术课程，使学生广泛了解工程实际是必要的。

本书在修订过程中，北京航空航天大学吴鹤华与方汝蓉教授对书稿进行了校订，谨此致谢。

本书虽经修订，但疏漏与欠妥之处仍感难免，欢迎使用本书的教师与读者批评指正。

编 者

2004 年 5 月

第 1 版前言

本教材属于"面向 21 世纪课程教材",也是普通高等教育"九五"国家级重点教材。

《材料力学 I》为材料力学的基本部分,包括基本概念、轴向拉压应力与材料的力学性能、轴向拉压变形、扭转、弯曲应力、弯曲变形、应力应变分析、复杂应力状态强度问题以及压杆稳定等 9 章。

《材料力学 II》为材料力学的加深与扩展部分,包括非对称弯曲与特殊梁、能量法(一)、能量法(二)、静不定问题分析、杆与杆系分析的计算机方法、应力分析的实验方法、疲劳与断裂以及考虑材料塑性的强度计算等 8 章。

各章均附有复习题与习题,在许多章的习题中,还安排了利用计算机解题的作业。

本教材除重视加强基础外,还特别重视概念的更新与拓宽、工程应用的加强以及教学内容的精选与体系的重组,并在妥善处理传统内容的继承与现代科技成果的引进以及知识的传授与能力、素质的培养方面,进行了积极探索。力求使新编教材具有新的内容、新的体系、论述严谨、重视基础与应用(包括计算机应用)、重视学生能力培养并便于教师选用。

本教材由单辉祖编著。参加本书编写讨论与校订的有吴鹤华、郭明洁、蒋持平、孟庆春与王奇志,参加编写讨论的还有张行、方汝蓉、杨乃文、吴国勋、李焕喜与张英世等。

本教材是教育部"面向 21 世纪教学内容与课程体系改革计划"的研究成果,同时还得到北京市教育工作委员会的关心与支持。

本教材承西南交通大学孙训方教授、大连铁道学院陶学文教授以及大连理工大学郑芳怀教授审阅,提出了许多精辟而中肯的意见。在编写过程中,还得到了北京航空航天大学许多同志的支持与帮助。谨此一并致谢。

限于编者水平,书中难免存在一些不足之处,欢迎读者批评指正。

编　者
1999 年 3 月

目　　录

第十二章 弯曲问题进一步研究

第六章详细研究了匀质直梁对称弯曲时的应力,本章进一步研究一般非对称截面梁的弯曲正应力,一般薄壁截面梁的弯曲切应力,以及与其相关的所谓截面剪心问题。此外,本章还将研究复合梁与曲梁等的弯曲正应力,以及计算梁位移的奇异函数法。

§12-1 非对称弯曲正应力

前面所研究的梁,或属于对称弯曲,或属于双对称截面梁的非对称弯曲。本节研究非对称弯曲的一般情况。

一、平面弯曲正应力分析

考虑图 12-1a 所示非对称截面梁,坐标轴 y 与 z 为截面主形心轴,弯矩 M_z 用矢量表示。试验表明,在非对称弯曲时,平面假设与单向受力假设仍成立。因此,弯曲正应力沿横截面线性分布,坐标为 (y,z) 的任一点处的弯曲正应力可表示为

$$\sigma = a + by + cz \qquad\qquad (a)$$

式中,a,b 与 c 为待定常数。

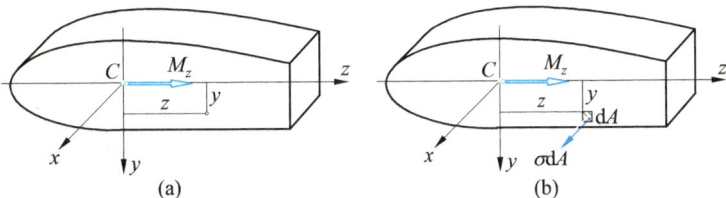

图 12-1

如图 12-1b 所示,横截面上各点处的法向微内力 σdA 构成一空间平行力系,而且,由于横截面上仅存在弯矩 M_z,因此,

$$\int_A \sigma \mathrm{d}A = 0 \qquad\qquad (\mathrm{b})$$

$$\int_A z\sigma \mathrm{d}A = 0 \qquad\qquad (\mathrm{c})$$

$$\int_A y\sigma \mathrm{d}A = -M_z \qquad\qquad (\mathrm{d})$$

将式(a)代入式(b),(c)与式(d),分别得

$$aA + bS_z + cS_y = 0$$

$$aS_y + bI_{yz} + cI_y = 0$$

$$aS_z + bI_z + cI_{yz} = -M_z$$

由于坐标轴 y 与 z 为主形心轴,静矩 $S_y = S_z = 0$,惯性积 $I_{yz} = 0$,解上述方程组得

$$a = 0, \quad c = 0, \quad b = -\frac{M_z}{I_z}$$

代入式(a),于是得

$$\sigma = -\frac{M_z y}{I_z} \qquad\qquad (12-1)$$

上式表明,正应力为零的点均位于主形心轴 z 上,即中性轴沿该主形心轴,并垂直于弯矩 M_z 的作用面。中性轴垂直于弯矩作用面的变形形式,称为平面弯曲。显然,对称弯曲也是一种平面弯曲。

二、非对称弯曲正应力一般公式

在有些情况下,弯矩矢量并不平行于截面的主形心轴,这时,可将该弯矩沿主形心轴分解为 M_y 与 M_z 两个分量(图 12-2a),并应用叠加原理,即得横截面上坐标为 (y,z) 的任一点处的弯曲正应力为

$$\sigma = \frac{M_y z}{I_y} - \frac{M_z y}{I_z} \qquad\qquad (12-2)$$

在应用上述公式时,以矢量沿坐标轴正向的弯矩为正。

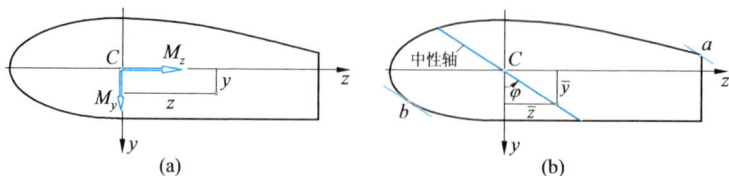

图 12-2

式(12-2)表明,中性轴通过截面形心(图 12-2b)。设中性轴上任一点的坐标为 $(\bar{y}, \bar{z})$,则由该式得中性轴方程为

$$\frac{M_y \bar{z}}{I_y} - \frac{M_z \bar{y}}{I_z} = 0$$

并由此得中性轴在坐标系 Cyz 内的斜率为

$$\tan \varphi = \frac{\bar{z}}{\bar{y}} = \frac{I_y M_z}{I_z M_y} \tag{12-3}$$

而横截面上的最大弯曲正应力,则发生在离中性轴最远的各点处(图 12-2b)。

例 12-1 图 12-3a 所示悬臂梁,自由端承受沿翼缘中心线的载荷 $F = 6 \text{ kN}$ 作用。已知梁长 $l = 1.2 \text{ m}$,截面尺寸如图 12-3b 所示,许用应力 $[\sigma] = 160 \text{ MPa}$,试校核梁的强度。

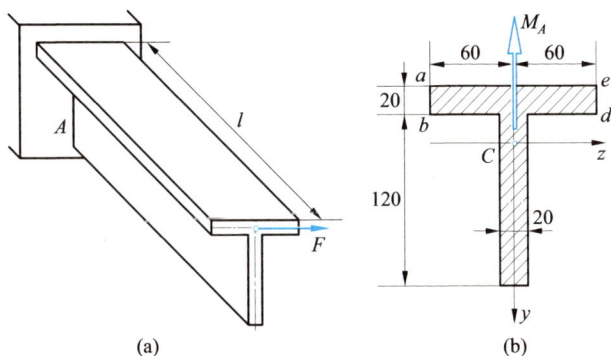

图 12-3

解:1. 问题分析

固定端处横截面 A 的弯矩最大。由图 12-3b 可以看出,坐标轴 y 为截面主形心轴,而弯矩 M_A 的矢量又与该轴重合,所以,中性轴沿坐标轴 y,最大弯曲正应力发生在横截面边缘 ab 与 ed 的各点处,其值则为

$$\sigma_{\max} = \frac{M_A z_{\max}}{I_y}$$

2. 应力计算

截面 A 的弯矩为

$$M_A = Fl = (6 \times 10^3 \text{ N})(1.2 \text{ m}) = 7.2 \times 10^3 \text{ N} \cdot \text{m}$$

截面对坐标轴 y 的惯性矩为

$$I_y = \frac{(0.020 \text{ m})(0.120 \text{ m})^3}{12} + \frac{(0.120 \text{ m})(0.020 \text{ m})^3}{12} = 2.96 \times 10^{-6} \text{ m}^4$$

于是得

$$\sigma_{max} = \frac{(7.2 \times 10^3 \text{ N} \cdot \text{m})(0.060 \text{ m})}{2.96 \times 10^{-6} \text{ m}^4} = 1.46 \times 10^8 \text{ Pa} < [\sigma]$$

可见，梁的弯曲强度符合要求。

例 12-2　图 12-4a 所示横截面梁，弯矩 $M = 5 \times 10^3$ N · m，主形心轴 z 的方位角 $\alpha = -28°30'$，主形心惯性矩 $I_y = 0.385 \times 10^{-6}$ m^4，$I_z = 3.6 \times 10^{-6}$ m^4，试求横截面上的最大弯曲正应力。

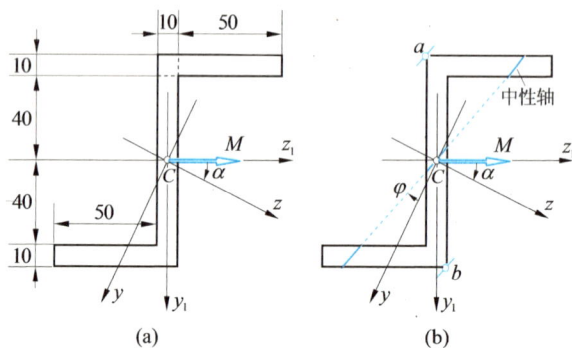

图 12-4

解：1. 确定危险点的位置

弯矩 M 沿主形心轴 y 与 z 的分量分别为

$$M_y = -(5 \times 10^3 \text{ N} \cdot \text{m})\sin 28°30' = -2.39 \times 10^3 \text{ N} \cdot \text{m}$$

$$M_z = (5 \times 10^3 \text{ N} \cdot \text{m})\cos 28°30' = 4.39 \times 10^3 \text{ N} \cdot \text{m}$$

根据式（12-3），得中性轴的方位角为

$$\varphi = \arctan\frac{I_y M_z}{I_z M_y} = \arctan\frac{(0.385 \times 10^{-6} \text{ m}^4)(4.39 \times 10^3 \text{ N} \cdot \text{m})}{(3.60 \times 10^{-6} \text{ m}^4)(-2.39 \times 10^3 \text{ N} \cdot \text{m})} = -11°7'$$

可见，横截面上的角点 a 与 b 为危险点（图 12-4b），其上分别作用有最大弯曲拉应力与最大弯曲压应力。

2. 计算最大弯曲正应力

在坐标系 Cy_1z_1 内，a 点的坐标为

$$y_{1a} = -0.050 \text{ m}, \quad z_{1a} = -0.005 \text{ m}$$

根据坐标变换公式(见《材料力学 I 》§ A-6),得该点在坐标系 Cyz 内的坐标为

$$y_a = y_{1a}\cos\alpha + z_{1a}\sin\alpha$$

$$z_a = z_{1a}\cos\alpha - y_{1a}\sin\alpha$$

代入相关数据,得

$$y_a = -0.041\ 6\ \text{m}, \quad z_a = -0.028\ 3\ \text{m}$$

根据式(12-2),于是得 a 点处的正应力即最大弯曲拉应力为

$$\sigma_{t,\max} = \left[\frac{(-2.39\times10^3)(-0.028\ 3)}{0.385\times10^{-6}} - \frac{(4.39\times10^3)(-0.041\ 6)}{3.60\times10^{-6}}\right]\text{Pa}$$

$$= 2.26\times10^8\ \text{Pa} = 226\ \text{MPa}$$

同理,得 b 点处的正应力即最大弯曲压应力为

$$\sigma_{c,\max} = 226\ \text{MPa}$$

§ 12-2　薄壁截面梁的弯曲切应力

在工程结构中,广泛采用薄壁截面梁,本节研究薄壁截面梁的弯曲切应力。

考虑图 12-5a 所示开口薄壁梁,坐标轴 y 与 z 为截面主形心轴。在平行于主形心轴 y 的载荷作用下[1],梁发生平面弯曲。

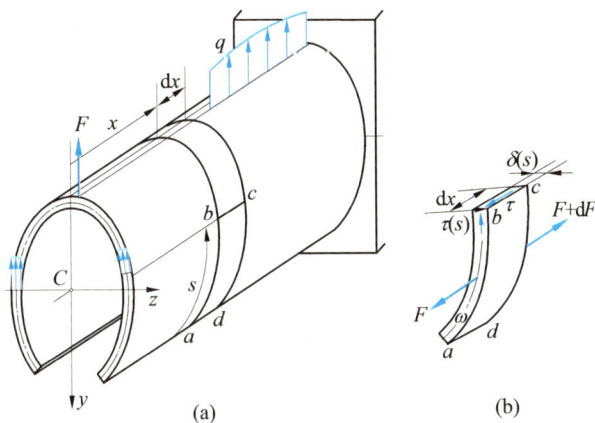

图 12-5

对于薄壁梁的弯曲切应力,可作如下假设:横截面上各点处的弯曲切应力,平行于该点处的周边或截面中心线的切线,并沿壁厚均匀分布。现在,利用上述

---

[1]　关于载荷的作用位置将在 § 12-3 中讨论。

假设,研究弯曲切应力沿截面中心线的变化规律。

首先在横截面 x 处,切取微段 $\mathrm{d}x$,然后在截面中心线曲线坐标 s 处,再用一个沿壁厚方位的纵截面将该微段的下部切出(图 12-5b)。根据切应力互等定理可知,纵截面 bc 上的切应力 τ 数值上等于横截面上 s 处的切应力 $\tau(s)$。

设截面 ab 与 cd 的面积均为 ω,s 处的壁厚为 $\delta(s)$,在该二截面上由弯曲正应力构成的法向合力分别为 F 与 $F+\mathrm{d}F$,则根据微段下部 $abcd$ 的轴向平衡方程

$$\sum F_x = 0, \quad F+\mathrm{d}F-\tau(s)\delta(s)\mathrm{d}x-F = 0$$

得

$$\tau(s) = \frac{1}{\delta(s)} \frac{\mathrm{d}F}{\mathrm{d}x} \tag{a}$$

由图 12-5b 可以看出,

$$F = \int_\omega \sigma \mathrm{d}A = \int_\omega \frac{My}{I_z}\mathrm{d}A = \frac{MS_z(\omega)}{I_z} \tag{b}$$

式中,$S_z(\omega)$ 代表截面 ω 对坐标轴 z 的静矩。

将式(b)代入式(a),并设横截面 x 上的剪力为 F_S,于是得截面 x 上 s 处的弯曲切应力为

$$\tau(s) = \frac{F_S S_z(\omega)}{I_z \delta(s)} \tag{12-4}$$

而该处的弯曲剪流(即截面中心线单位长度上的剪切力)则为

$$q(s) = \tau(s)\delta(s) = \frac{F_S S_z(\omega)}{I_z} \tag{12-5}$$

由式(12-4)与(12-5)可以看出,切应力 $\tau(s)$ 与剪流 $q(s)$ 分别随 $S_z(\omega)/\delta(s)$ 与 $S_z(\omega)$ 变化,即弯曲切应力与弯曲剪流的分布规律,均仅取决于截面的形状与尺寸。由此可见,横截面上由弯曲切应力所构成的合力即剪力 F_S,其作用线的位置也仅取决于截面的形状与尺寸。

例 12-3 图 12-6a 所示工字形薄壁梁,剪力 F_S 位于对称轴 y,且方向向上,上、下翼缘的厚度均为 δ,腹板的厚度为 δ_1,试确定横截面上弯曲剪流的分布规律。

解: 1. 翼缘的弯曲剪流分布

下翼缘左部距左端 η 处的弯曲剪流为

$$q_f(\eta) = \frac{F_S S_z(\eta)}{I_z} = \frac{F_S}{I_z} \cdot \eta\delta \cdot \frac{h}{2} = \frac{F_S h\delta}{2I_z} \cdot \eta$$

即弯曲剪流沿翼缘中心线线性变化,在 $\eta = b/2$ 处最大,其值为

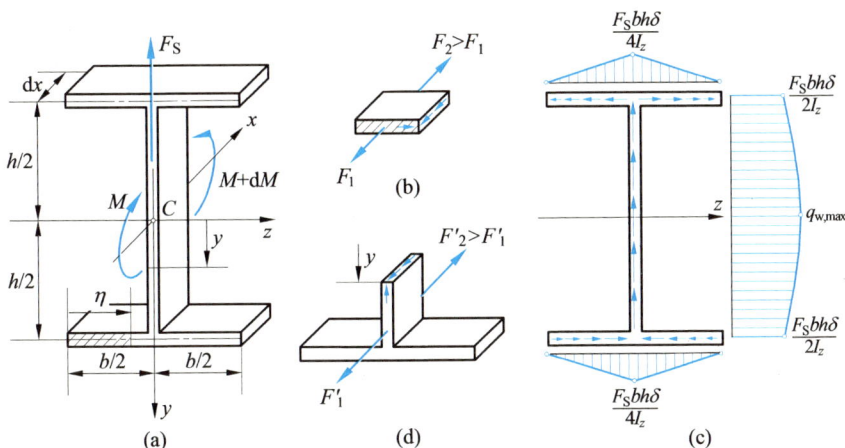

图 12-6

$$q_{f,max} = \frac{F_s bh\delta}{4I_z} \qquad (a)$$

如图 12-6a 与 b 所示,由于剪力 F_s 为正,$dM = F_s dx > 0$,因而 $F_2 > F_1$,所以,下翼缘左部的弯曲剪流方向指向腹板。

至于下翼缘右部与上翼缘左、右部的弯曲剪流,同样可采用上述方法进行分析,其分布规律与方向如图 12-6c 所示。

2. 腹板的弯曲剪流分布

在腹板中心线上坐标 y 处(图 12-6a),其下侧部分截面对中性轴的静矩为

$$S_z(y) = b\delta \cdot \frac{h}{2} + \delta_1\left(\frac{h}{2} - y\right) \cdot \frac{1}{2}\left(\frac{h}{2} + y\right) = \frac{b\delta h}{2} + \frac{\delta_1}{2}\left(\frac{h^2}{4} - y^2\right)$$

所以,该处的弯曲剪流为

$$q_w(y) = \frac{F_s}{I_z}\left[\frac{b\delta h}{2} + \frac{\delta_1}{2}\left(\frac{h^2}{4} - y^2\right)\right]$$

即弯曲剪流沿腹板中心线按抛物线规律变化(图 12-6c),在中性轴处最大,其值为

$$q_{w,max} = \frac{F_s h(4b\delta + h\delta_1)}{8I_z} \qquad (12-6)$$

在腹板的上、下端点($y = \mp h/2$),弯曲剪流则均为

$$q_{w,\pm h/2} = \frac{F_s bh\delta}{2I_z} \qquad (12-7)$$

由图 12-6d 可以看出,由于 $F_2' > F_1'$,腹板弯曲剪流的方向向上(图 12-6c),即与剪力 F_S 的方向相同。

3. 弯曲剪流的"流动"特性

比较式(a)与式(12-7)可知,腹板末端处的弯曲剪流,数值上等于该处左、右翼缘的弯曲剪流之和。如果再考虑到剪流的方向,则可以形象地说,腹板上的弯曲剪流,是由下翼缘的左、右两边"流来",然后"流往"上翼缘的左、右两边。

实际上,由于腹板弯曲剪流的方向可根据剪力方向确定,再进一步利用剪流"流动"的上述特性,即可判断上、下翼缘的弯曲剪流方向。

*§12-3 截面剪心

前曾指出,平面弯曲时,横截面上剪力作用线的位置,仅取决于截面的形状与尺寸。

当槽形薄壁梁发生对称弯曲时,剪力 F_S 位于横截面的对称轴。但是,当该梁在垂直于对称轴的方位发生平面弯曲时(图 12-7a),剪力 F_{Sy} 的作用线位于何处,则尚待确定。应当注意,当梁承受横向载荷 F_y 时,如果该载荷不位于剪力 F_{Sy} 所在纵向平面(图 12-7b),则将载荷 F_y 平移到该平面时,将产生附加扭力偶矩 M_a,于是,梁不仅发生弯曲变形,同时发生扭转变形(图 12-7c),而这对于抗扭性能很差的开口薄壁杆极为不利。因此,为了正确分析杆的受力与变形,必需研究剪力作用线的位置,以及使梁仅弯不扭的加载条件。

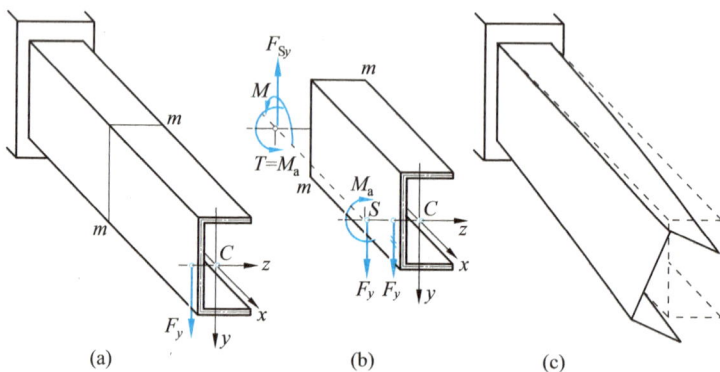

图 12-7

一、剪心概念

如图 12-8a 与 b 所示,设梁绕主形心轴 z 发生平面弯曲时,剪力 F_{Sy} 的作用线位于坐标轴 y 左侧 e_z 处,当梁绕主形心轴 y 发生平面弯曲时,剪力 F_{Sz} 的作用线位于坐标轴 z 下侧 e_y 处,则当横向外力通过坐标为 (e_y,e_z) 的点时(图 12-8c),梁将仅发生弯曲变形,而无扭转变形。

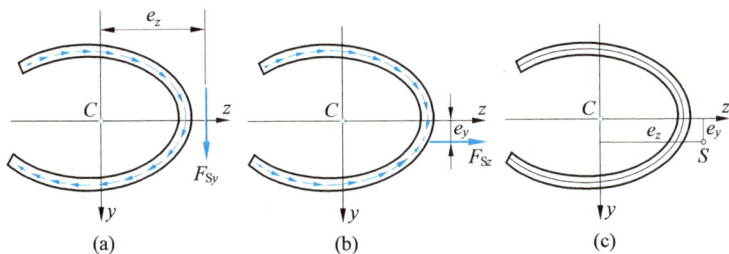

图 12-8

在横截面所在平面内,剪力 F_{Sy} 与 F_{Sz} 作用线的交点,称为剪心或弯心。由此可见,当横向外力(集中力或分布力)通过截面剪心时,梁才仅弯不扭。

二、剪心位置的确定

现以图 12-9a 所示槽形薄壁梁为例,介绍确定剪心位置的方法。

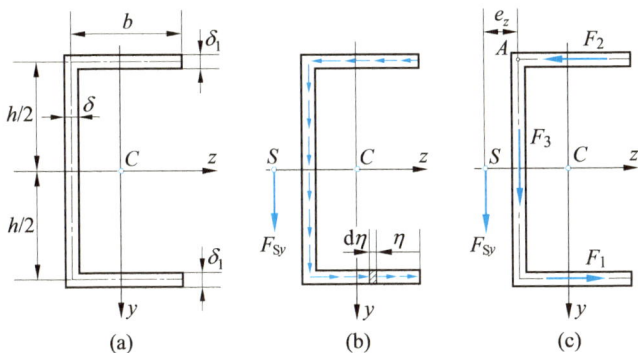

图 12-9

设剪力 F_{Sy} 通过截面剪心,梁在垂直于对称轴 z 的方位发生平面弯曲(图 12-9b),则下翼缘 η 处的弯曲切应力为

$$\tau(\eta) = \frac{F_{Sy}S_z(\eta)}{I_z\delta_1} = \frac{F_{Sy}h\eta}{2I_z}$$

而在整个下翼缘上,由其构成的剪切力则为

$$F_1 = \int_0^b \tau(\eta)\delta_1\mathrm{d}\eta = \frac{F_{Sy}h\delta_1 b^2}{4I_z} \tag{a}$$

如图 12-9c 所示,作用在上翼缘与腹板上的剪切力 F_2 与 F_3 相交于中心线角点 A,于是,以 A 为矩心,并设剪心 S 与腹板中心线的距离为 e_z,则由合力矩定理可知,

$$e_z = \frac{F_1 h}{F_{Sy}}$$

将式(a)代入上式,并考虑到

$$I_z = \frac{\delta h^3}{12} + 2b\delta_1\left(\frac{h}{2}\right)^2 = \frac{h^2(\delta h + 6b\delta_1)}{12}$$

于是得

$$e_z = \frac{3\delta_1 b^2}{\delta h + 6b\delta_1} \tag{12-8}$$

上式表明,薄壁杆横截面的剪心位置,仅与截面的形状与尺寸有关,而与外力无关。

三、典型截面的剪心位置

当截面具有一个对称轴时,剪心必位于该对称轴（图 12-10a）；而对于双对称截面,则剪心必与形心重合（图 12-10b）。

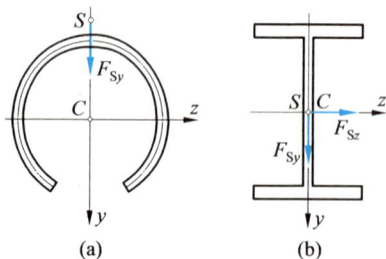

图 12-10

对于中心线为由两段直线组成的薄壁截面,例如 L 形、T 与 V 形等薄壁截面,其剪心必位于上述二直线的交点。例如,当 L 形薄壁梁绕主形心轴 z 发生平

面弯曲时(图 12-11a),横截面上由弯曲切应力构成的剪切力 F_1 与 F_2 汇交于角点 a,它们的合力即剪力 F_{Sy} 的作用线必通过角点 a。同理,当该梁绕主形心轴 y 发生平面弯曲时(图 12-11b),剪力 F_{Sz} 的作用线也一定通过角点 a。可见,角点 a 即截面剪心。

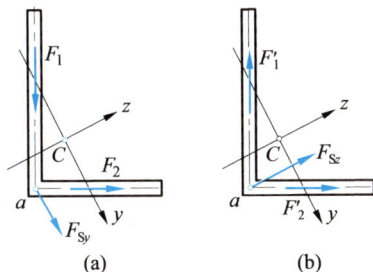

图 12-11

几种典型截面的剪心位置如表 12-1 所示。

表 12-1　典型截面的剪心位置

序号	1	2	3	4
截面形状				
剪心位置	中心线交点	剪心与形心重合	$e=\dfrac{b\delta_2 h_2^3}{\delta_1 h_1^3+\delta_2 h_2^3}$	$e=\dfrac{2R_0(\sin\varphi-\varphi\cos\varphi)}{\varphi-\sin\varphi\cos\varphi}$

*四、关于剪力与扭矩的进一步研究

考虑承受任意外力的杆件,为分析其内力,在任一横截面 $m-m$ 假想地将杆切开(图 12-12),并在切开截面的形心处,沿杆轴及主形心轴建立坐标轴 x,y 与 z,于是,横截面上的内力,即可用内力分量 F_N,F_y 与 F_z 以及内力偶矩分量 M_x,M_y 与 M_z 表示。

当截面形心与剪心重合时,内力分量 F_y 与 F_z 即为剪力,内力偶矩分量 M_x 即为扭矩。但是,当截面形心与剪心不重合时,则应将上述三分量向截面剪心简化,由此所得合力偶矩即为扭矩,而作用在剪心上的内力 F_y 与 F_z 则为剪力。例如图 12-13 所示横截面,在形心 C 处作用有内力偶矩分量 M_x 与内力分量 F_y,将它们向剪心 S 简化,即得该截面的扭矩与剪力分别为

$$T = M_x - F_y e$$
$$F_{Sy} = F_y$$

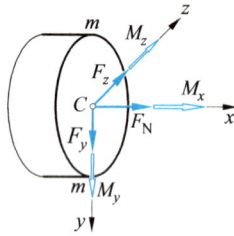

图 12-12

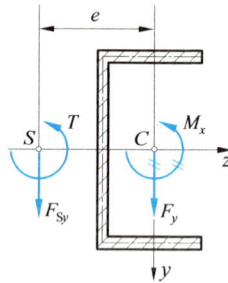

图 12-13

由此可见,扭矩为横截面上的分布剪切力对剪心的主矩,而剪力则为上述分布力对剪心的主矢。

例 12-4　图 12-14a 所示开口薄壁圆截面,平均半径为 R_0,壁厚为 δ,试确定截面剪心的位置与最大弯曲剪流。

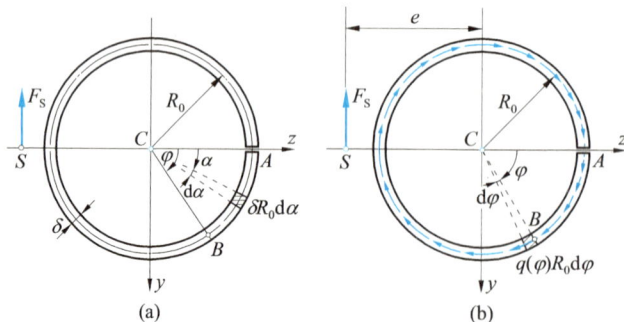

图 12-14

解: 由于坐标轴 z 是截面的对称轴,所以,剪心 S 必位于该轴上。

截面中心线上任一点 B 的位置用极角 φ 表示,当梁在垂直于坐标轴 z 的方位发生平面弯曲时,该点处的弯曲剪流为

$$q(\varphi) = \frac{F_S S_z(\varphi)}{I_z} \tag{a}$$

式中,$S_z(\varphi)$ 代表弧形截面 AB 对中性轴 z 的静矩,其值为

$$S_z(\varphi) = \int_0^\varphi R_0 \sin \alpha \cdot \delta R_0 \mathrm{d}\alpha = R_0^2 \delta(1-\cos \varphi) \tag{b}$$

由式(A-10)与(A-12)可知[1],薄壁圆截面的惯性矩为

$$I_z = \pi R_0^3 \delta \tag{12-9}$$

将式(b)与上式代入式(a),得

$$q(\varphi) = \frac{F_S(1-\cos \varphi)}{\pi R_0} \tag{12-10}$$

弯曲剪流的分布如图 12-14b 所示,在微弧段 $R_0 \mathrm{d}\varphi$ 上,作用切向微剪切力 $q(\varphi)R_0 \mathrm{d}\varphi$。于是,以圆心 O 为矩心,并设剪心 S 与形心 C 间的距离为 e,则根据合力矩定理可知,

$$F_S e = \int_0^{2\pi} R_0 \cdot q(\varphi) R_0 \mathrm{d}\varphi = \frac{R_0 F_S}{\pi} \int_0^{2\pi} (1-\cos \varphi) \mathrm{d}\varphi = 2F_S R_0$$

于是得

$$e = 2R_0 \tag{12-11}$$

由式(12-10)可以看出,当 $\varphi = \pi$ 即在中性轴上各点处,弯曲剪流最大,其值则为

$$q_{max} = q(\pi) = \frac{2F_S}{\pi R_0} \tag{12-12}$$

§12-4 复 合 梁

由两种或两种以上材料所组成的整体梁,称为复合梁。例如,用两种不同金属组成的双金属梁(图 12-15a),以及由面板与芯材组成的夹层梁(图 12-15b)等,均为复合梁。本节研究复合梁对称弯曲时的正应力。

一、复合梁基本方程

考虑图 12-16a 所示对称截面复合梁,区域 1 与 2 的材料不同,弹性模量分

---

[1] 见《材料力学 I》(第 4 版)。

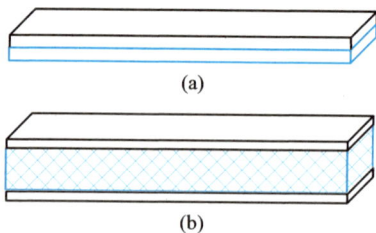

图 12-15

别为 E_1 与 E_2，相应的横截面面积分别为 A_1 与 A_2，并分别简称为截面 1 与截面 2。在梁两端的纵向对称面内，作用一对方向相反、其矩均为 M 的力偶。试验表明，复合梁弯曲时，平面假设与单向受力假设仍成立。

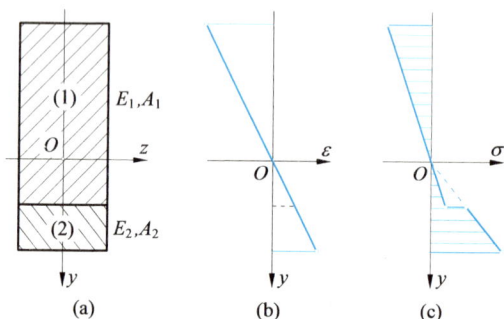

图 12-16

首先，沿截面对称轴与中性轴分别建立坐标轴 y 与 z，并用 ρ 表示中性层的曲率半径，则根据平面假设可知，横截面上纵坐标为 y 处的纵向正应变为

$$\varepsilon = \frac{y}{\rho}$$

可见，纵向正应变沿截面高度线性变化（图 12-16b）。

根据单向受力假设可知，当梁内正应力不超过比例极限时，截面 1 与 2 上的弯曲正应力分别为

$$\left. \begin{aligned} \sigma_1 &= \frac{E_1 y}{\rho} \\ \sigma_2 &= \frac{E_2 y}{\rho} \end{aligned} \right\} \tag{a}$$

即弯曲正应力沿截面 1 与 2 分区线性变化（图 12-16c），而在该二截面的交界

处,正应力值则发生突变。对于由多种材料组成的复合梁,虽然其纵向正应变沿截面高度连续变化,但由于材料的非均匀性,在不同材料的交界处,弯曲正应力发生突变。

现在研究问题的静力学方面。由于横截面上不存在轴力、仅存在弯矩 M,因此,

$$\int_{A_1} \sigma_1 \mathrm{d}A_1 + \int_{A_2} \sigma_2 \mathrm{d}A_2 = 0 \qquad (\mathrm{b})$$

$$\int_{A_1} y\sigma_1 \mathrm{d}A_1 + \int_{A_2} y\sigma_2 \mathrm{d}A_2 = M \qquad (\mathrm{c})$$

将式(a)代入式(b),得

$$E_1 \int_{A_1} y\mathrm{d}A_1 + E_2 \int_{A_2} y\mathrm{d}A_2 = 0 \qquad (12-13)$$

由此式即可确定中性轴的位置。

将式(a)代入式(c),得

$$\frac{E_1}{\rho} \int_{A_1} y^2 \mathrm{d}A_1 + \frac{E_2}{\rho} \int_{A_2} y^2 \mathrm{d}A_2 = M$$

由此得中性轴的曲率为

$$\frac{1}{\rho} = \frac{M}{E_1 I_1 + E_2 I_2} \qquad (12-14)$$

式中,I_1 与 I_2 分别代表截面 A_1 与 A_2 对中性轴的惯性矩。

最后,将式(12-14)代入式(a),于是得复合梁的弯曲正应力为

$$\left. \begin{aligned} \sigma_1 &= \frac{ME_1 y}{E_1 I_1 + E_2 I_2} \\ \sigma_2 &= \frac{ME_2 y}{E_1 I_1 + E_2 I_2} \end{aligned} \right\} \qquad (12-15)$$

二、转换截面法

转换截面法是以式(12-13)~(12-15)为依据,将多种材料构成的截面,转换为单一材料的等效截面,然后采用分析均质材料梁的方法进行求解。

首先,令

$$n = \frac{E_2}{E_1}, \qquad \overline{I}_z = I_1 + nI_2$$

式中,比值 n 称为模量比。于是,式(12-13)与(12-14)即分别简化为

$$\int_{A_1} y\mathrm{d}A_1 + \int_{A_2} yn\mathrm{d}A_2 = 0 \qquad (12-16)$$

$$\frac{1}{\rho} = \frac{M}{E_1 \bar{I}_z} \tag{12-17}$$

而截面 1 与 2 上的弯曲正应力则分别为

$$\left.\begin{aligned} \sigma_1 &= \frac{My}{\bar{I}_z} \\[2mm] \sigma_2 &= n\frac{My}{\bar{I}_z} \end{aligned}\right\} \tag{12-18}$$

由此可见,如果将材料 1 所构成的截面 1 保持不变,而将截面 2 沿坐标轴 z 方位的尺寸乘以 n 倍,即将实际截面(图 12-17a)变换成仅由材料 1 所构成的截面(图 12-17b),显然,该截面的水平形心轴与实际截面的中性轴重合,对中性轴 z 的惯性矩等于 $\bar{I}_z$,而其弯曲刚度则为 $E_1 \bar{I}_z$。按模量比进行变换所得单一材料截面,称为**转换截面**。在中性轴位置与弯曲刚度方面,转换截面与实际截面完全等效。

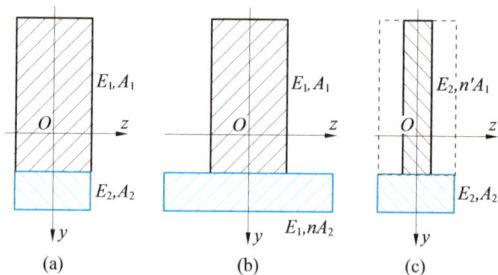

图 12-17

在以上分析中,是以材料 1 为基本材料,而将截面 2 进行变换。同理,也可选择材料 2 为基本材料,而将截面 1 进行变换(图 12-17c),计算结果相同。

一般情况下,对于由 m 种材料组成的复合梁,设选材料 j 为基本材料,并令

$$n_{ij} = \frac{E_i}{E_j} \quad (i = 1, 2, \cdots, m) \tag{12-19}$$

则相应转换截面对中性轴的惯性矩为

$$\bar{I}_z = \sum_{i=1}^{m} n_{ij} I_{z,i} \tag{12-20}$$

而截面 i 的弯曲正应力则为

$$\sigma_i = n_{ij} \frac{My}{\bar{I}_z} \quad (i = 1, 2, \cdots, m) \tag{12-21}$$

三、夹层梁简化理论

夹层梁一般由薄面板与厚芯材组成(图 12-18)。与芯材相比,面板通常采用强度与弹性模量均较高的材料制成,而芯材则通常采用比重小、强度与弹性模量均较低的材料制成。工程中,当需要强度高、刚度大而重量又较轻的构件时,常采用夹层结构形式,包括夹层板、夹层壳与上述夹层梁等。

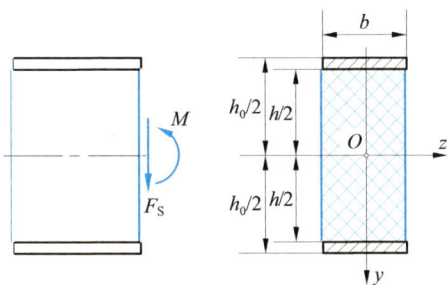

图 12-18

显然,夹层梁也是一种复合梁,但考虑到夹层梁的上述特点,因此,工程中常采用简化理论进行分析计算。

首先,由于面板的弹性模量远大于芯材的弹性模量,因此,假设弯矩完全由面板承受,于是得面板的最大弯曲正应力为

$$\sigma_{max} = \frac{6Mh_0}{b(h_0^3 - h^3)}$$

其次,由于面板厚度远小于芯材厚度,因此,假设剪力完全由芯材承受。如上所述,假设芯材不承受弯曲正应力,因此,弯曲切应力沿芯材截面均匀分布,其值则为

$$\tau = \frac{F_S}{bh}$$

以上关于芯材与面板分别承受剪力与弯矩的简化理论,概念直观,计算简便,因而在工程中得到广泛应用。

例 12-5 一复合梁,横截面如图 12-19a 所示,其上部为木材,下部为钢板,二者牢固地连接在一起。若弯矩 $M = 30$ kN·m,并位于纵向对称面内,木与钢的弹性模量分别为 $E_w = 10$ GPa 与 $E_s = 200$ GPa,试画横截面上的弯曲正应力分布图,并计算木材与钢板横截面上的最大弯曲正应力。

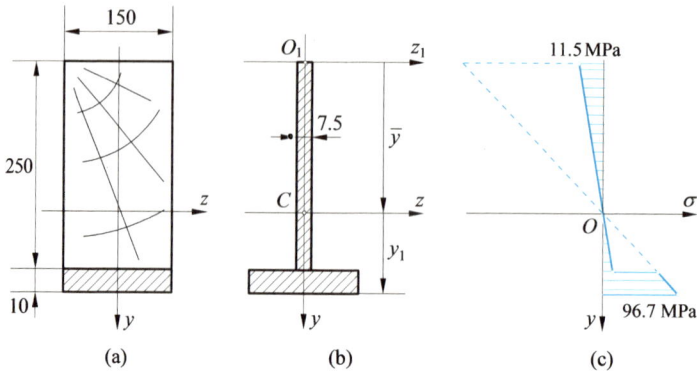

图 12-19

解: 1. 确定转换截面及其几何性质

设以钢为基本材料,将木材部分进行转换,则由于模量比为

$$n = \frac{E_w}{E_s} = \frac{10 \text{ GPa}}{200 \text{ GPa}} = \frac{1}{20}$$

得转换截面如图 12-19b 所示。

由该图可知,在坐标系 $O_1 y z_1$ 内,转换截面形心 C 的纵坐标为

$$\bar{y} = \left[\frac{(0.007\,5 \times 0.250) \times 0.125 + (0.150 \times 0.010) \times 0.255}{0.007\,5 \times 0.250 + 0.150 \times 0.010} \right] \text{ m} = 0.183 \text{ m}$$

该截面对中性轴 z 的惯性矩则为

$$\bar{I}_z = \left[\frac{0.007\,5 \times 0.250^3}{12} + (0.007\,5 \times 0.250)(0.183 - 0.125)^2 + \right.$$

$$\left. \frac{0.150 \times 0.010^3}{12} + (0.150 \times 0.010)(0.255 - 0.183)^2 \right] \text{ m}^4$$

$$= 2.39 \times 10^{-5} \text{ m}^4$$

2. 弯曲应力分析

由式(12-18)可知,钢板的最大弯曲正应力即最大弯曲拉应力为

$$\sigma_{max} = \frac{M y_2}{\bar{I}_z} = \frac{(30 \times 10^3 \text{ N} \cdot \text{m})(0.260 \text{ m} - 0.183 \text{ m})}{2.39 \times 10^{-5} \text{ m}^4} = 9.67 \times 10^7 \text{Pa} = 96.7 \text{ MPa}$$

而木材的最大弯曲正应力即最大弯曲压应力则为

$$\sigma'_{max} = \frac{n M y_1}{\bar{I}_z} = \frac{(30 \times 10^3 \text{N} \cdot \text{m})(0.183 \text{ m})}{20(2.39 \times 10^{-5} \text{m}^4)} = 1.15 \times 10^7 \text{Pa} = 11.5 \text{ MPa}$$

根据上述分析,画弯曲正应力分布如图 12-19c 中的实线所示。

﹡§12-5 曲　　梁

轴线为平面曲线的曲梁,即所谓平面曲梁。最常见的平面曲梁往往具有一个纵向对称面,且外力均作用在该对称面内,即属于对称弯曲。本节研究平面曲梁对称弯曲时的正应力。

一、曲梁的弯曲正应力

考虑图 12-20 所示轴线为圆弧的平面曲梁,轴线的半径为 R,在其两端纵向对称面内,作用一对方向相反、其矩均为 M 的力偶。试验表明,平面假设与单向受力假设仍然成立。

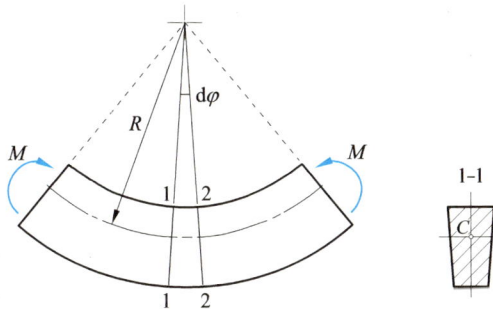

图 12-20

首先,用夹角为 dφ 的横截面 1-1 与 2-2,从曲梁中切取一微段(图 12-21),并沿截面纵向对称轴与中性轴,分别建立坐标轴 y 与 z。曲梁变形后,纵坐标为 y 的弧线 ab 变为 ab'。设截面 1-1 与 2-2 间的相对转角为 $\Delta \mathrm{d}\varphi$,中性层的曲率半径为 r,弧线 ab 的曲率半径为 ρ,则该弧线的纵向正应变为

$$\varepsilon = \frac{y \Delta \mathrm{d}\varphi}{\rho \mathrm{d}\varphi} = \frac{y}{\rho} \frac{\Delta \mathrm{d}\varphi}{\mathrm{d}\varphi}$$

根据单向受力假设可知,当梁内正应力不超过材料的比例极限时,横截面上纵坐标为 y 处的弯曲正应力为

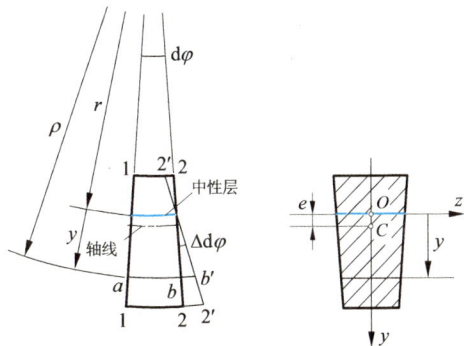

图 12-21

$$\sigma = E \frac{y}{\rho} \frac{\Delta \mathrm{d}\varphi}{\mathrm{d}\varphi} = E \frac{\Delta \mathrm{d}\varphi}{\mathrm{d}\varphi} \frac{y}{y+r} \tag{a}$$

可见,曲梁的弯曲正应力沿截面高度按双曲线规律分布(图 12-22),最大拉应力与最大压应力分别发生在中性轴两侧并离其最远的各点处。

如图 12-23 所示,横截面上各点处的法向微内力 $\sigma \mathrm{d}A$ 组成一空间平行力系,而且,由于横截面上不存在轴力,仅存在弯矩 M,因此,

$$\int_A \sigma \mathrm{d}A = 0 \tag{b}$$

$$\int_A y\sigma \mathrm{d}A = M \tag{c}$$

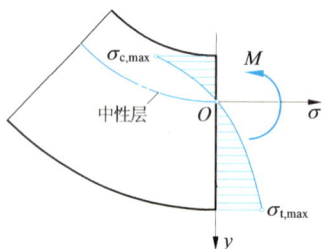

图 12-22

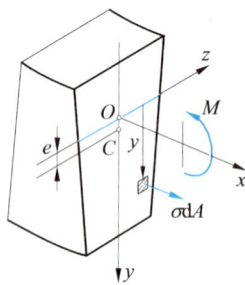

图 12-23

将式(a)代入式(b),得

$$\int_A \frac{y}{\rho} \mathrm{d}A = 0 \tag{d}$$

由此得

$$\int_A \frac{\rho - r}{\rho} \mathrm{d}A = A - r \int_A \frac{\mathrm{d}A}{\rho} = 0$$

于是得中性层的曲率半径为

$$r = \frac{A}{\displaystyle\int_A \frac{\mathrm{d}A}{\rho}} \tag{12-22}$$

将式(a)代入式(c),得

$$E \frac{\Delta \mathrm{d}\varphi}{\mathrm{d}\varphi} \int_A \frac{y^2}{\rho} \mathrm{d}A = M \tag{e}$$

不难看出,

$$\int_A \frac{y^2}{\rho} \mathrm{d}A = \int_A \frac{y(\rho - r)}{\rho} \mathrm{d}A = \int_A y \mathrm{d}A - r \int_A \frac{y}{\rho} \mathrm{d}A$$

上式右端的第一项代表截面对中性轴的静矩 S_z,同时,由式(d)可知,第二项应为零,因此,

$$\int_A \frac{y^2}{\rho} \mathrm{d}A = S_z \qquad (\mathrm{f})$$

将上式代入式(e),得曲梁的弯曲变形为

$$\frac{\Delta \mathrm{d}\varphi}{\mathrm{d}\varphi} = \frac{M}{ES_z} \qquad (12\text{-}23)$$

最后,将式(12-23)代入式(a),于是得

$$\sigma = \frac{My}{\rho S_z} \qquad (12\text{-}24)$$

此即曲梁弯曲正应力的一般公式。

现在进一步研究中性轴的位置。如图 12-23 所示,在坐标系 Oyz 内,设形心 C 的纵坐标为 e,则由式(f)可知,

$$e = \frac{S_z}{A} = \frac{1}{A}\int_A \frac{y^2}{\rho} \mathrm{d}A > 0$$

可见,曲梁弯曲时,中性轴不通过横截面形心,而位于形心与截面内侧边缘之间,与形心 C 的距离为 e 之处。

为便于应用式(12-22)确定中性轴的位置,现将几种简单截面的有关计算公式列于表 12-2 中,利用这些公式还可以解决组合截面问题。

表 12-2　曲梁分析的积分公式

截　面		A	$\int_A \dfrac{\mathrm{d}A}{\rho}$
1	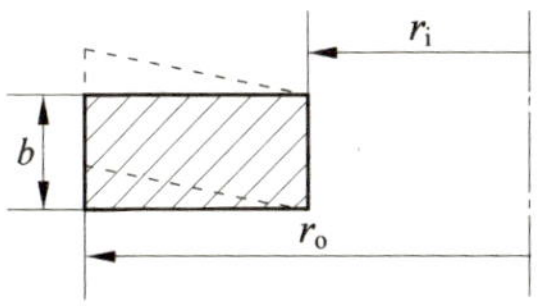	$b(r_o - r_i)$	$b\ln\dfrac{r_o}{r_i}$
2	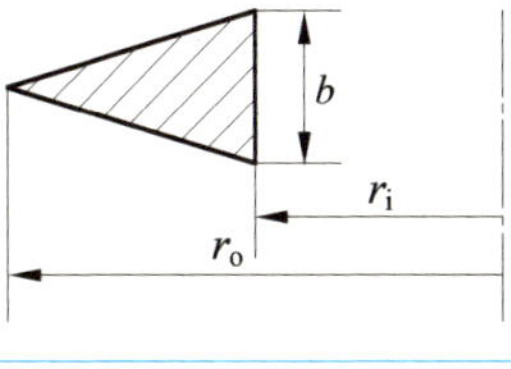	$\dfrac{b}{2}(r_o - r_i)$	$\dfrac{br_o}{r_o - r_i}\ln\dfrac{r_o}{r_i} - b$

续表

截　　面	A	$\int_A \dfrac{\mathrm{d}A}{\rho}$
3 	πc^2	$2\pi\left(\bar{r}-\sqrt{\bar{r}^2-c^2}\right)$
4 	πab	$\dfrac{2\pi b}{a}\left(\bar{r}-\sqrt{\bar{r}^2-a^2}\right)$

二、大曲率与小曲率梁

将式(f)代入式(12-24),得

$$\sigma = \frac{My}{\left(1+\dfrac{y}{r}\right)\displaystyle\int_A \dfrac{y^2}{1+\dfrac{y}{r}}\mathrm{d}A}$$

当曲梁的截面高度,远小于曲梁轴线的曲率半径 R 或中性层的曲率半径 r 时,y/r 与 1 相比非常微小,可以忽略不计,在这种情况下,上式变为

$$\sigma \approx \frac{My}{\displaystyle\int_A y^2\mathrm{d}A} = \frac{My}{I_z}$$

由此可见,当曲梁的截面高度远小于曲率半径 R 时,弯曲正应力可近似地按直梁公式计算,而中性轴则通过截面形心。

设以 $\bar{c}$ 代表形心至截面内侧边缘的距离,并以直梁公式计算曲梁的最大弯曲正应力,则计算表明,当 $R/\bar{c}>10$ 时,圆形与矩形截面曲梁的计算误差分别小于 7.7% 与 7.0%。因此,在工程应用中,通常将 $R/\bar{c}>10$ 的曲梁称为**小曲率梁**,可按直梁计算其弯曲正应力。至于 $R/\bar{c}\leqslant10$ 的曲梁,则应按曲梁公式进行分析计算,并称为**大曲率梁**。

例 12-6 图 12-24a 所示梯形截面平面曲梁,在其纵向对称面内,承受矩为 $M = 300$ N · m 的力偶作用。已知曲梁的内径 $R_i = 35$ mm,外径 $R_o = 65$ mm,试计算横截面上的最大弯曲拉应力与最大弯曲压应力。

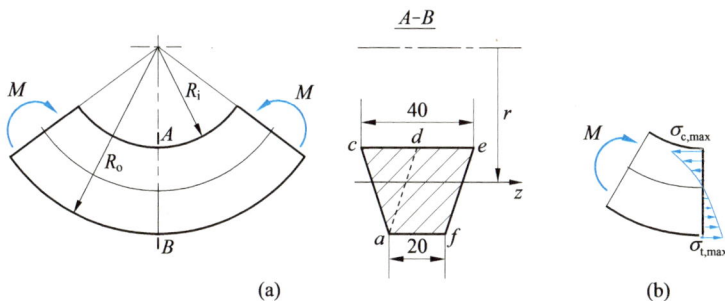

图 12-24

解: 1. 曲梁的类型判断

由《材料力学 I》附录 C 之 4 可知,梯形截面形心至内侧边缘的距离为

$$\bar{c} = \frac{(0.065 \text{ m} - 0.035 \text{ m})(2 \times 0.020 \text{ m} + 0.040 \text{ m})}{3(0.020 \text{ m} + 0.040 \text{ m})} = 0.013\ 3 \text{ m}$$

于是得曲梁轴线的曲率半径为

$$R = R_i + \bar{c} = 0.035\ 0 \text{ m} + 0.013\ 3 \text{ m} = 0.048\ 3 \text{ m}$$

由此得

$$\frac{R}{\bar{c}} = \frac{0.048\ 3 \text{ m}}{0.013\ 3 \text{ m}} = 3.63 < 10$$

可见,该梁属于大曲率梁,应按曲梁公式计算弯曲正应力。

2. 确定中性轴的位置

将横截面分解为三角形 acd 与平行四边形 $adef$ 两个部分,并分别用 A_1 与 A_2 表示其面积,则由式(12-22)可知,中性层的曲率半径为

$$r = \frac{A}{\displaystyle\int_A \frac{dA}{\rho}} = \frac{A}{\displaystyle\int_{A_1} \frac{dA}{\rho} + \int_{A_2} \frac{dA}{\rho}} \tag{a}$$

横截面的面积为

$$A = \left[\frac{0.020 \times (0.065 - 0.035)}{2} + 0.020 \times (0.065 - 0.035) \right] \text{ m}^2 = 9 \times 10^{-4} \text{ m}^2 \tag{b}$$

由表 12-2 可知,

$$\int_A \frac{dA}{\rho} = \left[\frac{0.020 \times 0.065}{0.065 - 0.035} \ln\left(\frac{0.065}{0.035}\right) - 0.020 + 0.020 \times \ln\left(\frac{0.065}{0.035}\right) \right] \text{ m}$$

$$= 1.921 \times 10^{-2} \text{ m}$$

将式（b）与上式代入式（a），得

$$r = \frac{9 \times 10^{-4} \text{ m}^2}{1.921 \times 10^{-2} \text{ m}} = 0.046\ 85 \text{ m}$$

由此得截面形心的纵坐标为

$$e = R - r = 0.048\ 3 \text{ m} - 0.046\ 85 \text{ m} = 0.001\ 45 \text{ m}$$

而截面对中性轴 z 的静矩则为

$$S_z = Ae = (9 \times 10^{-4} \text{ m}^2)(0.001\ 45 \text{ m}) = 1.305 \times 10^{-6} \text{ m}^3$$

3. 弯曲正应力计算

横截面上的弯曲正应力分布如图 12-24b 所示，根据式（12-24），得最大弯曲拉应力与最大弯曲压应力分别为

$$\sigma_{t,max} = \frac{M(R_o - r)}{S_z R_o} = \frac{(300 \text{ N} \cdot \text{m})(0.065 \text{ m} - 0.046\ 85 \text{ m})}{(1.305 \times 10^{-6} \text{ m}^3)(0.065 \text{ m})}$$

$$= 6.42 \times 10^7 \text{ Pa} = 64.2 \text{ MPa}$$

$$\sigma_{c,max} = \frac{M(r - R_i)}{S_z R_i} = \frac{(300 \text{ N} \cdot \text{m})(0.046\ 85 \text{ m} - 0.035 \text{ m})}{(1.305 \times 10^{-6} \text{ m}^3)(0.035 \text{ m})}$$

$$= 7.79 \times 10^7 \text{ Pa} = 77.9 \text{ MPa}$$

例 12-7　图 12-25a 所示机架，承受载荷 $F = 50$ kN 作用。横截面 A-B 如图 12-25b 所示（已放大），$b_1 = b_3 = 5b_2 = 100$ mm，试计算该截面 A 与 B 点处的正应力。

解：1. 曲杆类型判断

在截面 AB 处，杆轴的曲率半径为

$$R = 0.180 \text{ m} + 0.120 \text{ m} = 0.300 \text{ m}$$

截面形心至内侧边缘的距离为

$$\bar{c} = 0.120 \text{ m}$$

二者的比值为

$$\frac{R}{\bar{c}} = \frac{0.300 \text{ m}}{0.120 \text{ m}} = 2.5 < 10$$

可见，机架的曲杆部分属于大曲率杆。

2. 确定中性轴的位置

由图 12-25b 与表 12-2 可知，截面 AB 处中性层的曲率半径为

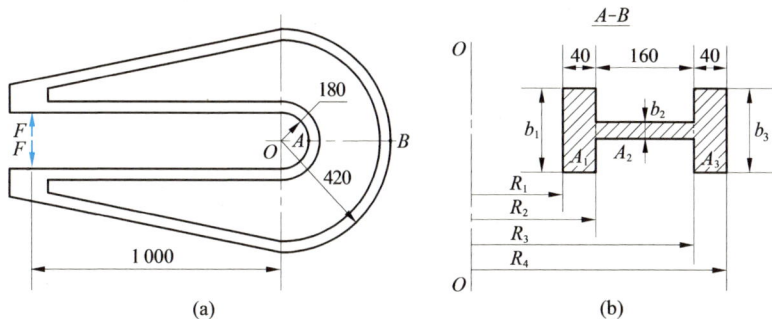

图 12-25

$$r = \cfrac{A}{b_1 \ln \cfrac{R_2}{R_1} + b_2 \ln \cfrac{R_3}{R_2} + b_3 \ln \cfrac{R_4}{R_3}} \qquad (a)$$

该截面的面积为

$$A = [(0.100)(0.040) + (0.020)(0.160) + (0.100)(0.040)] \text{ m}^2 = 1.12 \times 10^{-2} \text{ m}^2$$

将上式与有关数据代入式(a),得

$$r = 0.273 \ 1 \text{ m}$$

由此得截面形心的纵坐标与截面对中性轴的静矩分别为

$$e = R - r = 0.300 \text{ m} - 0.273 \ 1 \text{ m} = 0.026 \ 9 \text{ m}$$

$$S_z = Ae = (1.12 \times 10^{-2} \text{ m}^2)(0.026 \ 9 \text{ m}) = 3.01 \times 10^{-4} \text{ m}^3$$

3. 应力分析

截面 AB 的轴力与弯矩分别为

$$F_N = 50 \text{ kN}$$

$$M = (50 \times 10^3)(1.000 + 0.180 + 0.120) \text{ N} \cdot \text{m} = 6.5 \times 10^4 \text{ N} \cdot \text{m}$$

在弯矩 M 作用下,A 与 B 点处的弯曲正应力分别为

$$\sigma_{A,M} = \frac{My_A}{S_z \rho_A} = \frac{(6.5 \times 10^4 \text{ N} \cdot \text{m})(0.120 \text{ m} - 0.026 \ 9 \text{ m})}{(3.01 \times 10^{-4} \text{ m}^3)(0.180 \text{ m})} = 1.117 \times 10^8 \text{ Pa}$$

$$\sigma_{B,M} = \frac{My_B}{S_z \rho_B} = \frac{(6.5 \times 10^4 \text{ N} \cdot \text{m})(0.120 \text{ m} + 0.026 \ 9 \text{ m})}{(3.01 \times 10^{-4} \text{ m}^3)(0.420 \text{ m})} = -7.55 \times 10^7 \text{ Pa}$$

在轴力 F_N 作用下,横截面上各点处的正应力均为

$$\sigma_N = \frac{F_N}{A} = \frac{50 \times 10^3 \text{ N}}{1.12 \times 10^{-2} \text{ m}^2} = 4.46 \times 10^6 \text{ Pa} = 4.46 \text{ MPa}$$

于是,由叠加原理得 A 与 B 点处的正应力分别为

$$\sigma_A = \sigma_{A,M} + \sigma_N = 111.7 \text{ MPa} + 4.46 \text{ MPa} = 116.2 \text{ MPa}$$

$$\sigma_B = \sigma_{B,M} + \sigma_N = -75.5 \text{ MPa} + 4.46 \text{ MPa} = -71.0 \text{ MPa}$$

*§12-6　计算梁位移的奇异函数法

第七章介绍的计算梁位移的积分法,是分析梁位移的基本方法。但当梁上同时作用较多载荷时,由于需要沿梁轴分段建立与求解挠曲轴近似微分方程,实际应用颇不方便。本节介绍的计算梁位移的奇异函数法,求解简捷规范,尤其适合计算机的应用。

一、弯矩通用方程

图 12-26 所示梁 AE,在外力 F, M_e, F_{Ay}, F_{Ey} 与均布载荷 q 作用下处于平衡状态。设坐标轴 x 的原点位于梁的左端 A,则梁段 AB, BC, CD 与 DE 的弯矩方程依次为

$$M_1 = F_{Ay}x \qquad\qquad (0 \leqslant x < l_1)$$

$$M_2 = F_{Ay}x + M_e \qquad\qquad (l_1 < x \leqslant l_2)$$

$$M_3 = F_{Ay}x + M_e - F(x - l_2) \qquad\qquad (l_2 \leqslant x \leqslant l_3)$$

$$M_4 = F_{Ay}x + M_e - F(x - l_2) - \frac{q}{2}(x - l_3)^2 \qquad\qquad (l_3 \leqslant x \leqslant l)$$

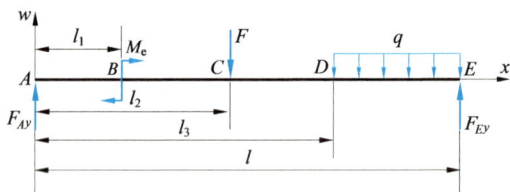

图 12-26

分析上述方程后可以看出,如果引入下述表达式:

$$\left.\begin{array}{l} \text{当 } x > l_i \text{ 时}, \ \langle x - l_i \rangle = (x - l_i) \\ \text{当 } x \leqslant l_i \text{ 时}, \ \langle x - l_i \rangle = 0 \\ \text{当 } x \leqslant l_i \text{ 时}, \ \langle x - l_i \rangle^0 = 0 \end{array}\right\} \qquad (12\text{-}25)$$

并将最右梁段 DE 的弯矩方程表达为

$$M = F_{Ay}x + M_e\langle x - l_1 \rangle^0 - F\langle x - l_2 \rangle - \frac{q}{2}\langle x - l_3 \rangle^2 \qquad\qquad (\text{a})$$

则上述方程适用于任一梁段。例如,对于梁段 BC,x 的取值范围为 (l_1, l_2),因而

$$\langle x-l_1 \rangle^0 = 1, \quad \langle x-l_2 \rangle = 0, \quad \langle x-l_3 \rangle = 0$$

于是式(a)即变为

$$M = F_{Ay}x + M_e = M_2$$

由此可见,如果采用式(12-25)所述表达式,并建立最右梁段的弯矩方程,则该方程将同时适用于各梁段,而成为弯矩的通用方程。

在以上分析中,采用了下述形式的函数:

$$F_n(x) = \langle x-a \rangle^n \qquad (n \geqslant 0) \tag{12-26}$$

称为**麦考利函数**,习惯上也称为**奇异函数**,其图像如图 12-27 所示。按照上述定义,不难证明,

$$\int \langle x-a \rangle^n \, \mathrm{d}x = \frac{1}{n+1} \langle x-a \rangle^{n+1} + C \tag{12-27}$$

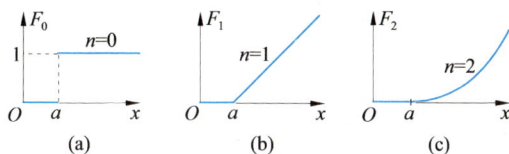

图 12-27

二、挠曲轴通用方程

对于图 12-26 所示梁,由其弯矩通用方程,得挠曲轴近似微分方程为

$$\frac{\mathrm{d}^2 w}{\mathrm{d}x^2} = \frac{1}{EI} \left[F_{Ay}x + M_e \langle x-l_1 \rangle^0 - F\langle x-l_2 \rangle - \frac{q}{2}\langle x-l_3 \rangle^2 \right]$$

将上述方程相继积分两次,依次得

$$\frac{\mathrm{d}w}{\mathrm{d}x} = \frac{1}{EI} \left[\frac{F_{Ay}}{2}x^2 + M_e\langle x-l_1 \rangle - \frac{F}{2}\langle x-l_2 \rangle^2 - \frac{q}{6}\langle x-l_3 \rangle^3 \right] + C \tag{b}$$

$$w = \frac{1}{EI} \left[\frac{F_{Ay}}{6}x^3 + \frac{M_e}{2}\langle x-l_1 \rangle^2 - \frac{F}{6}\langle x-l_2 \rangle^3 - \frac{q}{24}\langle x-l_3 \rangle^4 \right] + Cx + D \tag{c}$$

上述方程适用于任一梁段,而且仅包含 C 与 D 两个积分常数,其值则可根据位移边界条件确定。

设梁左端横截面的转角与挠度分别为 θ_0 与 w_0,即

$$在\ x=0\ 处, \frac{\mathrm{d}w}{\mathrm{d}x} = \theta_0, \quad 在\ x=0\ 处,\ w=w_0$$

将上述位移边界条件分别代入式(b)与(c),得

$$C = EI\theta_0 , \quad D = EIw_0$$

即积分常数 C 及 D 分别与梁左端截面的转角及挠度成正比。

采用奇异函数分析梁位移的方法,通常称为麦考利法或奇异函数法。实际上,奇异函数法仍属于积分法,只是采用了奇异函数建立弯矩的通用方程,从而简化了分析计算。

例 12-8　图 12-28 所示外伸梁,承受载荷 F 与矩为 M_e 的力偶作用,且 $M_e = Fa$。设弯曲刚度 EI 为常数,试利用奇异函数法计算横截面 A 的挠度。

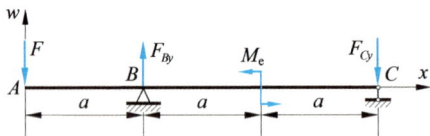

图 12-28

解：支座 B 与 C 的支反力分别为

$$F_{By} = 2F, \qquad F_{Cy} = F$$

弯矩的通用方程为

$$M = -Fx + F_{By}\langle x-a \rangle - M_e \langle x-2a \rangle^0$$

由此得

$$M = -Fx + 2F\langle x-a \rangle - Fa \langle x-2a \rangle^0$$

所以,挠曲轴通用微分方程为

$$EI \frac{\mathrm{d}^2 w}{\mathrm{d}x^2} = -Fx + 2F\langle x-a \rangle - Fa \langle x-2a \rangle^0$$

经积分,得

$$EI \frac{\mathrm{d}w}{\mathrm{d}x} = -\frac{F}{2}x^2 + F\langle x-a \rangle^2 - Fa\langle x-2a \rangle + C$$

$$EIw = -\frac{F}{6}x^3 + \frac{F}{3}\langle x-a \rangle^3 - \frac{Fa}{2}\langle x-2a \rangle^2 + Cx + D \qquad (a)$$

梁的位移边界条件为：

在 $x = a$ 处,$w = 0$; 在 $x = 3a$ 处,$w = 0$

将上述条件分别代入式(a),得

$$C = \frac{13Fa^2}{12}, \quad D = -\frac{11Fa^3}{12}$$

将所得积分常数值及 $x=0$ 代入式(a),即得截面 A 的挠度为

$$w_A = -\frac{11Fa^3}{12EI} \quad (\downarrow)$$

例 12-9 图 12-29a 所示悬臂梁,左半部承受均布载荷 q 作用。设弯曲刚度 EI 为常数,试利用奇异函数法建立梁的挠曲轴方程。

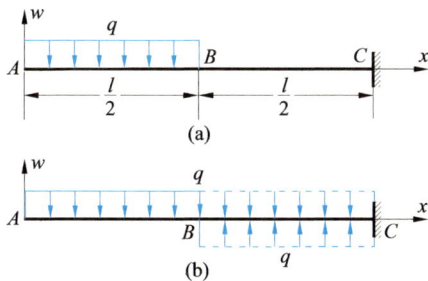

图 12-29

解:为了建立弯矩通用方程,将均布载荷 q 延展至梁的右端 C(图 12-29b),同时,在延展部分施加反向同值均布载荷,于是得弯矩通用方程为

$$M = -\frac{q}{2}x^2 + \frac{q}{2}\left\langle x - \frac{l}{2}\right\rangle^2$$

所以,挠曲轴通用微分方程为

$$EI\frac{d^2w}{dx^2} = -\frac{q}{2}x^2 + \frac{q}{2}\left\langle x - \frac{l}{2}\right\rangle^2$$

经积分,得

$$EI\frac{dw}{dx} = -\frac{q}{6}x^3 + \frac{q}{6}\left\langle x - \frac{l}{2}\right\rangle^3 + C \quad (a)$$

$$EIw = -\frac{q}{24}x^4 + \frac{q}{24}\left\langle x - \frac{l}{2}\right\rangle^4 + Cx + D \quad (b)$$

梁的位移边界条件为:

在 $x=l$ 处,$\dfrac{dw}{dx}=0$; 在 $x=l$ 处,$w=0$

将上述条件分别代入式(a)与(b),得

$$C = \frac{7ql^3}{48}, \quad D = -\frac{41ql^4}{384}$$

将所得积分常数值代入式(b),得挠曲轴的通用方程为

$$w = \frac{1}{EI}\left[-\frac{q}{24}x^4 + \frac{q}{24}\left\langle x - \frac{l}{2} \right\rangle^4 + \frac{7ql^3}{48}x - \frac{41ql^4}{384} \right]$$

由此得梁段 AB 与 BC 的挠曲轴方程分别为

$$w_1 = \frac{1}{EI}\left[-\frac{q}{24}x^4 + \frac{7ql^3}{48}x - \frac{41ql^4}{384} \right]$$

$$w_2 = \frac{1}{EI}\left[-\frac{q}{24}x^4 + \frac{q}{24}\left(x - \frac{l}{2} \right)^4 + \frac{7ql^3}{48}x - \frac{41ql^4}{384} \right]$$

复 习 题

12-1　非对称弯曲正应力公式是如何建立的？中性轴位于何处？如何计算最大弯曲正应力？在何种情况下发生平面弯曲？

12-2　如何计算薄壁梁的弯曲切应力？如何确定剪心的位置？

12-3　复合梁弯曲正应力公式是如何建立的？如何用转换截面法分析复合梁的弯曲正应力？与匀质梁相比,复合梁的弯曲正应力分布有何特点？

*12-4　夹层梁的简化理论是如何建立的？当假设芯材不承受正应力时,何以芯材横截面上的切应力必为均匀分布？

*12-5　曲梁弯曲正应力公式是如何建立的？如何确定中性轴的位置？如何计算最大弯曲正应力？如何区别大曲率梁与小曲率梁？

*12-6　分析曲梁与直梁弯曲正应力所采用的假设相同,何以二者的正应力分布不同？

*12-7　如何利用奇异函数建立弯矩通用方程与挠曲轴通用微分方程？如何利用奇异函数法计算梁的位移？

习 题

12-1　在梁的图示横截面上,弯矩 $M = 10$ kN · m。已知截面的惯性矩 $I_y = I_z = 4.75 \times 10^6$ mm^4,惯性积 $I_{yz} = 2.78 \times 10^6$ mm^4,试计算最大弯曲正应力。

12-2　图示直角三角形截面梁,弯矩为 M_z,截面的底与高分别为 b 与 h,且 $h = 2b$,试计算最大弯曲正应力。

12-3　在梁的图示横截面上,弯矩 M 用矢量表示,试指出哪些情况属于平面弯曲。

12-4　图示悬臂梁,承受载荷 F_1 与 F_2 作用。已知 $F_1 = 5$ kN, $F_2 = 30$ kN,许用拉应力 $[\sigma_t] = 30$ MPa,许用压应力 $[\sigma_c] = 90$ MPa,试校核梁的强度。

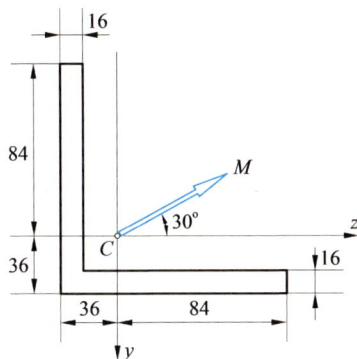

题 12-1 图

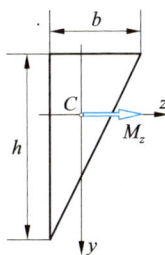

题 12-2 图

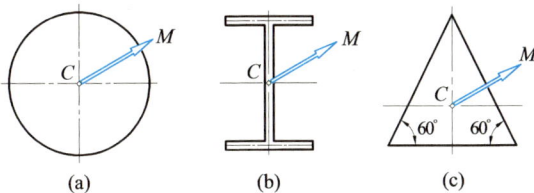

(a)   (b)   (c)

题 12-3 图

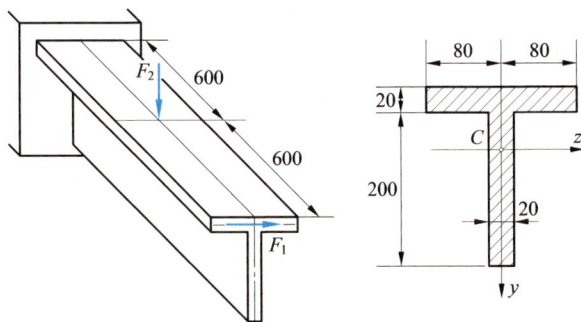

题 12-4 图

12-5 图示 T 字形截面薄壁梁,剪力 $F_{Sy} = 5$ kN,试画弯曲切应力分布图,并求最大弯曲切应力。

12-6 图示槽形等厚度薄壁梁,在垂直于主形心轴 z 的方位发生平面弯曲,剪力 F_{Sy} 的方向向上,试画弯曲切应力分布图,并求最大弯曲切应力。

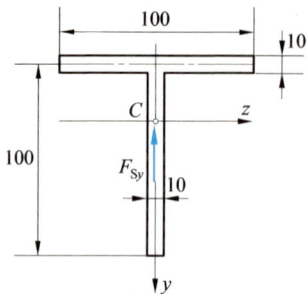

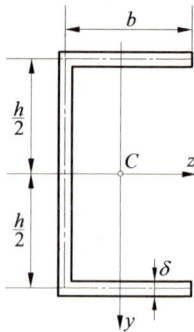

题 12-5 图　　　　　　　　　　题 12-6 图

12-7　一等厚薄壁截面梁,横截面如图 a 所示,壁厚 δ 与半径 R 均为已知。梁在垂直于坐标轴 z 的方位发生平面弯曲,剪力为 F_{Sy},试画弯曲切应力分布图。

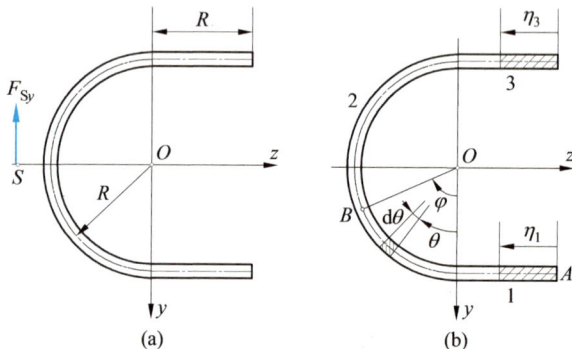

(a)　　　　　　　(b)

题 12-7 图

提示：截面可看成是由矩形截面 1、半圆环截面 2 与矩形截面 3 组成,并选坐标如图 b 所示。环形截面中心线上任一点 B 处的弯曲切应力为

$$\tau_2(\varphi) = \frac{F_{Sy}S_z(\omega)}{I_z\delta}$$

式中,$S_z(w)$ 代表从开口端 A 至 B 点处的部分横截面 ω 对坐标轴 z 的静矩,其值为

$$S_z(\omega) = R\delta \cdot R + \int_0^\varphi R\cos\theta \cdot \delta R\mathrm{d}\theta = R^2\delta(1+\sin\varphi)$$

12-8　试指出图示各截面的剪心位置。

12-9　图 a 所示开口薄壁截面梁,试确定剪心 S 的位置。

解：当梁在垂直于主形心轴 z 的方位发生平面弯曲时(图 b),s 处的弯曲剪流为

$$q_y(s) = \frac{F_{Sy}S_z(\omega)}{I_z} \tag{a}$$

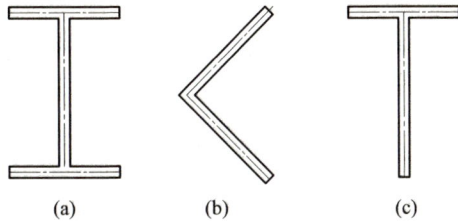

题 12-8 图

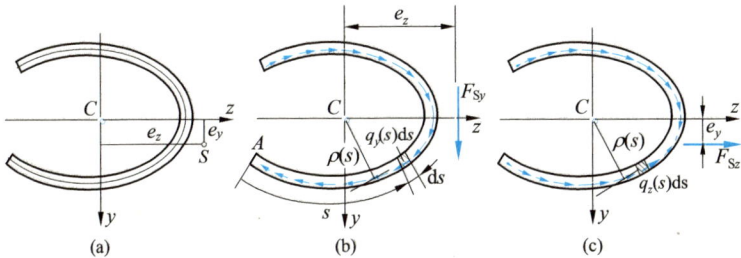

题 12-9 图

式中,$S_z(\omega)$ 代表从开口端 A 至 s 处的部分横截面对坐标轴 z 的静矩。若以形心 C 为矩心,并设剪力 F_{Sy} 的力臂为 e_z,s 处微剪切力 $q_y(s)\mathrm{d}s$ 的力臂为 $\rho(s)$,则根据合力矩定理可知,

$$F_{Sy}e_z = \int_l \rho(s)q_y(s)\mathrm{d}s$$

式中,l 代表截面中心线的总长。将式(a)代入上式,于是得

$$e_z = \frac{\int_l S_z(\omega)\rho(s)\mathrm{d}s}{I_z} \qquad (b)$$

同理,当梁在垂直于主形心轴 y 的方位发生平面弯曲时(图 c),由于 s 处的弯曲剪流为

$$q_z(s) = \frac{F_{Sz}S_y(\omega)}{I_y}$$

则其合力 F_{Sz} 的作用位置为

$$e_y = \frac{\int_l S_y(\omega)\rho(s)\mathrm{d}s}{I_y} \qquad (c)$$

式(b)与(c)表明,剪心的位置取决于截面的形状与尺寸。

12-10 试确定图示各截面的剪心位置。

提示:对于题 b 所示截面梁,当分析铅垂方位的弯曲问题时,水平格板的作用可以忽略不计。

12-11 图示截面复合梁,在其纵向对称面内,承受正弯矩 $M = 50\ \text{kN}\cdot\text{m}$ 作用。已知钢、

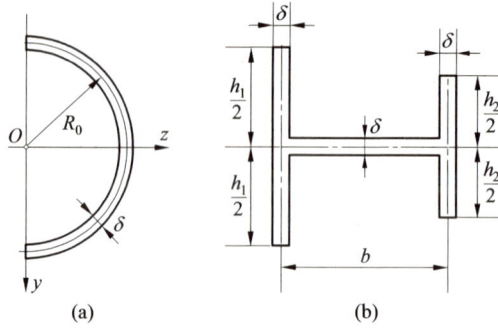

题 12-10 图

铝与铜的弹性模量分别为 $E_{st} = 210$ GPa，$E_{al} = 70$ GPa 与 $E_{co} = 110$ GPa，试求梁内各组成部分的最大弯曲正应力。

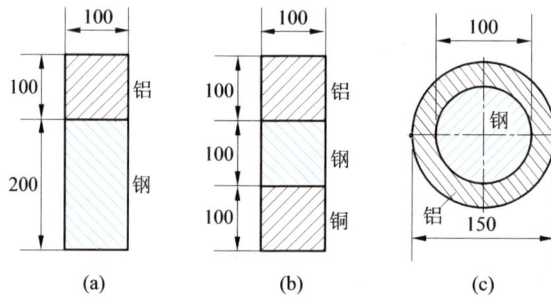

题 12-11 图

12-12　图示简支梁，承受均布载荷 $q = 40$ kN/m 作用。梁由木板与钢板组成，钢与木的弹性模量分别为 $E_s = 200$ GPa 与 $E_w = 10$ GPa，许用应力分别为 $[\sigma_s] = 160$ MPa 与 $[\sigma_w] = 10$ MPa，试确定钢板厚度。

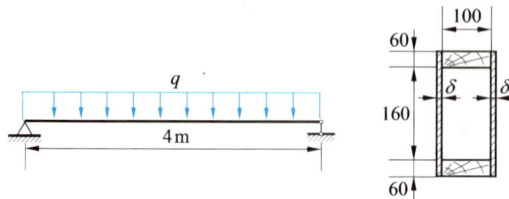

题 12-12 图

12-13　图示悬臂梁，承受矩为 M_e 的力偶作用，该梁由木材与钢板组成。试计算力偶矩

M_e的许用值与自由端的相应转角。钢与木的弹性模量及许用应力见题 12-12。

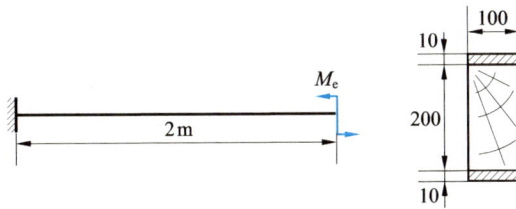

题 12-13 图

12-14 图示夹层简支梁，承受均布载荷 $q=50$ kN/m 作用。试求梁内的最大弯曲正应力与最大弯曲切应力。

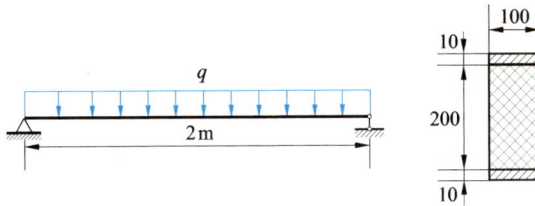

题 12-14 图

12-15 图示梯形截面曲杆 AB，承受弯矩 $M=400$ N·m 作用。已知许用拉应力$[\sigma_t]=35$ MPa，许用压应力$[\sigma_c]=140$ MPa，弹性模量 $E=100$ GPa。试校核曲杆的强度，并计算横截面 A 与 B 间的相对转角。

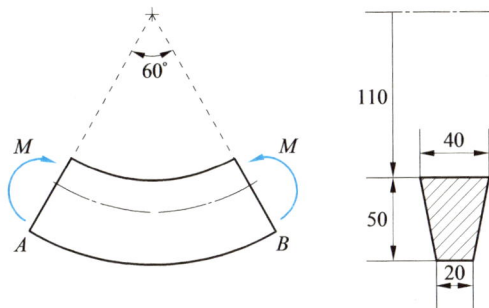

题 12-15 图

12-16 图示机架，承受载荷 F 作用，许用应力$[\sigma]=160$ MPa，试求载荷 F 的许用值。

12-17 一圆环形曲杆的截面如图所示，并处于纯弯状态。试问：如欲使最大弯曲拉应力与最大弯曲压应力的数值相等，则截面内侧宽度 b 应取何值。

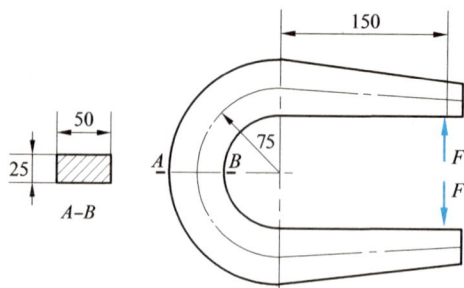

题 12-16 图

12-18 图示矩形截面圆弧形曲杆,承受载荷 $F = 30$ kN 作用。已知轴线半径 $R = 750$ mm,试计算截面 AB 上的最大正应力。

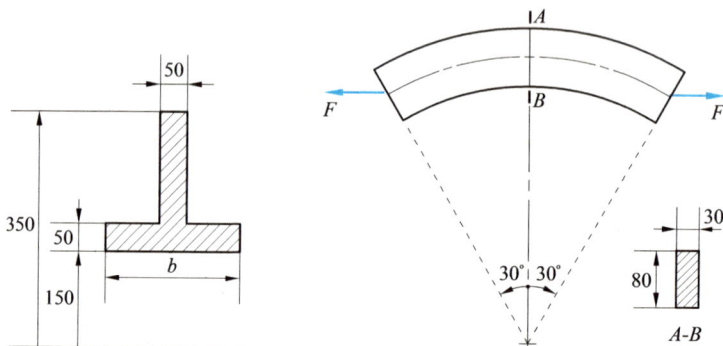

题 12-17 图

题 12-18 图

12-19 图示各梁,弯曲刚度 EI 均为常数,试用奇异函数法计算截面 B 的转角与截面 C 的挠度。

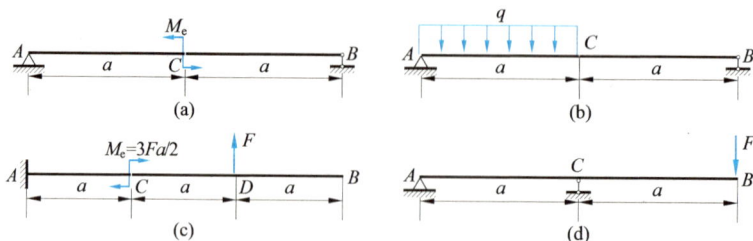

题 12-19 图

第十三章 能 量 法

第三章曾介绍应变能的一些基本概念,本章进一步论述能量法的基本原理与基本分析方法,包括外力功与应变能的一般表达式、克拉珀龙定理、互等定理、卡氏定理、变形体虚功原理、单位载荷法、图乘法以及确定压杆临界载荷的能量法等。研究对象包括直杆、曲杆、桁架与刚架,涉及线性与非线性问题。

能量原理不仅可用于分析构件或结构的位移与应力,也可用于分析与变形相关的其他问题。能量原理是固体力学的一个重要原理。

§13-1 外力功、应变能与克拉珀龙定理

在外力作用下,弹性体发生变形与位移。载荷作用点沿载荷作用方向的位移分量,称为**相应位移**。

如果材料服从胡克定律,而且构件或结构的变形很小,并可按原始几何形状与尺寸分析内力与位移,则作用在构件或结构上的载荷,与其相应位移成正比[①]。载荷与相应位移成正比的弹性体,称为**线性弹性体**。

本节研究作用在线性弹性体上的外力所作之功,以及线性弹性杆的应变能。

一、线性弹性体的外力功

对于线性弹性体,载荷 f 与相应位移 δ 成正比,即

$$f \propto \delta$$

引进比例常数 k,则

$$f = k\delta$$

如图 13-1 所示,在加载过程中,当载荷 f 增加微量 $\mathrm{d}f$ 时,位移 δ 相应增长 $\mathrm{d}\delta$,这时,已加之载荷 f 在位移 $\mathrm{d}\delta$ 上所作之功为 $f\mathrm{d}\delta$,因此,当载荷 f 与相应位移 δ 分别由零逐渐增加至最大值 F 与 Δ 时,载荷所作之总功为

---

① 参阅习题 13-1。

$$W = \int_0^\Delta f\mathrm{d}\delta = \int_0^\Delta k\delta\mathrm{d}\delta = \frac{k\Delta^2}{2}$$

于是得

$$W = \frac{F\Delta}{2} \qquad\qquad (13-1)$$

上式表明,对于线性弹性体,载荷 F 所作之功,等于该载荷与其相应位移 Δ 的乘积之半。

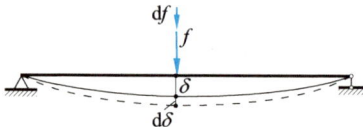

图 13-1

应该指出:式(13-1)中的载荷 F 为广义力,即或为力,或为力偶矩,或为一对大小相等、方向相反的力或力偶矩等;与此相应,式中的位移 Δ 则为相应于该广义力的广义位移,例如,集中力的相应位移为线位移,集中力偶的相应位移为角位移,而对于一对大小相等、方向相反的力或力偶,其相应位移则分别为相对线位移与相对角位移,等等。总之,广义力在相应广义位移上作功。

二、克拉珀龙定理

当线性弹性体上作用载荷 $F_1, F_2, \cdots, F_n$,且在加载过程中,各载荷之间始终保持一定比例关系即比例加载,则载荷与其相应位移 $\Delta_1, \Delta_2, \cdots, \Delta_n$ 分别成正比,载荷所作之总功为

$$W_{加载} = \sum_{i=1}^n \frac{F_i\Delta_i}{2}$$

在非比例加载时,根据叠加原理可知,线性弹性体的总变形或总位移仅取决于载荷的最终值。因此,如果卸除载荷,且在卸载过程中,各载荷之间始终保持一定比例关系即比例卸载,则不论加载方式有何不同,卸载过程中弹性体所作之总功均为

$$W_{卸载} = \sum_{i=1}^n \frac{F_i\Delta_i}{2}$$

即与比例加载外力功 $W_{加载}$ 相同。

由能量守恒定律可知,上述卸载功等于加载时外力所作之总功。可见,非比例加载外力功,与比例加载外力功的数值相同。

于是得出结论,不论按何种方式加载,作用在线性弹性体上的载荷 F_1, F_2,…, F_n,在相应位移 Δ_1, Δ_2,…, Δ_n 上所作之总功恒为

$$W = \sum_{i=1}^{n} \frac{F_i \Delta_i}{2} \tag{13-2}$$

称为**克拉珀龙**(Clapeyron)**定理**。

三、线性弹性杆的应变能

根据能量守恒定律,贮存在弹性体内的应变能,数值上等于外力所作之功。现在,利用上述功能关系计算线性弹性杆的应变能。

圆截面杆微段受力的一般形式如图 13-2a 所示。可以看出(图 13-2b),在小变形的条件下,轴力 $F_N(x)$ 仅在轴力引起的轴向变形 $\mathrm{d}\delta$ 上作功,而扭矩 $T(x)$ 与弯矩 $M(x)$ 则仅分别在各自引起的扭转变形 $\mathrm{d}\varphi$ 与弯曲变形 $\mathrm{d}\theta$ 上作功。因此,在忽略剪力影响的情况下[①],根据能量守恒定律可知,杆微段的应变能为

$$\mathrm{d}V_\varepsilon = \mathrm{d}W = \frac{F_N(x)\,\mathrm{d}\delta}{2} + \frac{T(x)\,\mathrm{d}\varphi}{2} + \frac{M(x)\,\mathrm{d}\theta}{2}$$

$$= \frac{F_N^2(x)\,\mathrm{d}x}{2EA} + \frac{T^2(x)\,\mathrm{d}x}{2GI_p} + \frac{M^2(x)\,\mathrm{d}x}{2EI}$$

而整个杆或杆系的应变能则为

$$V_\varepsilon = \int_l \frac{F_N^2(x)}{2EA}\,\mathrm{d}x + \int_l \frac{T^2(x)}{2GI_p}\,\mathrm{d}x + \int_l \frac{M^2(x)}{2EI}\,\mathrm{d}x \tag{13-3}$$

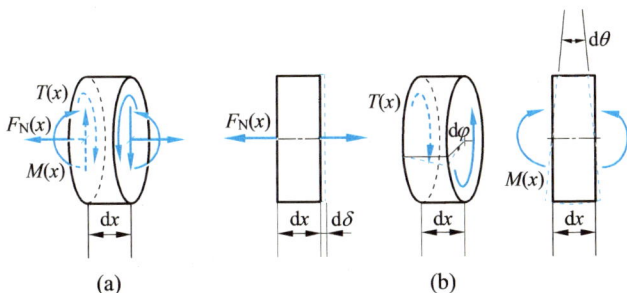

图 13-2

式(13-3)仅适用于圆截面杆或杆系。对于一般非圆截面杆或杆系,则应将弯矩沿截面主形心轴 y 与 z 分解为 $M_y(x)$ 与 $M_z(x)$ 两个分量,并以 I_t 代替 I_p,于

---

① 关于剪力对杆变形的影响,详见 §13-7。

是得

$$V_\varepsilon = \int_l \frac{F_N^2(x)}{2EA}dx + \int_l \frac{T^2(x)}{2GI_t}dx + \int_l \frac{M_y^2(x)}{2EI_y}dx + \int_l \frac{M_z^2(x)}{2EI_z}dx \quad (13-4)$$

根据上述分析,得拉压杆的应变能为

$$V_\varepsilon = \frac{1}{2}\int_l \frac{F_N^2(x)}{EA}dx \quad (13-5)$$

轴的应变能为

$$V_\varepsilon = \frac{1}{2}\int_l \frac{T^2(x)}{GI_t}dx \quad (13-6)$$

而梁在平面弯曲时的应变能则为

$$V_\varepsilon = \frac{1}{2}\int_l \frac{M^2(x)}{EI}dx \quad (13-7)$$

由式(13-3)~(13-7)可以看出,应变能恒为正值。

例 **13-1**　图 13-3 所示悬臂梁,承受集中力 F 与矩为 M_e 的集中力偶作用。设各截面的弯曲刚度均为 EI,试计算外力所作之总功。

图 13-3

解:由叠加原理可知,横截面 A 的挠度与转角分别为

$$w_A = w_{A,F} + w_{A,M_e} = \frac{Fl^3}{3EI} + \frac{M_e l^2}{2EI} \quad (\uparrow)$$

$$\theta_A = \theta_{A,F} + \theta_{A,M_e} = \frac{Fl^2}{2EI} + \frac{M_e l}{EI} \quad (\circlearrowleft)$$

挠度 w_A 与转角 θ_A 分别为载荷 F 与 M_e 的相应位移,因此,根据式(13-2)可知,外力所作之总功为

$$W = \frac{Fw_A}{2} + \frac{M_e\theta_A}{2} = \frac{F^2l^3}{6EI} + \frac{FM_e l}{2EI} + \frac{M_e^2 l}{2EI}$$

由上式可知,

$$W \neq \frac{Fw_{A,F}}{2} + \frac{M_e\theta_{A,M_e}}{2} = \frac{F^2l^3}{6EI} + \frac{M_e^2 l}{2EI}$$

即载荷所作之总功不能利用叠加原理进行计算。因为在一般情况下,各载荷所作之功并非仅与该载荷所引起的位移有关。

例 13-2 图 13-4 所示简支梁,承受载荷 F 作用。设各截面的弯曲刚度均为 EI,试计算梁的应变能与截面 C 的挠度。

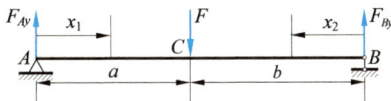

图 13-4

解: 1. 应变能计算

梁端 A 与 B 的支反力分别为

$$F_{Ay} = \frac{Fb}{a+b}, \qquad F_{By} = \frac{Fa}{a+b}$$

所以,梁段 AC 与 CB 的弯矩方程分别为

$$M(x_1) = \frac{Fb}{a+b}x_1$$

$$M(x_2) = \frac{Fa}{a+b}x_2$$

于是,由式(13-7)得梁的应变能为

$$V_\varepsilon = \frac{1}{2EI}\left[\int_0^a M^2(x_1)\,\mathrm{d}x_1 + \int_0^b M^2(x_2)\,\mathrm{d}x_2\right]$$

将相关弯矩方程代入上式,得

$$V_\varepsilon = \frac{1}{2EI}\left[\int_0^a \left(\frac{Fbx_1}{a+b}\right)^2 \mathrm{d}x_1 + \int_0^b \left(\frac{Fax_2}{a+b}\right)^2 \mathrm{d}x_2\right] = \frac{F^2 a^2 b^2}{6EI(a+b)}$$

2. 挠度计算

设截面 C 的挠度为 Δ_C,并与载荷 F 同向,则根据能量守恒定律可知,

$$\frac{F\Delta_C}{2} = \frac{F^2 a^2 b^2}{6EI(a+b)}$$

于是得

$$\Delta_C = \frac{Fa^2 b^2}{3EI(a+b)} \qquad (\downarrow)$$

所得 Δ_C 为正,说明挠度 Δ_C 确与载荷 F 同向。实际上,由于应变能恒为正,因此,当弹性体上仅作用一个广义力时,该力所作之功恒为正,因而相应位移必

与该广义力同向。

例 13-3 图 13-5 所示圆锥形轴,承受扭力偶矩 M 作用。设轴长为 l,A 与 B 端的直径分别为 d_1 与 d_2,材料的切变模量为 G,试计算轴 AB 的扭转角。

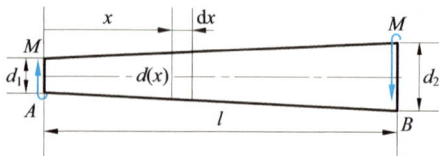

图 13-5

解: 1. 应变能计算

由于轴为变截面,因此,应从微段 $\mathrm{d}x$ 入手计算应变能。

设截面 x 的极惯性矩为 $I_\mathrm{p}(x)$,则由式(13-6)可知,轴的应变能为

$$V_\varepsilon = \frac{1}{2}\int_0^l \frac{T^2}{GI_\mathrm{p}(x)}\mathrm{d}x \qquad\qquad (\mathrm{a})$$

由图 13-5 可以看出,截面 x 的直径为

$$d(x) = d_1 + (d_2 - d_1)\frac{x}{l}$$

因此,极惯性矩为

$$I_\mathrm{p}(x) = \frac{\pi}{32}\left[d_1 + (d_2 - d_1)\frac{x}{l}\right]^4$$

代入式(a),得

$$V_\varepsilon = \frac{16M^2}{G\pi}\int_0^l \frac{1}{\left[d_1 + (d_2 - d_1)\dfrac{x}{l}\right]^4}\,\mathrm{d}x = \frac{16M^2 l(d_1^2 + d_1 d_2 + d_2^2)}{3\pi G d_1^3 d_2^3}$$

2. 变形计算

设轴 AB 的扭转角为 φ_{AB},则由能量守恒定律可知,

$$\frac{M\varphi_{AB}}{2} = \frac{16M^2 l(d_1^2 + d_1 d_2 + d_2^2)}{3\pi G d_1^3 d_2^3}$$

于是得

$$\varphi_{AB} = \frac{32Ml(d_1^2 + d_1 d_2 + d_2^2)}{3\pi G d_1^3 d_2^3}$$

§13-2 互等定理

前曾指出,线性弹性体的应变能或载荷所作之总功,与加载方式无关。现在,利用此概念,建立关于线性弹性体的两个重要定理——功的互等定理与位移互等定理。

一、两种加载方式下的外力功

图 13-6a 与 b 所示为同一线性弹性体的两种受力状态,分别承受载荷 F_1 与 F_2 作用,它们均为广义力,其作用部位分别用 1 与 2 表示,简称为点 1 与点 2。在第一种受力状态下,载荷 F_1 的相应位移为 Δ_{11},点 2 沿载荷 F_2 作用方向的位移为 Δ_{21};在第二种受力状态下,载荷 F_2 的相应位移为 Δ_{22},点 1 沿载荷 F_1 作用方向的位移为 Δ_{12}。以上所述位移 Δ_{ij} 均为广义位移,下标 i 表示发生位移的部位,j 表示引起该位移的载荷。

考虑图 13-7 所示两种加载方式,图 13-7a 所示为先加 F_1、后加 F_2,图 13-7b 所示为先加 F_2、后加 F_1,现在研究外力所作之功。

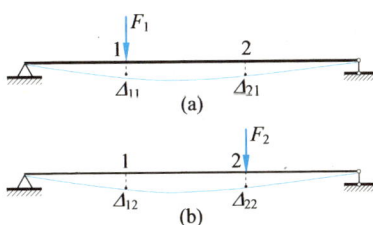

图 13-6

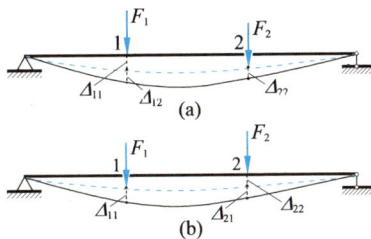

图 13-7

当先加 F_1、后加 F_2 时(图 13-7a),外力所作之功为

$$W_1 = \frac{F_1\Delta_{11}}{2} + \frac{F_2\Delta_{22}}{2} + F_1\Delta_{12} \tag{a}$$

反之,当先加 F_2、后加 F_1 时(图 13-7b),由于线性弹性体的位移可以叠加,载荷 F_2 引起位移仍为 Δ_{22},载荷 F_1 在点 1 与 2 所引起的附加位移仍分别为 Δ_{11} 与 Δ_{21},因此,外力所作之功为

$$W_2 = \frac{F_2\Delta_{22}}{2} + \frac{F_1\Delta_{11}}{2} + F_2\Delta_{21} \tag{b}$$

二、功的互等定理与位移互等定理

对于线性弹性体,外力所作之功与加载次序无关,因此,

$$W_1 = W_2$$

将式(a)与(b)代入上式,于是得

$$F_1\Delta_{12} = F_2\Delta_{21} \tag{13-8}$$

上式表明,对于线性弹性体,F_1 在 F_2 引起的位移 Δ_{12} 上所作之功,等于 F_2 在 F_1 引起的位移 Δ_{21} 上所作之功,称为**功的互等定理**。

作为上述定理的一个重要推论,如果 $F_1 = F_2$,则由上式得

$$\Delta_{12} = \Delta_{21} \tag{13-9}$$

上式表明,对于线性弹性体,当 F_1 与 F_2 的数值相等时,F_2 在点 1 沿 F_1 方向引起的位移 Δ_{12},等于 F_1 在点 2 沿 F_2 方向引起的位移 Δ_{21},称为**位移互等定理**。

上述功的互等关系,不仅存在于 F_1 与 F_2 两个外力之间,而且存在于两组外力之间(证明从略)。关于功的互等定理的一般论述为:对于线性弹性体,第一组外力在第二组外力引起的位移上所作之功,等于第二组外力在第一组外力引起的位移上所作之功。

功的互等定理与位移互等定理是两个重要定理,在固体力学与结构分析中,具有重要作用。

例 13-4 图 13-8a 所示简支梁,弯曲刚度 EI 为常数。当在横截面 C 作用载荷 F 时,横截面 B 的转角为 $\theta_{B,F} = Fl^2/(16EI)$($\circlearrowleft$),试计算当截面 B 作用矩为 M_e 的力偶时(图 13-8b),截面 C 的挠度 f_{C,M_e}。

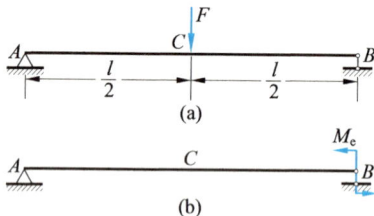

图 13-8

解: 根据式(13-8)即功的互等定理可知,

$$Ff_{C,M_e} = M_e\theta_{B,F}$$

由此得

$$f_{C,M_e} = \frac{M_e}{F}\frac{Fl^2}{16EI} = \frac{M_e l^2}{16EI} \qquad (\downarrow)$$

所求 f_{C,M_e} 为正,说明该位移与载荷 F 同向,即向下。

例 13-5 图 13-9a 所示悬臂梁,自由端承受载荷 F 作用。现需测量横截面 $1,2,\cdots,5$ 的挠度,但仅有一个千分表可供使用,试选择实验方案。

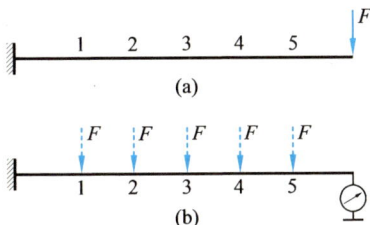

图 13-9

解: 由于仅有一个千分表,如果移动千分表逐点测量,则既不方便,也容易引起测量误差。

现将千分表安放在自由端(图 13-9b),而将载荷依次施加在截面 $i(i=1,2,\cdots,5)$,按照位移互等定理,则依次在自由端所量得的挠度,即分别代表载荷施加在自由端时截面 i 的挠度。例如,当载荷位于截面 2 时,自由端千分表所指示的挠度值,即代表载荷位于自由端时截面 2 的挠度。

§13-3 卡 氏 定 理

本节介绍计算线性弹性体位移的一个重要定理——卡氏定理。

一、卡氏定理的一般表达式

图 13-10a 所示线性弹性体,承受载荷(广义力)F_1, F_2,$\cdots$,F_k,$\cdots$,F_n 作用,其相应位移(广义位移)依次为 $\Delta_1,\Delta_2,\cdots,\Delta_k,\cdots,\Delta_n$,现在拟求 Δ_k,即计算载荷 F_k 的相应位移。为此,使载荷 F_k 增加一微量 $\mathrm{d}F_k$,并研究在此状态时弹性体的应变能 $V_{\varepsilon 1}$ 与外力所作之功 W_1。

当载荷 F_1, F_2,$\cdots$,F_k,$\cdots$,F_n 作用时,弹性体的应变能与外力所作之功为

$$V_{\varepsilon} = W = \sum_{i=1}^{n} \frac{F_i \Delta_i}{2}$$

如前所述,对于线性弹性体,载荷所作之功与加载次序无关,因此,为了计算外力功 W_1,也可先加载荷 $\mathrm{d}F_k$,然后再加载荷 F_1, F_2,$\cdots$,F_k,$\cdots$,F_n(图 13-10b)。设载荷 $\mathrm{d}F_k$ 作用时 k 点的相应位移为 $\mathrm{d}\Delta_k$,当载荷 F_1, F_2,$\cdots$,F_k,$\cdots$,F_n 作用后,由于线性弹性体的位移可以叠加,各载荷作用点由此引起的附加位移仍分别为

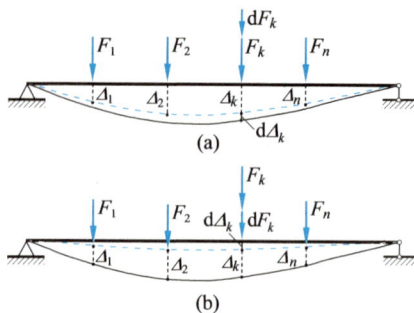

图 13-10

$\Delta_1, \Delta_2, \cdots, \Delta_k, \cdots, \Delta_n$。因此，在整个加载过程中，外力所作之功为

$$W_1 = \frac{\mathrm{d}F_k \cdot \mathrm{d}\Delta_k}{2} + \sum_{i=1}^{n} \frac{F_i \Delta_i}{2} + \mathrm{d}F_k \cdot \Delta_k \qquad (\text{a})$$

上式右边的第三项，代表已加载荷 $\mathrm{d}F_k$ 在位移 Δ_k 上所作之功，因属常力作功，所以，不必除 2。

弹性体的应变能是独立变量 F_1, $F_2, \cdots, F_k, \cdots, F_n$ 的函数，当载荷 F_k 增加微量 $\mathrm{d}F_k$ 后，弹性体的应变能为

$$V_{\varepsilon 1} = V_\varepsilon + \frac{\partial V_\varepsilon}{\partial F_k}\mathrm{d}F_k = \sum_{i=1}^{n} \frac{F_i \Delta_i}{2} + \frac{\partial V_\varepsilon}{\partial F_k}\mathrm{d}F_k \qquad (\text{b})$$

根据能量守恒定律，外力功 W_1 数值上应等于应变能 $V_{\varepsilon 1}$，因此，由式（a）与（b）并略去二阶微量 $\mathrm{d}F_k \cdot \mathrm{d}\Delta_k / 2$，得

$$\mathrm{d}F_k \cdot \Delta_k = \frac{\partial V_\varepsilon}{\partial F_k}\mathrm{d}F_k \qquad (\text{c})$$

于是得

$$\Delta_k = \frac{\partial V_\varepsilon}{\partial F_k} \qquad (13\text{-}10)$$

上式表明，线性弹性体的应变能对于某一载荷 F_k 的偏导数，等于该载荷的相应位移 Δ_k，称为卡氏（Castigliano）定理。

由式（c）可以看出，如果按卡氏定理求得的位移 Δ_k 为正，则表示载荷 $\mathrm{d}F_k$ 在位移 Δ_k 上作正功，即位移 Δ_k 与载荷 F_k 同向。反之，则位移 Δ_k 与载荷 F_k 反向。

二、用卡氏定理计算杆与杆系的位移

将式（13-4）代入式（13-10），得

$$\Delta_k = \int_l \frac{F_N(x)}{EA} \frac{\partial F_N(x)}{\partial F_k} dx + \int_l \frac{T(x)}{GI_t} \frac{\partial T(x)}{\partial F_k} dx +$$

$$\int_l \frac{M_y(x)}{EI_y} \frac{\partial M_y(x)}{\partial F_k} dx + \int_l \frac{M_z(x)}{EI_z} \frac{\partial M_z(x)}{\partial F_k} dx \tag{13-11}$$

将上述公式分别应用于轴与处于平面弯曲的梁,依次得

$$\Delta_k = \int_l \frac{T(x)}{GI_t} \frac{\partial T(x)}{\partial F_k} dx \tag{13-12}$$

$$\Delta_k = \int_l \frac{M(x)}{EI} \frac{\partial M(x)}{\partial F_k} dx \tag{13-13}$$

而对于拉压杆与桁架,则分别有

$$\Delta_k = \int_l \frac{F_N(x)}{EA} \frac{\partial F_N(x)}{\partial F_k} dx \tag{13-14}$$

$$\Delta_k = \sum_{i=1}^{n} \frac{F_{Ni}l_i}{E_i A_i} \frac{\partial F_{Ni}}{\partial F_k} \tag{13-15}$$

例 13-6 图 13-11a 所示桁架,承受铅垂载荷 F 作用。已知杆 1 与杆 2 各截面的拉压刚度均为 EA,试用卡氏定理计算节点 B 的铅垂位移。

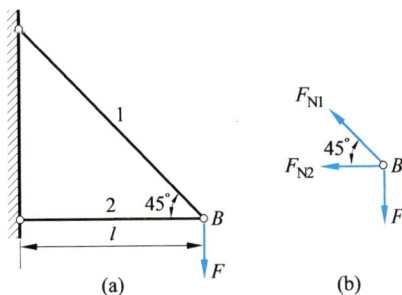

图 13-11

解:节点 B 的铅垂位移 Δ_{By} 为载荷 F 的相应位移,因此,由式(13-15)得

$$\Delta_{By} = \sum_{i=1}^{2} \frac{F_{Ni}l_i}{E_i A_i} \frac{\partial F_{Ni}}{\partial F} = \frac{F_{N1}l_1}{EA} \frac{\partial F_{N1}}{\partial F} + \frac{F_{N2}l_2}{EA} \frac{\partial F_{N2}}{\partial F} \tag{a}$$

节点 B 的受力如图 13-11b 所示,利用平衡方程,得杆 1 与杆 2 的轴力分别为

$$F_{N1} = \sqrt{2}F, \qquad F_{N2} = -F$$

代入式(a),于是得

$$\Delta_{By} = \frac{\sqrt{2}F \cdot \sqrt{2}l}{EA} \cdot \sqrt{2} + \frac{(-F)l}{EA} \cdot (-1) = \frac{(2\sqrt{2}+1)Fl}{EA} \qquad (\downarrow)$$

所得 Δ_{By} 为正,说明位移 Δ_{By} 与载荷 F 同向,即向下。

例 13-7 图 13-12a 所示简支梁,承受均布载荷 q 作用,设各截面的弯曲刚度均为 EI,试用卡氏定理计算横截面 B 的转角。

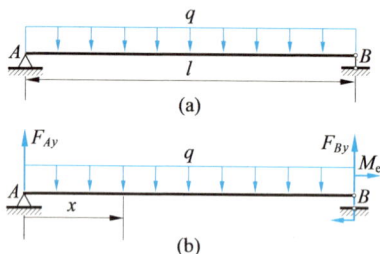

图 13-12

解:1. 问题分析

由于截面 B 无外力偶作用,因此不能直接利用卡氏定理计算该截面的转角。在这种情况下,可首先在截面 B 添加一个矩为 M_e 的力偶(图 13-12b),并计算在载荷 q 与力偶矩 M_e 共同作用时该截面的转角,然后令 $M_e=0$,即得仅有载荷 q 作用时截面 B 的转角。通过添加或附加载荷计算位移的方法,称为附加力法。

2. 转角计算

在载荷 q 与 M_e 共同作用时,支座 A 的反力为

$$F_{Ay} = \frac{ql}{2} - \frac{M_e}{l}$$

梁的弯矩方程为

$$M(x) = \frac{qlx}{2} - \frac{M_e x}{l} - \frac{qx^2}{2} \qquad (a)$$

从而有

$$\frac{\partial M}{\partial M_e} = -\frac{x}{l} \qquad (b)$$

将式(a)与(b)代入式(13-13),并令 $M_e=0$,于是得载荷 q 作用时截面 B 的转角为

$$\theta_B = \frac{1}{EI}\int_0^l \left(\frac{qlx}{2}-\frac{qx^2}{2}\right)\left(-\frac{x}{l}\right)\mathrm{d}x = -\frac{ql^3}{24EI} \qquad (\circlearrowleft)$$

所得 θ_B 为负,说明截面 B 的转角与附加力偶的方向相反。

例 13–8 图 13–13 所示刚架 $ABCD$,在截面 A 与 D 处,作用一对方向相反的水平载荷 F。已知刚架各截面的弯曲刚度均为 EI,试用卡氏定理计算截面 A 与 D 沿 AD 方位的相对线位移 $\Delta_{A/D}$。

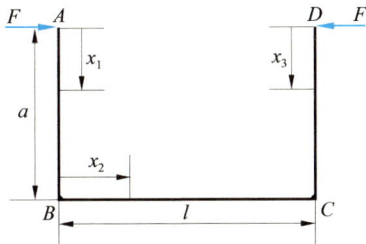

图 13–13

解:1. 问题分析

AB 与 CD 段均受弯,而 BC 段则处于弯压组合受力状态。分析表明,与弯矩相比,轴力对刚架变形的影响很小,通常均可忽略不计。其次,考虑到相对线位移 $\Delta_{A/D}$ 是上述反向载荷 F 的相应位移,于是由式(13–13)得

$$\Delta_{A/D} = \frac{\partial V_\varepsilon}{\partial F} = \int_l \frac{M(x)}{EI}\frac{\partial M(x)}{\partial F}\mathrm{d}x \qquad (\mathrm{a})$$

2. 相对位移计算

AB,BC 与 CD 段的弯矩方程依次为

$$M(x_1) = Fx_1, \qquad M(x_2) = Fa, \qquad M(x_3) = Fx_3$$

将上述方程代入式(a),得

$$\Delta_{A/D} = \frac{1}{EI}\left[\int_0^a Fx_1\cdot x_1\mathrm{d}x_1 + \int_0^l Fa\cdot a\mathrm{d}x_2 + \int_0^a Fx_3\cdot x_3\mathrm{d}x_3\right]$$

于是得

$$\Delta_{A/D} = \frac{Fa^2(4a+3l)}{6EI} \qquad (\to\ \leftarrow)$$

相对位移 $\Delta_{A/D}$ 与所加载荷 F 同向。

例 13–9 图 13–14a 所示小曲率曲梁,承受矩为 M_e 的力偶作用。设曲梁轴

线为圆弧,其半径为 R,各截面的弯曲刚度均为 EI,试用卡氏定理计算截面 B 的水平位移。

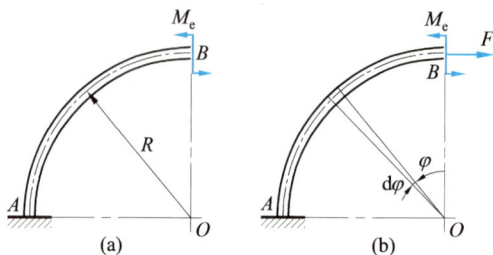

图 13-14

解:1. 问题分析

曲梁受力后,其横截面上一般存在三个内力分量,即轴力、剪力与弯矩。但是,对于小曲率梁,影响其变形的主要内力是弯矩,因此,仍可利用式(13-13)计算其位移。

其次,由于在截面 B 处无水平载荷作用,为此,采用附加力法,在该截面的形心处,附加一水平载荷 F(图 13-14b)。

2. 位移计算

选极坐标 φ 代表横截面的位置,得曲梁的弯矩方程为

$$M(\varphi) = FR(1-\cos\varphi) - M_e \qquad (a)$$

从而有

$$\frac{\partial M(\varphi)}{\partial F} = R(1-\cos\varphi) \qquad (b)$$

将式(a)与(b)代入式(13-13),用 $R\mathrm{d}\varphi$ 代替 $\mathrm{d}x$,并令 $F=0$,于是得 M_e 作用时截面 B 的水平位移为

$$\Delta_{Bx} = \frac{1}{EI}\int_0^{\pi/2}(-M_e)\cdot R(1-\cos\varphi)R\mathrm{d}\varphi = -\frac{(2+\pi)M_e R^2}{2EI} \qquad (\leftarrow)$$

§13-4 变形体虚功原理

在刚体力学中曾经指出,对于处于平衡状态的任意刚体,作用其上的力系在任意虚位移上所作总虚功为零,此即刚体虚功原理。在应用该原理时,通常均限制虚位移为很小的位移,以保证位移过程中各力的大小与方位均不改变。本节研究变形体虚功原理。

一、可能内力与可能位移

考虑图 13-15a 所示任意杆或杆系,承受任意外力作用。从杆内切取一微段 dx,与上述外力保持平衡的内力如图 13-15b 所示,图中,扭矩 T 用矢量表示。与外力保持平衡的内力,称为**静力可能内力**,简称为**可能内力**。

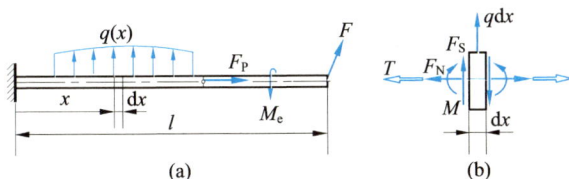

图 13-15

对于静定杆或杆系,与外力保持平衡的可能内力即真实内力,但对于静不定杆或杆系,与外力保持平衡的可能内力则有无限多种,其中同时满足变形协调条件的内力才是真实内力。

现在,采用某种方法(例如改变温度或施加外力),给杆或杆系一虚位移,一种既满足位移边界条件,又满足位移连续条件的任意微小位移,这时,微段不仅位移至新位置,而且形状也发生改变,即微段不仅发生刚性虚位移,同时产生虚变形。满足位移边界条件与连续条件的任意微小位移,即上述虚位移,也称为**几何可能位移**,简称为**可能位移**。

二、内虚功与外虚功

如图 13-16 所示,在忽略剪切变形的情况下,微段的虚变形可用轴向变形 $\mathrm{d}\delta^{*}$、扭转角 $\mathrm{d}\varphi^{*}$ 与相对转角 $\mathrm{d}\theta^{*}$ 表示。所以,当微段发生虚变形时,作用在微段上的可能内力所作之虚功为

$$\mathrm{d}W_{\mathrm{i}} = F_{\mathrm{N}}\mathrm{d}\delta^{*} + T\mathrm{d}\varphi^{*} + M\mathrm{d}\theta^{*}$$

而作用在所有微段上的可能内力所作之总虚功则为

$$W_{\mathrm{i}} = \int_{l}(F_{\mathrm{N}}\mathrm{d}\delta^{*} + T\mathrm{d}\varphi^{*} + M\mathrm{d}\theta^{*})$$

作用在所有微段的可能内力在相应虚变形上所作总虚功 W_{i},称为**内虚功**。

在更一般的情况下,可能内力中的弯矩用 M_{y} 与 M_{z} 表示(坐标轴 y 与 z 为截面主形心

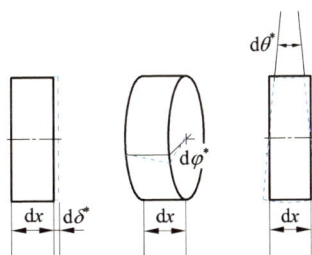

图 13-16

轴),与其相应的微段虚变形用相对转角 $\mathrm{d}\theta_y^*$ 与 $\mathrm{d}\theta_z^*$ 表示,在这种情况下,内虚功为

$$W_\mathrm{i} = \int_l (F_\mathrm{N}\mathrm{d}\delta^* + T\mathrm{d}\varphi^* + M_y\mathrm{d}\theta_y^* + M_z\mathrm{d}\theta_z^*)$$

当杆或杆系发生虚位移时,作用于其上的外力在虚位移上作功。作用在杆或杆系的外力在虚位移上所作总虚功,称为**外虚功**,并用 W_e 表示。

三、变形体虚功原理

可以证明,作用在杆或杆系的外力在虚位移上所作总虚功或外虚功 W_e,恒等于作用在所有微段的可能内力在虚变形上所作总虚功或内虚功 W_i,即

$$W_e = W_\mathrm{i} \tag{13-16}$$

称为**变形体虚功原理**,它是固体力学的一个基本原理。

现以梁为例,对上述原理加以论证。

考虑图 13-17a 所示一端固定、另一端铰支的梁,承受集度为 $q(x)$ 为的分布载荷作用,与其平衡的剪力 F_S、弯矩 M 如图 13-17b 所示,它们间的关系为

$$\frac{\mathrm{d}F_\mathrm{S}}{\mathrm{d}x} = q, \qquad \frac{\mathrm{d}M}{\mathrm{d}x} = F_\mathrm{S} \tag{a}$$

即满足梁微段的平衡方程。此外,由于梁端铰支座处无外力偶作用,所以,该截面的可能弯矩为零,即

$$M(l) = 0 \tag{b}$$

内力在边界上应满足的静力条件,称为**静力边界条件**。

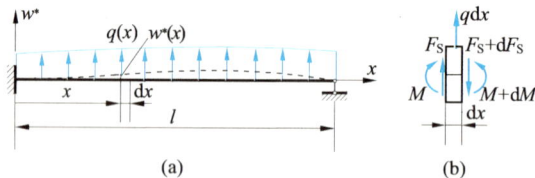

图 13-17

现在,使梁发生某种横向虚位移 $w^*(x)$,该位移满足位移边界条件:

$$w^*(0) = w^*(l) = 0, \qquad w^{*\prime}(0) = 0 \tag{c}$$

同时还满足变形连续条件,因而下式成立:

$$\theta^* = \frac{\mathrm{d}w^*}{\mathrm{d}x} \tag{d}$$

在虚位移过程中,外力所作之总虚功即外虚功为

$$W_e = \int_l w^* q \, dx$$

在满足式(a),(b),(c)与式(d)的情况下,上式变为

$$W_e = \int_l w^* \frac{dF_S}{dx} \, dx = [F_S w^*]_0^l - \int_l F_S \frac{dw^*}{dx} \, dx$$

$$= 0 - \int_l \frac{dM}{dx} \theta^* \, dx = -[M\theta^*]_0^l + \int_l M d\theta^*$$

由此得

$$W_e = \int_l M d\theta^* \qquad (e)$$

可能内力在虚变形上所作之总虚功即内虚功为

$$W_i = \int_l M d\theta^* \qquad (f)$$

比较式(e)与(f),于是得

$$W_e = W_i$$

此即变形体虚功原理。

四、变形体虚功原理的应用

由上述分析可以看出,应用变形体虚功原理应注意以下两点:

(1) 对于所研究的力系,包括外力与内力,必须满足平衡条件与静力边界条件;

(2) 对于所选择的虚位移,则应当是微小的,而且,满足变形连续条件与位移边界条件。

还可以看出,由于在推导中未涉及变形体的应力应变关系,因此,变形体虚功原理不仅适用于线性弹性杆或杆系,也适用于非线性弹性与非弹性杆或杆系。

§13-5 单位载荷法

现在,利用变形体虚功原理,建立一种计算位移的一般方法,所谓单位载荷法。

一、单位载荷法一般公式

考虑图 13-18a 所示任意杆或杆系,现在拟求其轴线上任一点 A 沿任意方位 $n-n$ 的位移 Δ。

为了计算位移 Δ,在图 13-18b 所示同一杆或杆系的 A 点,并沿 $n-n$ 方位,施

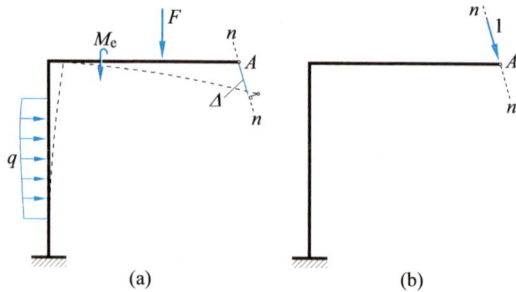

图 13-18

加一个大小等于 1 的力,即所谓单位力,该力以及与其平衡的内力构成单位力系统。

　　如上所述,满足位移边界条件与连续条件的任意微小位移,均可作为虚位移。因此,由实际载荷引起的位移也可作为虚位移,而微段的轴向变形 $\mathrm{d}\delta$、扭转变形 $\mathrm{d}\varphi$ 以及弯曲变形 $\mathrm{d}\theta_y$ 与 $\mathrm{d}\theta_z$(坐标轴 y 与 z 为截面主形心轴),则为相应虚变形。

　　现在,以实际载荷引起的位移作为上述单位力系统的虚位移,这时,单位力在位移 Δ 上作虚功,其值即外虚功为

$$W_e = 1 \cdot \Delta$$

同时,与单位力保持平衡的轴力 $\overline{F}_N(x)$、扭矩 $\overline{T}(x)$ 以及弯矩 $\overline{M}_y(x)$ 与 $\overline{M}_z(x)$,则分别在相应轴向变形 $\mathrm{d}\delta$、扭转变形 $\mathrm{d}\varphi$ 以及弯曲变形 $\mathrm{d}\theta_y$ 与 $\mathrm{d}\theta_z$ 上作虚功,整个杆或杆系的内虚功为

$$W_i = \int_l \left[\overline{F}_N(x)\mathrm{d}\delta + \overline{T}(x)\mathrm{d}\varphi + \overline{M}_y(x)\mathrm{d}\theta_y + \overline{M}_z(x)\mathrm{d}\theta_z \right]$$

根据变形体虚功原理,得

$$1 \cdot \Delta = \int_l \left[\overline{F}_N(x)\mathrm{d}\delta + \overline{T}(x)\mathrm{d}\varphi + \overline{M}_y(x)\mathrm{d}\theta_y + \overline{M}_z(x)\mathrm{d}\theta_z \right] \tag{a}$$

于是得

$$\Delta = \int_l \left[\overline{F}_N(x)\mathrm{d}\delta + \overline{T}(x)\mathrm{d}\varphi + \overline{M}_y(x)\mathrm{d}\theta_y + \overline{M}_z(x)\mathrm{d}\theta_z \right] \tag{13-17}$$

　　同理,如果需要计算上述杆或杆系某截面绕某轴的角位移,则只需在该截面,并沿所求位移方位,施加一个力偶矩等于 1 的力偶,即所谓单位力偶,同样可以得到上述形式的位移表达式。

　　由此可见,式(13-17)中的 Δ 应理解为广义位移,既包括线位移与角位移,也包括相对线位移与相对角位移等。

与所求位移相应的单位广义力,称为**单位载荷**。包括单位力、单位力偶、一对反向单位力或反向单位力偶等。通过施加单位载荷计算位移的方法,称为**单位载荷法**。单位载荷法的应用范围极广,它不仅适用于线性弹性杆或杆系,也适用于非线性弹性与非弹性杆或杆系。

二、线弹性情况下的单位载荷法

对于线性弹性杆或杆系,微段的变形为

$$d\delta = \frac{F_N(x)}{EA}dx, \qquad d\varphi = \frac{T(x)}{GI_t}dx$$

$$d\theta_y = \frac{M_y(x)}{EI_y}dx, \qquad d\theta_z = \frac{M_z(x)}{EI_z}dx$$

于是,由式(13-17)得

$$\Delta = \int_l \frac{\overline{F}_N(x)F_N(x)}{EA}dx + \int_l \frac{\overline{T}(x)T(x)}{GI_t}dx +$$

$$\int_l \frac{\overline{M}_y(x)M_y(x)}{EI_y}dx + \int_l \frac{\overline{M}_z(x)M_z(x)}{EI_z}dx \qquad (13-18)$$

此即用单位载荷法计算线性弹性杆或杆系位移的一般公式。

将上述公式应用于处于平面弯曲的梁与平面刚架,得

$$\Delta = \int_l \frac{\overline{M}(x)M(x)}{EI}dx \qquad (13-19)$$

而对于桁架与轴,则分别有

$$\Delta = \sum_{i=1}^n \frac{\overline{F}_{Ni}F_{Ni}l_i}{E_iA_i} \qquad (13-20)$$

$$\Delta = \int_l \frac{\overline{T}(x)T(x)}{GI_t}dx \qquad (13-21)$$

由式(a)可以看出,如果按单位载荷法求得的位移为正,则所求位移与所加单位载荷同向,反之则反向。

例 13-10 图 13-19a 所示简支梁,承受均布载荷 q 作用。设各截面的弯曲刚度均为 EI,试用单位载荷法计算横截面 A 的转角。

解: 1. 问题分析

为了计算截面 A 的转角,在简支梁的截面 A 施加单位力偶如图 13-19b 所示。

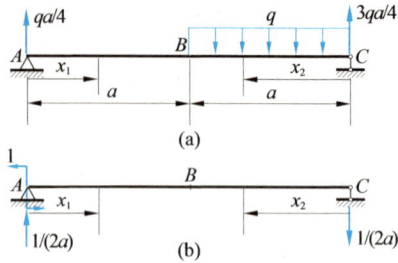

图 13-19

式(13-19)的被积函数为 $\overline{M}(x)$ 与 $M(x)$ 的乘积,因此,在建立弯矩方程 $\overline{M}(x)$ 与 $M(x)$ 时,梁段的划分与坐标 x 的选取应完全一致。按此原则,将梁划分为 AB 与 BC 两段,并选坐标 x_1 与 x_2 如图 13-19b 所示,分段建立弯矩方程。于是得截面 A 的转角为

$$\theta_A = \frac{1}{EI}\int_0^a \overline{M}(x_1)M(x_1)\,\mathrm{d}x_1 + \frac{1}{EI}\int_0^a \overline{M}(x_2)M(x_2)\,\mathrm{d}x_2 \qquad (a)$$

2. 位移计算

在单位载荷作用下,梁段 AB 与 BC 的弯矩方程分别为

$$\overline{M}(x_1) = \frac{x_1}{2a} - 1$$

$$\overline{M}(x_2) = -\frac{x_2}{2a}$$

在均布载荷 q 作用下,上述二梁段的弯矩方程则分别为

$$M(x_1) = \frac{qa}{4}x_1$$

$$M(x_2) = \frac{3qa}{4}x_2 - \frac{q}{2}x_2^2$$

将相关弯矩方程代入式(a),于是得

$$\theta_A = \frac{1}{EI}\int_0^a \left(\frac{x_1}{2a} - 1\right)\frac{qax_1}{4}\mathrm{d}x_1 + \frac{1}{EI}\int_0^a \left(-\frac{x_2}{2a}\right)\left(\frac{3qax_2}{4} - \frac{qx_2^2}{2}\right)\mathrm{d}x_2 = -\frac{7qa^3}{48EI}$$

所得 θ_A 为负,说明其方向与所加单位力偶的方向相反,即截面 A 沿顺时针方向转动。

例 13-11　图 13-20a 所示刚架,承受均布载荷 q 作用。设各截面的弯曲刚

度均为 EI,试用单位载荷法计算横截面 A 的水平位移。

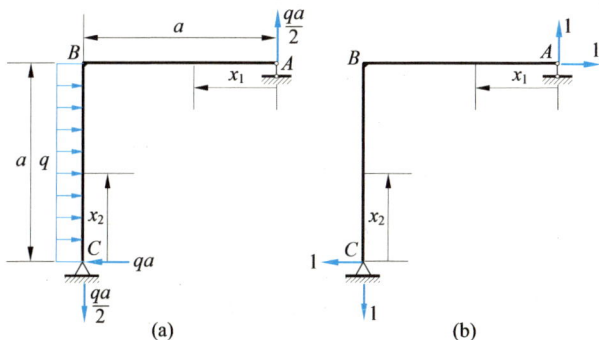

图 13-20

解： 在截面 A 施加一水平单位力（图 13-20b）。

在单位力与实际载荷单独作用时,求得刚架的支反力分别如图 13-20b 与 a 所示,并由此建立各梁段的弯矩方程如下。

AB 段：

$$\overline{M}(x_1) = 1 \cdot x_1 = x_1, \quad M(x_1) = \frac{qa}{2}x_1$$

BC 段：

$$\overline{M}(x_2) = 1 \cdot x_2 = x_2, \quad M(x_2) = qax_2 - \frac{q}{2}x_2^2$$

于是得截面 A 的水平位移为

$$\Delta_{Ax} = \frac{1}{EI}\left[\int_0^a x_1 \frac{qa}{2}x_1 dx_1 + \int_0^a x_2 \left(qax_2 - \frac{q}{2}x_2^2 \right) dx_2 \right] = \frac{3qa^4}{8EI} \qquad (\rightarrow)$$

例 13-12 图 13-21a 所示小曲率曲梁,轴线半径为 R,在横截面 A 与 B 处,作用一对大小相等、方向相反的水平载荷 F。设各截面的弯曲刚度均为 EI,试用单位载荷法计算横截面 A 与 B 的相对转角。

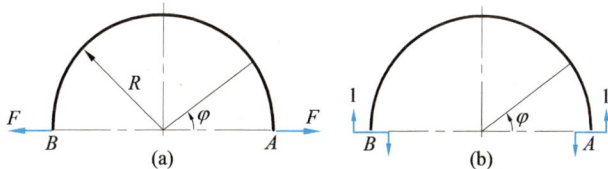

图 13-21

解：如图 13-21b 所示，在截面 A 与 B 施加一对转向相反的单位力偶。

在单位力偶与载荷 F 单独作用时，曲梁的弯矩方程分别为

$$\overline{M}(\varphi) = -1 \tag{a}$$

$$M(\varphi) = -FR\sin\varphi \tag{b}$$

根据式(13-19)，并用 $R\mathrm{d}\varphi$ 代替 $\mathrm{d}x$，得平面曲梁的位移公式为

$$\Delta = \int_l \frac{\overline{M}(\varphi) M(\varphi)}{EI} R\mathrm{d}\varphi$$

将式(a)与(b)代入上式，于是得截面 A 与 B 的相对转角为

$$\theta_{A/B} = \int_0^\pi \frac{\overline{M}(\varphi) M(\varphi)}{EI} R\mathrm{d}\varphi = \frac{1}{EI}\int_0^\pi (-1)(-FR\sin\varphi) R\mathrm{d}\varphi = \frac{2FR^2}{EI} \; (\circlearrowleft\circlearrowright)$$

例 13-13 图 13-22a 所示水平放置的小曲率圆截面曲杆，承受铅垂载荷 F 作用。设曲杆的轴线半径为 R，材料的弹性模量与切变模量分别为 E 与 G，试用单位载荷法计算截面 A 的铅垂位移。

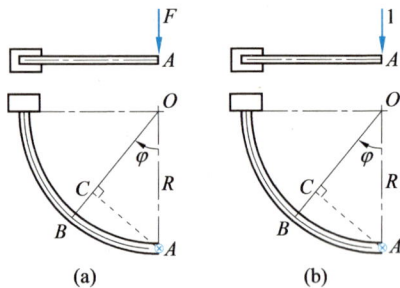

图 13-22

解：如图 13-22a 所示，任一横截面 B 的位置用 φ 表示，并作辅助线 $AC \perp OB$，可以看出，截面 φ 的弯矩与扭矩分别为

$$M = -F \cdot \overline{AC} = -FR\sin\varphi$$

$$T = -F \cdot \overline{BC} = -FR(1-\cos\varphi)$$

在图 13-22b 所示单位力作用下，曲杆的相应内力为

$$\overline{M} = -R\sin\varphi$$

$$\overline{T} = -R(1-\cos\varphi)$$

曲杆处于弯扭组合受力状态,由式(13-18)可知,截面 A 的铅垂位移为

$$\Delta_{Ay} = \int_0^{\pi/2} \frac{\overline{M}(\varphi) M(\varphi)}{EI} R\mathrm{d}\varphi + \int_0^{\pi/2} \frac{\overline{T}(\varphi) T(\varphi)}{GI_p} R\mathrm{d}\varphi$$

代入相关内力方程,得

$$\Delta_{Ay} = \int_0^{\pi/2} \frac{(-R\sin\varphi)(-FR\sin\varphi)}{EI} R\mathrm{d}\varphi +$$

$$\int_0^{\pi/2} \frac{[-R(1-\cos\varphi)][-FR(1-\cos\varphi)]}{GI_p} R\mathrm{d}\varphi$$

于是得

$$\Delta_{Ay} = \frac{\pi FR^3}{4EI} + \frac{(3\pi-8)FR^3}{4GI_p} \quad (\downarrow)$$

例 13-14 图 13-23a 所示桁架,承受铅垂载荷 F 作用。设各杆各截面的拉压刚度均为 EA,试用单位载荷法计算杆 BC 的转角。

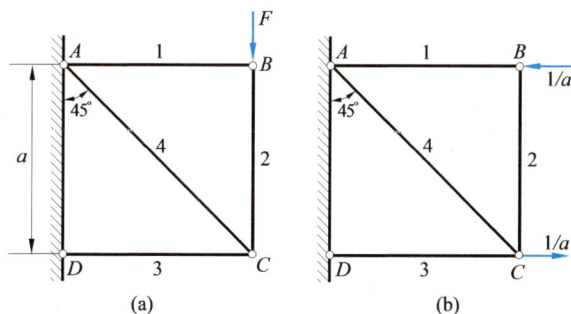

图 13-23

解: 如图 13-23b 所示,在节点 B 与 C 处,施加一对方向相反、大小均为 $1/a$ 的水平集中力,以构成一单位力偶。

在上述单位力偶作用下,杆 2 与杆 4 的轴力为零,非零轴力为

$$\overline{F}_{N1} = -\frac{1}{a}, \qquad \overline{F}_{N3} = \frac{1}{a}$$

在载荷 F 作用下,杆 1 与杆 3 的轴力则分别为

$$F_{N1} = 0, \qquad F_{N3} = -F$$

将上述两种轴力值代入式(13-20),于是得杆 BC 的转角为

$$\theta_{BC} = \frac{\overline{F}_{N1}F_{N1}l_1}{E_1A_1} + \frac{\overline{F}_{N3}F_{N3}l_3}{E_3A_3} = \frac{1}{EA}\left(-\frac{1}{a}\right) \cdot 0 \cdot a + \frac{1}{EA}\frac{1}{a}(-F)a = -\frac{F}{EA} \quad (\circlearrowleft)$$

例 13-15 图 13-24a 所示桁架,承受铅垂载荷 F 作用。设杆 1 的应力应变关系为 $\sigma = c\sqrt{\varepsilon}$,式中,$c$ 为材料常数,杆 2 服从胡克定律,弹性模量为 E,两杆的横截面面积均为 A,试用单位载荷法计算节点 B 的铅垂位移。

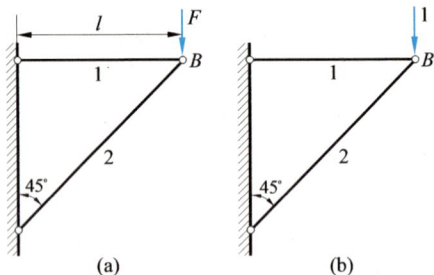

图 13-24

解: 1. 问题分析

根据式(13-17),得桁架节点位移的一般公式为

$$\Delta = \int_l \overline{F}_N(x)\,\mathrm{d}\delta = \sum_{i=1}^n \overline{F}_{Ni}\Delta l_i \qquad (13-22)$$

式中,Δl_i 代表杆 i 的长度改变量。上式既适用于线性弹性杆或杆系,也适用于非线性弹性杆或杆系。

2. 位移计算

在图 13-24b 所示单位力作用下,杆 1 与杆 2 的轴力分别为

$$\left.\begin{array}{l} \overline{F}_{N1} = 1 \\[2mm] \overline{F}_{N2} = -\sqrt{2} \end{array}\right\} \qquad (a)$$

在载荷 F 作用下,杆 1 与杆 2 的轴力分别为

$$F_{N1} = F$$

$$F_{N2} = -\sqrt{2}\,F$$

而轴向变形则分别为

$$\left.\begin{aligned}\Delta l_1 &= \varepsilon_1 l_1 = \frac{\sigma_1^2 l_1}{c^2} = \frac{F_{\mathrm{N1}}^2 l}{A^2 c^2} = \frac{F^2 l}{A^2 c^2}\\[2mm]\Delta l_2 &= \frac{F_{\mathrm{N2}} l_2}{EA} = -\frac{\sqrt{2}\,F \cdot \sqrt{2}\,l}{EA} = -\frac{2Fl}{EA}\end{aligned}\right\} \qquad (\mathrm{b})$$

将式(a)与(b)代入式(13-22),即得节点 B 的铅垂位移为

$$\Delta_{By} = \overline{F}_{\mathrm{N1}} \Delta l_1 + \overline{F}_{\mathrm{N2}} \Delta l_2 = \frac{F^2 l}{A^2 c^2} + \frac{2\sqrt{2}\,Fl}{EA} \quad (\downarrow)$$

例 13-16   图 13-25a 所示矩形截面悬臂梁,承受铅垂载荷 F 作用。材料在单向拉伸时的应力应变关系为 $\sigma = c\sqrt{\varepsilon}$,式中,c 为材料常数;压缩时相同。截面的宽度与高度分别为 b 与 h 。设平面假设与单向受力假设仍然成立,试用单位载荷法计算自由端的挠度。

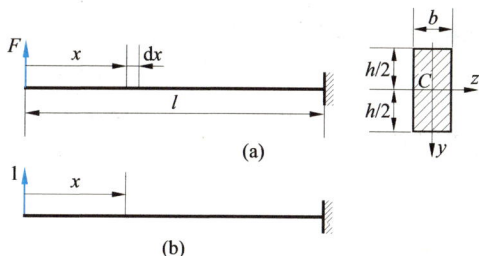

图 13-25

解: 1. 非线弹性梁弯曲变形基本方程

设中性层的曲率半径为 ρ ,则纵坐标为 y 处的纵向正应变为

$$\varepsilon = \frac{y}{\rho}$$

横截面上相应点处的正应力为

$$\sigma = c\sqrt{\varepsilon} = c\sqrt{\frac{y}{\rho}}$$

弯矩为

$$M = \int_A y\sigma\,\mathrm{d}A = 2\int_0^{h/2} \frac{c}{\sqrt{\rho}} y^{3/2} b\,\mathrm{d}y = \frac{cbh^{5/2}}{5\sqrt{2\rho}}$$

由此得

$$\frac{1}{\rho} = \frac{50M^2}{c^2 b^2 h^5} \qquad\qquad (a)$$

2. 位移分析

梁的弯矩方程为

$$M(x) = Fx$$

代入式(a)，得

$$\frac{1}{\rho} = \frac{50F^2 x^2}{c^2 b^2 h^5}$$

于是得

$$d\theta = \frac{dx}{\rho} = \frac{50F^2 x^2}{c^2 b^2 h^5} dx \qquad\qquad (b)$$

在单位载荷作用下(图 13-25b)，梁的弯矩方程为

$$\overline{M}(x) = 1 \cdot x = x$$

将式(b)与上式代入式(13-17)，于是得自由端的挠度为

$$\Delta = \int_l \overline{M}(x)\, d\theta = \int_0^l x \cdot \frac{50F^2 x^2}{c^2 b^2 h^5} dx = \frac{25F^2 l^4}{2c^2 b^2 h^5} \qquad (\uparrow)$$

*§13-6　图形互乘法

在线弹性条件下，用单位载荷法计算梁或平面刚架位移的一般公式为

$$\Delta = \int_l \frac{\overline{M}(x) M(x)}{EI} dx$$

通常，单位载荷或为集中力，或为集中力偶，在这种情况下，直杆或直杆系的弯矩 $\overline{M}$ 图或为直线，或由直线所构成的折线。

考虑长为 l 的一段等截面直杆，该杆段的弯矩 M 与 $\overline{M}$ 图分别如图 13-26a 与 b 所示。弯矩 $\overline{M}$ 方程可表示为

$$\overline{M}(x) = b + kx \qquad\qquad (a)$$

式中，b 与 k 为常数。于是得

$$\int_l \overline{M}(x) M(x)\, dx = b \int_l M(x)\, dx + k \int_l x M(x)\, dx$$

由图 13-26a 可以看出，$M(x)\, dx$ 代表 dx 区间 M 图的面积 $d\omega$，$x M(x)\, dx$ 代表微面积 $d\omega$ 对坐标轴 M 的静矩。所以，如果 l 区间 M 图的面积为 ω，该图形心

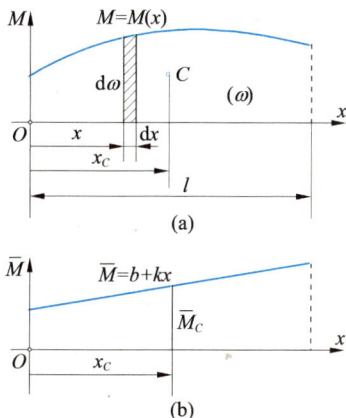

图 13-26

C 的横坐标为 x_C,则

$$\int_l \overline{M}(x) M(x)\,\mathrm{d}x = b\omega + k\omega x_C = \omega(b + kx_C)$$

由式(a)可知,表达式 $b + kx_C$ 代表 $x = x_C$ 处的 $\overline{M}$ 值,即图 13-26b 中的 $\overline{M}_C$,于是由上式得

$$\int_l \overline{M}(x) M(x)\,\mathrm{d}x = \omega \overline{M}_C \qquad (13-23)$$

上式表明,弯矩 $\overline{M}(x)$ 与 $M(x)$ 的乘积的积分值,等于积分区间 M 图的面积乘以该图形心 C 处的 $\overline{M}$ 值。

在两个被积函数中,如果一个为线性函数,则其乘积的积分运算,可转化为函数图形相关几何量的乘积,称为**图形互乘法**,或简称为**图乘法**。它是一个普遍适用的数学方法。

一般情况下,梁或刚架的 $\overline{M}$ 图可能由几段直线所构成,弯曲刚度也可能逐段变化,因此,采用图乘法计算梁或平面刚架位移的一般公式为

$$\Delta = \sum_{i=1}^{n} \frac{\omega_i \overline{M}_{C_i}}{E_i I_i} \qquad (13-24)$$

在单位载荷作用下,直杆或直杆系的轴力 $\overline{F}_N$ 与扭矩 $\overline{T}$ 图也是直线,或由直线所构成的折线,因此,在应用单位载荷法计算直杆或直杆系的位移时,其中与轴向拉压及扭转有关的积分项,也可采用图乘法求解。

为便于查阅,现将几种常见图形的面积及其形心位置的计算公式列于表

13-1中。

表 13-1 几种常见图形的面积与形心位置

	三角形	二次抛物线	n 次抛物线
图形			
面积	$A = \dfrac{bh}{2}$	$A_1 = \dfrac{bh}{3}$ $A_2 = \dfrac{2bh}{3}$	$A_1 = \dfrac{bh}{n+1}$ $A_2 = \dfrac{nbh}{n+1}$
形心位置	$x_c = \dfrac{2b}{3}$	$x_{C_1} = \dfrac{3b}{4}$ $x_{C_2} = \dfrac{3b}{8}$	$x_{C_1} = \dfrac{(n+1)b}{n+2}$ $x_{C_2} = \dfrac{(n+1)b}{2(n+2)}$

例 13-17　图 13-27a 所示简支梁,承受均布载荷 q 作用。设各截面的弯曲刚度均为 EI,试用图乘法计算梁跨度中点截面 D 的挠度。

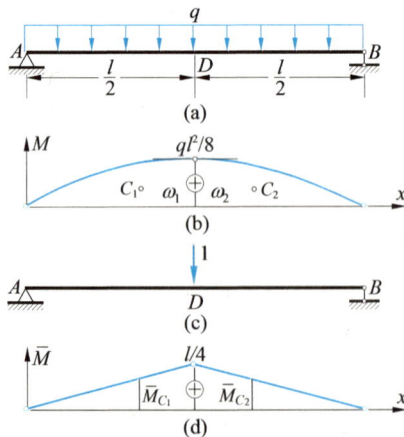

图 13-27

解：在均布载荷 q 作用下，梁的 M 图为二次抛物线（图 13-27b）；在图 13-27c 所示单位载荷作用下，梁的 $\overline{M}$ 图为折线（图 13-27d）。所以，应以截面 D 为分界面，分段应用图乘法。

由图 13-27b 与 d 以及表 13-1 可知：

$$\omega_1 = \omega_2 = \frac{2}{3} \cdot \frac{l}{2} \cdot \frac{ql^2}{8} = \frac{ql^3}{24}$$

$$\overline{M}_{C_1} = \overline{M}_{C_2} = \frac{5}{8} \cdot \frac{l}{4} = \frac{5l}{32}$$

于是，根据式（13-24），得截面 D 的挠度为

$$\Delta_D = \frac{1}{EI}(\omega_1 \overline{M}_{C_1} + \omega_2 \overline{M}_{C_2}) = \frac{2}{EI} \cdot \frac{ql^3}{24} \cdot \frac{5l}{32} = \frac{5ql^4}{384EI} \qquad (\downarrow)$$

例 **13-18**　图 13-28a 所示悬臂梁，承受集中载荷 F 与均布载荷 q 作用，且 $F = ql/4$。设各截面的弯曲刚度均为 EI，试用图乘法计算横截面 A 的挠度。

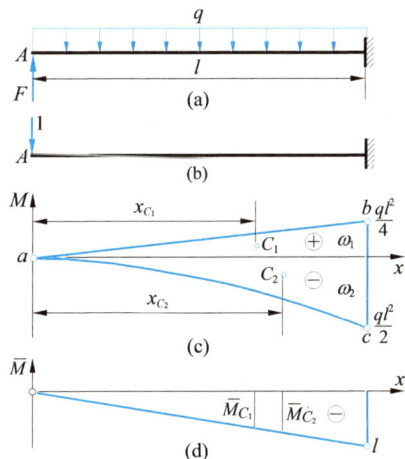

图 13-28

解：在截面 A 加一单位力（图 13-28b），并画 $\overline{M}$ 图如图 13-28d 所示。为了便于确定弯矩 M 图的面积及其形心位置，采用叠加法画 M 图（图 13-28c）。图中，直线 ab 与抛物线 ac 分别为载荷 F 与 q 单独作用时梁的弯矩图。

由图中可以看出：

$$\omega_1 = \frac{1}{2} l \cdot \frac{ql^2}{4} = \frac{ql^3}{8}, \qquad \overline{M}_{C_1} = -\frac{2l}{3}$$

$$\omega_2 = -\frac{1}{3}l\frac{ql^2}{2} = -\frac{ql^3}{6}, \quad \overline{M}_{c_2} = -\frac{3l}{4}$$

于是得截面 A 的挠度为

$$\Delta_A = \frac{1}{EI}\left[\frac{ql^3}{8}\left(-\frac{2l}{3}\right)+\left(-\frac{ql^3}{6}\right)\left(-\frac{3l}{4}\right)\right] = \frac{ql^4}{24EI} \quad (\downarrow)$$

*§13-7 剪力对梁位移的影响

前面分析梁的变形与位移时,均未考虑剪力的影响,本节对此问题作一简略分析。

一、计及剪力影响的梁应变能公式

考虑图 13-29a 所示矩形截面梁。为了计算梁的应变能,在纵坐标 y 与 $y+dy$ 处,用两个平行于中性层的截面,从微段 dx 中切取一单元体(图 13-29b)。根据式(6-2)与(6-9)可知,作用在该单元体上的弯曲正应力与弯曲切应力分别为

$$\sigma = \frac{M(x)y}{I_z} \tag{a}$$

$$\tau = \frac{F_S(x)S_z}{I_z b} = \frac{F_S(x)}{2I_z}\left(\frac{h^2}{4}-y^2\right) \tag{b}$$

式中,b 与 h 分别为矩形截面的宽度与高度。

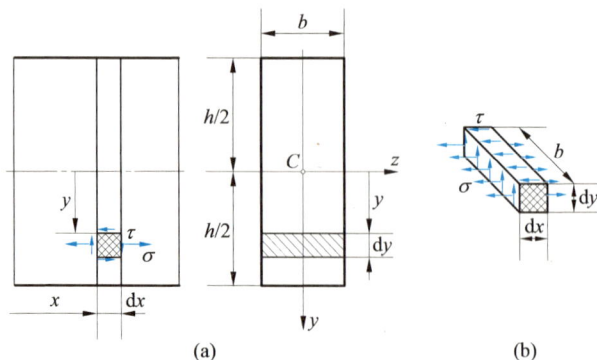

图 13-29

由式(3-12)与(3-13)可知,单元体的应变能为

$$dV_\varepsilon = \frac{1}{2}\left(\frac{\sigma^2}{E} + \frac{\tau^2}{G}\right)b\,dy\,dx$$

而整个梁的应变能则为

$$V_\varepsilon = \frac{1}{2}\int_l \int_{-h/2}^{h/2}\left(\frac{\sigma^2}{E} + \frac{\tau^2}{G}\right)b\,dy\,dx$$

将式(a)与(b)代入上式,于是得

$$V_\varepsilon = \int_l \frac{M^2(x)}{2EI_z}dx + \int_l \frac{\left(\dfrac{6}{5}\right)F_S^2(x)}{2GA}dx$$

式中:第一项即弯曲应变能;第二项为剪切应变能。

同理,可求出横截面为其他形状时梁的应变能,其一般表达式为

$$V_\varepsilon = \int_l \frac{M^2(x)}{2EI_z}dx + \int_l \frac{k_S F_S^2(x)}{2GA}dx \tag{13-25}$$

式中,k_S 称为 **剪切形状系数**,其值与切应力的分布情况有关,即与横截面的形状有关。例如,对于矩形截面梁,$k_S = 6/5$;对于圆形截面梁,$k_S = 10/9$;对于圆形薄壁梁,$k_S = 2$;对于工字形与盒形等薄壁梁,可假设剪力完全由腹板承受并沿腹板均匀分布,得 $k_S \approx A/A_{腹板} = 2\sim5$。

二、计及剪力影响的梁位移公式

根据卡氏定理,由式(13-25)得计及剪力影响的梁位移公式为

$$\Delta_k = \int_l \frac{M(x)}{EI}\frac{\partial M(x)}{\partial F_k}dx + \int_l \frac{k_S F_S(x)}{GA}\frac{\partial F_S(x)}{\partial F_k}dx \tag{13-26}$$

上述问题也可利用单位载荷法求解。

由式(13-25)可知,微段的剪切应变能为

$$dV_{\varepsilon,F_S} = \frac{k_S F_S^2(x)}{2GA}dx = \frac{1}{2}F_S(x)\left[\frac{k_S F_S(x)}{GA}dx\right]$$

可见,微段的剪切变形为

$$d\lambda = \frac{k_S F_S(x)}{GA}dx$$

根据单位载荷法,

$$\Delta_k = \int_l \overline{M}(x)\,d\theta + \int_l \overline{F}_S(x)\,d\lambda$$

于是得

$$\Delta_k = \int_l \frac{\overline{M}(x)M(x)}{EI}dx + \int_l \frac{k_S \overline{F}_S(x)F_S(x)}{GA}dx \tag{13-27}$$

三、剪力对梁位移的影响

现以图 13-30a 所示矩形截面悬臂梁为例,研究剪力对最大挠度的影响。该梁承受均布载荷 q,材料的泊松比 $\mu = 1/3$。

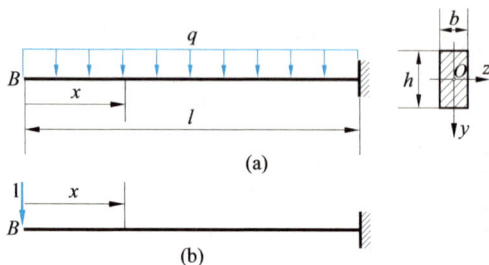

图 13-30

由图 13-30b 与 a 可以看出:

$$\overline{M}(x) = -x, \qquad M(x) = -\frac{qx^2}{2}$$

$$\overline{F}_S(x) = -1, \qquad F_S(x) = -qx$$

于是,由式(13-27),得梁的最大挠度为

$$\Delta = \frac{1}{EI}\int_0^l (-x)\left(-\frac{qx^2}{2}\right)\mathrm{d}x + \frac{6}{5GA}\int_0^l (-1)(-qx)\,\mathrm{d}x = \frac{ql^4}{8EI}\left(1+\frac{24EI}{5GAl^2}\right) \qquad (\text{c})$$

对于矩形截面,

$$\frac{I}{A} = \frac{bh^3}{12}\frac{1}{bh} = \frac{h^2}{12} \qquad (\text{d})$$

由式(3-6)还可知,

$$\frac{E}{G} = 2(1+\mu) = 2\left(1+\frac{1}{3}\right) = \frac{8}{3}$$

将式(d)与上式代入式(c),于是得

$$\Delta = \frac{ql^4}{8EI}\left[1+\frac{16}{15}\left(\frac{h}{l}\right)^2\right]$$

在上式中,第二项即为考虑剪力影响的修正项,它与梁的高度、跨度比(h/l)的平方成正比。由上式可知,当 $h/l = 1/10$ 时,

$$\Delta = \frac{ql^4}{8EI}\left(1+\frac{1.07}{100}\right)$$

即剪切位移仅为弯曲位移的 1.07%;而当 $h/l = 1/3$ 时,

$$\Delta = \frac{ql^4}{8EI}\left(1+\frac{10.4}{100}\right)$$

剪切位移也仅为弯曲位移的 10.4%。

由此可见，在一般细长梁中，剪力对梁位移的影响通常可以忽略不计。但是，对于短而高的梁，特别是短而高的薄壁梁，剪力的影响则不宜忽略。

§13-8　确定压杆临界载荷的能量法

对于载荷、支持方式或截面变化比较复杂的压杆，用§11-2所述方法计算临界载荷颇不方便。对于这类问题，宜采用能量法求解。

如前所述，在临界载荷作用下，压杆具有两种平衡形式，即直线形式与微弯形式。所以，当压杆处于临界状态并由直线形式转入微弯形式的过程中，由于压杆始终处于平衡状态，轴向压力在轴向位移上所作之功 ΔW，等于压杆因弯曲变形所增加的应变能 ΔV_ε，即临界状态的能量特征为

$$\Delta W = \Delta V_\varepsilon \tag{13-28}$$

设压杆在微弯平衡时的挠曲轴方程为

$$w = w(x)$$

载荷作用点因弯曲变形引起的轴向位移为 λ（图 13-31a），因此，当压杆由直线平衡形式转入微弯平衡形式的过程中，压杆增加的应变能为

$$\Delta V_\varepsilon = \int_l \frac{M^2(x)}{2EI}dx \tag{13-29}$$

或

$$\Delta V_\varepsilon = \frac{1}{2}\int_l EIw''^2 dx \tag{13-30}$$

而轴向载荷 F_{cr} 所作之功则为

$$\Delta W = F_{cr}\lambda$$

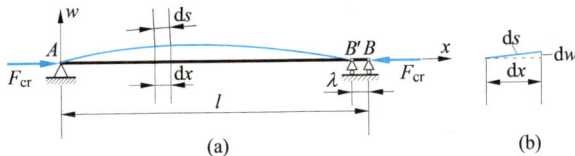

图 13-31

如图所示，轴向位移 λ 等于挠曲轴的总长 $\overparen{AB'}$ 与其投影 $\overline{AB'}$ 之差，即

$$\lambda = \widehat{AB'} - \overline{AB'} = \int_l (ds - dx) \tag{a}$$

由图 13-31b 可以看出，

$$ds = \sqrt{(dx)^2 + (dw)^2} = \sqrt{1 + w'^2}\, dx \approx \left(1 + \frac{1}{2}w'^2\right) dx$$

代入式（a），得

$$\lambda = \frac{1}{2} \int_l w'^2\, dx \tag{13-31}$$

由此得

$$\Delta W = \frac{F_{cr}}{2} \int_l w'^2\, dx$$

将上式与式（13-30）代入式（13-28），于是得压杆的临界载荷为

$$F_{cr} = \frac{\displaystyle\int_l EIw''^2\, dx}{\displaystyle\int_l w'^2\, dx} \tag{13-32}$$

可见，当挠曲轴方程 $w(x)$ 确定后，由上式即可求出压杆的临界载荷。

一般情况下，挠曲轴方程均为未知，因此，通常只能根据压杆的位移边界条件，假设一适当的挠曲轴方程进行求解。显然，由此求得的临界载荷一般为近似解而非精确解。但实践表明，只要挠曲轴方程选择恰当，所得解答仍然足够精确。

式（13-32）为端部承压细长杆临界载荷的一般公式，它适用于等截面杆，也适用于变截面杆。至于其他非端部承压的细长压杆，其临界载荷同样可以利用关系式（13-28）确定。

还应指出，在建立式（13-32）时，是采用式（13-30）即通过变形计算应变能。实际上，也可采用式（13-29）即通过弯矩计算应变能，并由式（13-28）建立临界载荷公式。

例 13-19　图 13-31 所示两端铰支细长压杆，弯曲刚度 EI 为常数，试用能量法确定载荷 F 的临界值 F_{cr}。

解：设压杆微弯平衡时挠曲轴方程为

$$w = a\sin\frac{\pi x}{l} \tag{a}$$

式中，a 代表压杆中点的挠度。显然，上述方程满足位移边界条件：

$$w(0) = 0, \qquad w(l) = 0$$

将式(a)代入式(13-32),得临界载荷为

$$F_{cr} = \frac{\int_0^l EI\left(-\frac{\pi^2 a}{l^2}\sin\frac{\pi x}{l}\right)^2 dx}{\int_0^l \left(\frac{\pi a}{l}\cos\frac{\pi x}{l}\right)^2 dx} = \frac{\pi^2 EI}{l^2}$$

所得解答与精确解相同,因为所设挠曲轴方程即为精确解。

例 13-20 图 13-32a 所示细长压杆,承受轴向均布载荷 q 作用。设各截面的弯曲刚度均为 EI,试用能量法确定载荷 q 的临界值 q_{cr}。

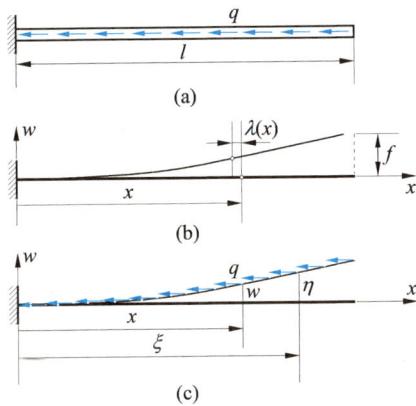

图 13-32

解: 1. 解法一

设压杆微弯平衡时挠曲轴方程为

$$w = f\left(1-\cos\frac{\pi x}{2l}\right) \tag{a}$$

式中,f 代表压杆自由端的挠度(图 13-32b)。上述方程满足位移边界条件。

由式(13-31)与式(a)可知,当压杆微弯时,横截面 x 的轴向位移为

$$\lambda(x) = \frac{1}{2}\int_0^x w'^2 dx = \frac{\pi^2 f^2}{16l^2}\left(x-\frac{l}{\pi}\sin\frac{\pi x}{l}\right)$$

所以,载荷 q_{cr} 在弯曲变形过程中所作之功为

$$\Delta W = \int_0^l \lambda(x)q_{cr}dx = \frac{q_{cr}f^2}{8}\left(\frac{\pi^2}{4}-1\right) \tag{b}$$

由式(13-30)与式(a)还可知,当压杆微弯时,压杆增加的应变能为

$$\Delta V_\varepsilon = \frac{1}{2} \int_0^l EIw''^2 \, \mathrm{d}x = \frac{EI\pi^4 f^2}{64l^3} \tag{c}$$

将式(b)与(c)代入式(13-28),于是得压杆的临界载荷为

$$q_{\mathrm{cr}} = \frac{8.30EI}{l^3}$$

与精确解相比,误差为 6%。

2. 解法二

如图 13-32c 所示,设 ξ 截面的挠度为 η,则 x 截面的弯矩为

$$M(x) = \int_x^l (\eta - w) \, q_{\mathrm{cr}} \mathrm{d}\xi \tag{d}$$

由式(a)可知,ξ 截面的挠度为

$$\eta = f\left(1 - \cos\frac{\pi\xi}{2l}\right)$$

代入式(d),得

$$M(x) = fq_{\mathrm{cr}}\left[(l-x)\cos\frac{\pi x}{2l} - \frac{2l}{\pi}\left(1 - \sin\frac{\pi x}{2l}\right)\right]$$

将上式代入式(13-29),即得压杆的应变能增量为

$$\Delta V_\varepsilon = \int_0^l \frac{M^2(x)}{2EI} \mathrm{d}x = \frac{f^2 q_{\mathrm{cr}}^2 l^3}{2EI}\left(\frac{1}{6} + \frac{9}{\pi^2} - \frac{32}{\pi^3}\right)$$

最后,将式(b)与上式代入式(13-28),得

$$q_{\mathrm{cr}} = \frac{7.89EI}{l^2}$$

与精确解相比,误差仅为 0.77%。

3. 讨论

第一种解法是通过变形计算应变能增量,而第二种解法则是通过弯矩计算应变能增量。前者的计算精度取决于 w'',而后者的计算精度则取决于 w。由于所设 w 的精度一般均高于 w'' 的精度,因此,用第二种方法计算临界载荷,往往能得到更好的结果。

复 习 题

13-1 何谓线性弹性体? 构成线性弹性体的条件是什么? 何谓相应位移? 广义力与相应广义位移之间有何关系?

13-2 如何计算线性弹性体的外力功? 如何计算线性弹性杆的应变能?

13-3 功的互等定理与位移互等定理各是如何建立的? 应用条件是什么?

13-4 卡氏定理是如何建立的？如何利用卡氏定理计算位移？如果需求之位移不存在与其相应的广义力，则应如何求解？

13-5 变形体虚功原理是如何建立的？应用条件是什么？虚位移应满足什么条件？

13-6 单位载荷法是如何建立的？如何利用单位载荷法计算位移？如何确定位移的方向？单位载荷法是否只适用于线性弹性体？

*13-7 图乘法的应用条件是什么？如何利用图乘法计算拉压杆、轴、梁与刚架的位移？

*13-8 如何计算梁的剪切应变能？如何利用卡氏定理与单位载荷法计算计及剪力影响的梁的位移？在何种情况下需要考虑剪力对梁位移的影响？

*13-9 压杆临界状态的能量特征是什么？如何利用能量法计算压杆的临界载荷？有几种方法并进行比较。

习　　题

13-1 图 a 所示结构，承受铅垂载荷 f 作用。已知杆长均为 l，各杆各截面的拉压刚度均为 EA，试建立节点 C 的位移 δ 与载荷 f 间的关系，并讨论构成线性弹性体的条件。

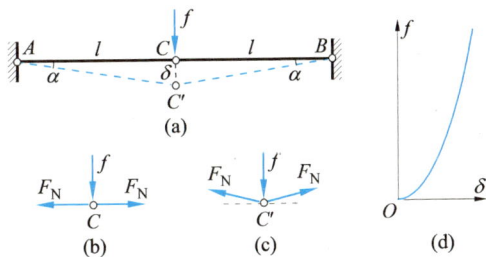

题 13-1 图

解：1. 载荷与相应位移间的关系

如果不考虑结构的变形，则节点 C 的受力如图 b 所示，显然，该节点无法平衡。实际上，由于杆件变形，节点 C 铅垂下移，节点 C 的受力如图 c 所示。设二杆的角位移均为 α，则根据变形后的几何关系，得节点 C 的平衡方程为

$$\sum F_y = 0, \ 2F_N \sin \alpha - f = 0$$

由此得

$$F_N = \frac{f}{2\sin \alpha} \approx \frac{f}{2 \cdot \dfrac{\delta}{l}} = \frac{fl}{2\delta}$$

根据胡克定律，杆的轴向变形为

$$\Delta l = \frac{F_N l}{EA} = \frac{fl^2}{2EA\delta} \tag{a}$$

由图 a 可以看出，

$$\Delta l = \sqrt{l^2 + \delta^2} - l = l\sqrt{1 + \left(\frac{\delta}{l}\right)^2} - l \approx l + \frac{1}{2}\frac{\delta^2}{l} - l = \frac{\delta^2}{2l}$$

将上述关系代入式（a），即得载荷与相应位移间的关系为

$$f = \frac{EA}{l^3}\delta^3$$

2. 线性弹性体的构成条件

以上所研究的问题，材料虽然服从胡克定律，结构的变形也很小，但由于必须考虑变形后的几何关系以研究其平衡，以致载荷与相应位移间呈现非线性关系（图 d）。由此可见，构成线性弹性体的条件为：材料服从胡克定律；小变形；可按原始几何关系分析内力与位移。三者缺一不可。

3. 物理非线性与几何非线性

由于材料应力应变关系的非线性，导致载荷与相应位移间呈现的非线性，属于物理非线性；如果变形较大，或是即使变形很小但不能按原始几何关系分析内力与位移，由此所造成的非线性，则属于几何非线性。

13-2 图示各梁，弯曲刚度 EI 均为常数。试计算梁的应变能及所加载荷的相应位移。

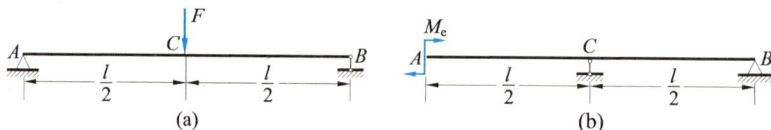

题 13-2 图

13-3 图示板件，承受轴向载荷 F 作用。已知板件厚度为 δ，长度为 l，左、右端的截面宽度分别为 b_1 与 b_2，材料的弹性模量为 E，试计算板件的轴向变形。

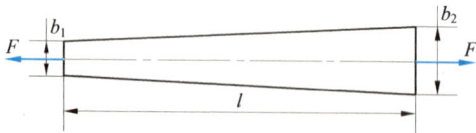

题 13-3 图

13-4 图 a 所示密圈螺旋弹簧，承受轴向拉力 F 作用，试证明弹簧的轴向变形为

$$\lambda = \frac{8FD^3 n}{Gd^4}$$

式中：D 为弹簧平均直径；d 为弹簧丝直径；n 为弹簧圈数；G 为切变模量。

提示：弹簧内力如图 b 所示。影响弹簧变形的内力主要为扭矩。设弹簧丝的总长为 s，则弹簧的应变能为

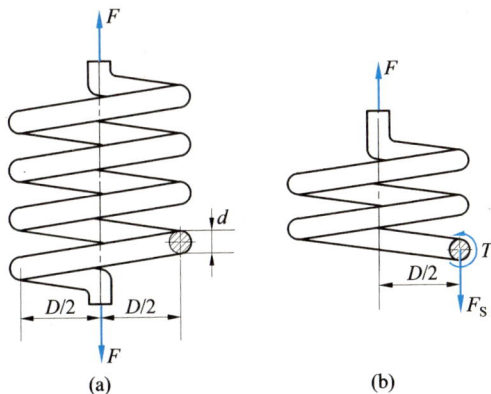

题 13-4 图

$$V_\varepsilon = \frac{1}{2} \int_s \frac{T^2}{GI_p} \mathrm{d}s$$

对于密圈螺旋弹簧,

$$s = n\pi D$$

13-5　图示简支梁,弯曲刚度 EI 为常数。当截面 B 作用矩为 M_e 的力偶时(图 a),横截面 C 的挠度为 $f_{C,M_e} = M_e l^2/(16EI)$ (↑),试问当截面 C 作用载荷 F 时(图 b),截面 B 的转角 $\theta_{B,F}$ 为何值。

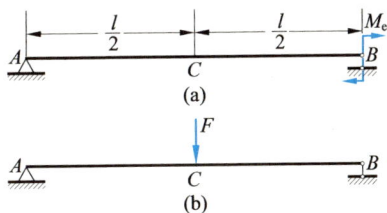

题 13-5 图

13-6　图示等截面直杆,承受一对方向相反、大小均为 F 的横向力作用。设截面宽度为 b,拉压刚度为 EA,材料的泊松比为 μ。试利用功的互等定理,证明杆的轴向变形为

$$\Delta l = \frac{\mu b F}{EA}$$

13-7　图示桁架,承受铅垂载荷 F 作用。已知各杆各截面的拉压刚度均为 EA,试用卡氏定理计算节点 B 的铅垂位移 Δ_B。

13-8　图示刚架,承受载荷 F 作用。设各

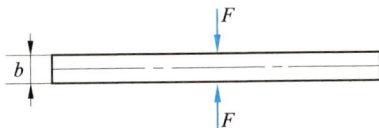

题 13-6 图

截面的弯曲刚度均为 EI,试用卡氏定理计算横截面 C 的转角。

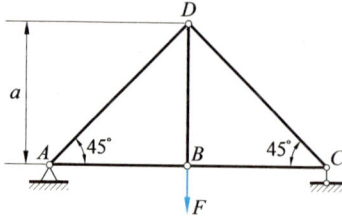

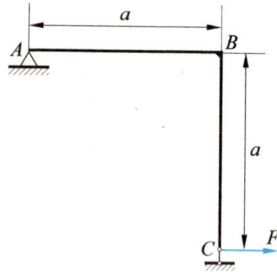

题 13-7 图

题 13-8 图

13-9　图示各梁,各截面的弯曲刚度均为 EI,试用卡氏定理计算横截面 A 的挠度与转角。

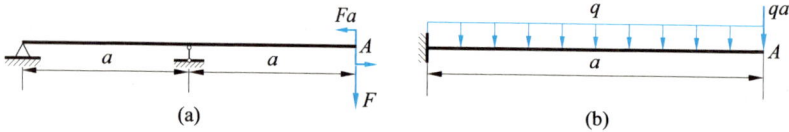

题 13-9 图

13-10　图示圆弧形小曲率杆,在缝隙两侧横截面 A 与 B 处承受一对反向载荷 F 作用。设轴线半径为 R,各截面的弯曲刚度均为 EI,试用卡氏定理计算截面 A 与 B 间的相对线位移 $\Delta_{A/B}$。

13-11　图示等边三角形桁架,承受载荷 F 作用。设杆长均为 l,各杆各截面的拉压刚度均为 EA,试利用卡氏定理计算节点 A 对于桁架中心 C 的相对位移 $\Delta_{A/C}$。

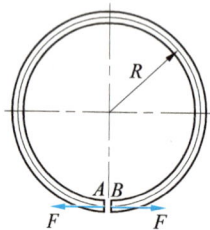

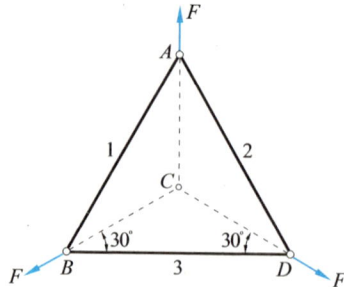

题 13-10 图

题 13-11 图

提示:外力所作总功为

$$W = \frac{F\Delta}{2} + \frac{F\Delta}{2} + \frac{F\Delta}{2} = \frac{F \cdot 3\Delta}{2}$$

因此, F 为广义力, 3Δ 为相应广义位移, 根据卡氏定理, 于是有

$$3\Delta = \frac{\partial V_\varepsilon}{\partial F} \quad \text{或} \quad \Delta = \frac{1}{3} \frac{\partial V_\varepsilon}{\partial F}$$

13-12 图示等截面杆, 承受轴向均布载荷 q 及集中载荷 F 作用。设各截面的拉压刚度均为 EA, 试用卡氏定理计算杆端截面 A 的轴向位移。

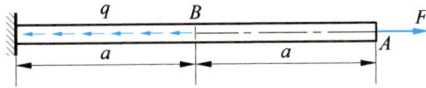

题 13-12 图

13-13 图示圆截面轴, 承受集度为 m 的均布扭力矩作用。设各截面的扭转刚度均为 GI_p, 试用卡氏定理计算杆端截面 A 绕轴线的转角。

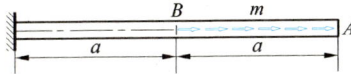

题 13-13 图

13-14 图示简支梁, 承受集度为 $q(x)$ 的分布载荷作用, 现在, 使梁发生横向虚位移 $w^*(x)$, 该位移满足位移边界条件与变形连续条件, 试证明:

$$\int_l w^*(x) q(x) \,\mathrm{d}x = \int_l M(x) \,\mathrm{d}\theta^*$$

即证明外载荷 $q(x)$ 在虚位移上所作之总虚功, 等于可能内力 $M(x)$ 在相应虚变形上所作之总虚功。

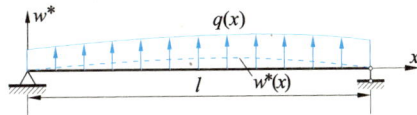

题 13-14 图

13-15 图示阶梯形简支梁, 承受铅垂载荷 F 作用。试用单位载荷法计算横截面 C 的挠度与横截面 A 的转角。

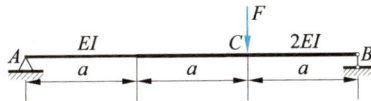

题 13-15 图

13-16 图示含梁间铰的组合梁，承受均布载荷 q 作用。设二梁各截面的弯曲刚度均为 EI，试用单位载荷法计算铰链两侧横截面间的相对转角 $\bar{\theta}$。

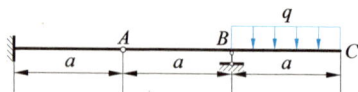

题 13-16 图

13-17 图示各桁架，承受铅垂载荷 F 作用。设各杆各截面的拉压刚度均为 EA，试用单位载荷法计算节点 B 的水平位移 Δ_B 与杆 AB 的转角。

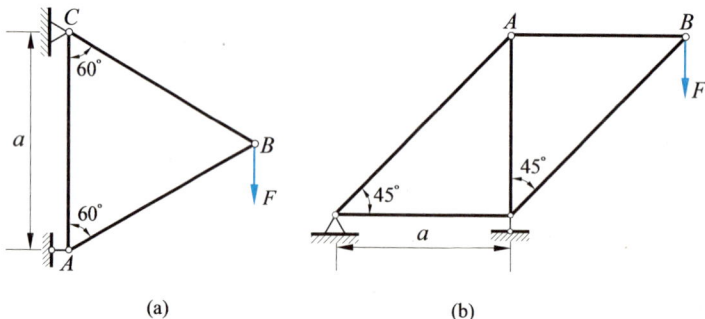

(a)　　　　　　(b)

题 13-17 图

13-18 图示刚架，弯曲刚度 EI 为常数。试用单位载荷法计算截面 A 的转角及截面 D 的水平位移(题 a)或铅垂位移(题 b)。

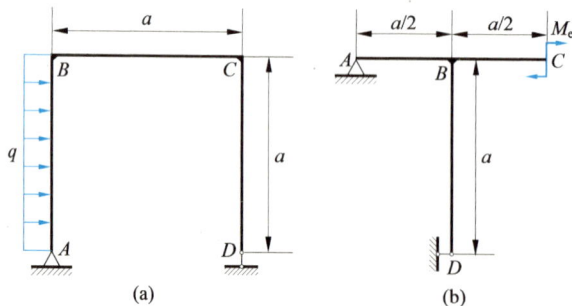

(a)　　　　　　(b)

题 13-18 图

13-19 试用单位载荷法解题 13-12。

13-20 试用单位载荷法解题 13-13。

13-21 图示圆截面刚架，承受铅垂载荷 F 作用，圆截面的直径为 d，且 $a = 10d$，试用单位

载荷法计算节点 A 的铅垂位移。

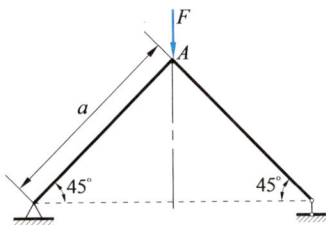

题 13-21 图

13-22 图 a 所示等截面刚架,承受铅垂载荷 F 作用。设各截面的弯曲刚度与扭转刚度分别为 EI 与 GI_t,试用单位载荷法计算截面 A 的铅垂位移。

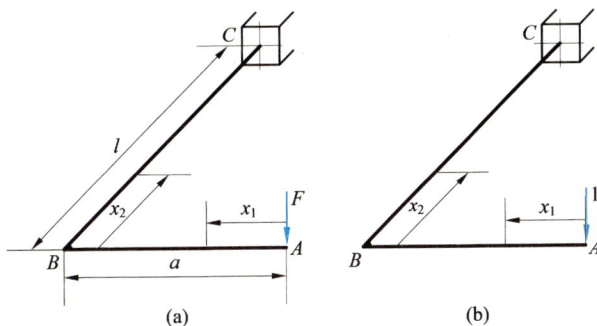

(a) (b)

题 13-22 图

提示:施加单位力如图 b 所示。刚架的 AB 段受弯,BC 段处于弯扭组合受力状态。截面 A 的铅垂位移为

$$\Delta_A = \int_0^a \frac{\overline{M}(x_1)M(x_1)}{EI}\mathrm{d}x_1 + \int_0^l \frac{\overline{M}(x_2)M(x_2)}{EI}\mathrm{d}x_2 + \int_0^l \frac{\overline{T}(x_2)T(x_2)}{GI_t}\mathrm{d}x_2$$

13-23 图示变截面梁,承受铅垂载荷 $F = 1$ kN 作用,材料的弹性模量 $E = 200$ GPa。试用单位载荷法计算截面 A 的挠度。

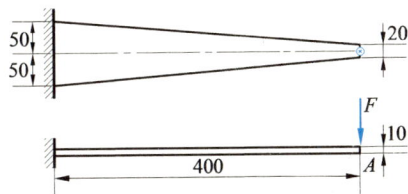

题 13-23 图

13-24 图示结构,承受铅垂载荷 F 作用。梁 BC 各截面的弯曲刚度均为 EI,杆 DG 各截面的拉压刚度均为 EA,试用单位载荷法计算截面 C 的铅垂位移与转角。

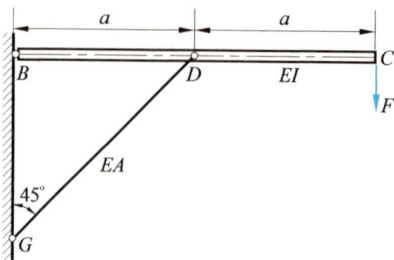

题 13-24 图

13-25 图示圆弧形小曲率杆,承受铅垂载荷 F 作用。设轴线半径为 R,各截面的弯曲刚度均为 EI,试用单位载荷法计算截面 C 的铅垂位移。

13-26 图示圆弧形小曲率杆,承受铅垂载荷 F 作用。设轴线半径为 R,各杆各截面的弯曲刚度均为 EI,试用单位载荷法计算铰链 A 两侧横截面间的相对转角 $\overline{\theta}$。

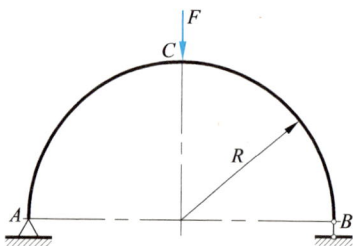
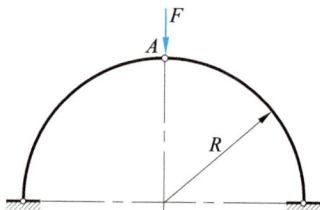

题 13-25 图　　　　　　题 13-26 图

13-27 图示圆弧形小曲率杆,在横截面 A 与 B 处承受一对反向载荷 F 作用。设轴线半径为 R,各截面的弯曲刚度均为 EI,试用单位载荷法计算上述二截面间的相对错动 $\Delta_{A/B}$ 与相对转角 $\theta_{A/B}$。

13-28 图示圆弧形小曲率杆,横截面 A 与 B 处存在一夹角为 $\Delta\theta$ 的微小缝隙。设轴线半径为 R,各截面的弯曲刚度均为 EI,试问需在上述二截面上施加何种与多大外力,才能使该二截面恰好贴合。

13-29 图示开口平面刚架,在截面 A 与 B 作用一对垂直于刚架平面的集中力 F。设各截面的弯曲刚度 EI_y 与 EI_z 以及扭转刚度 GI_t 均为常数,且 $I_y = I_z$,试用单位载荷法计算截面 A 与 B 沿载荷作用方向的相对线位移 $\Delta_{A/B}$。

13-30 图示圆弧形小曲率杆,承受矩为 M_e 的力偶作用。设轴线半径为 R,各截面的弯曲刚度 EI 与扭转刚度 GI_t 均为常数,试用单位载荷法计算截面 A 的扭转角 φ_A 与铅垂位移 Δ_A。

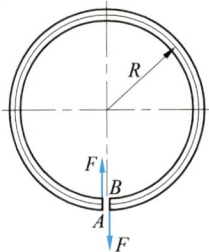

题 13-27 图

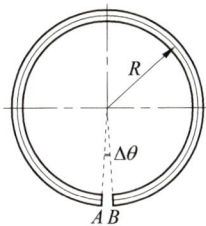

题 13-28 图

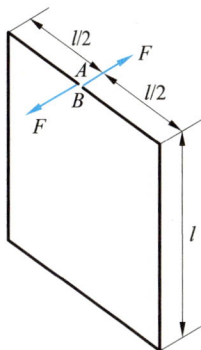

题 13-29 图

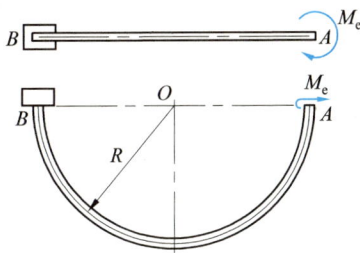

题 13-30 图

13-31　图 a 所示矩形截面梁,梁底面与顶面温度分别升高 T_1 与 T_2,且 $T_2 < T_1$ 并沿截面高度线性变化。设截面高度为 h,材料的线胀系数为 α_l,试用单位载荷法计算横截面 A 的挠度与轴向位移。

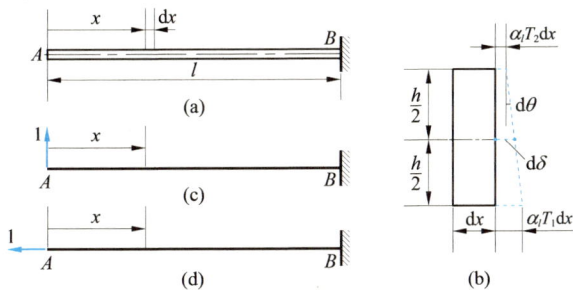

题 13-31 图

解: 由于温度沿截面高度线性变化,轴向"纤维"的变形也沿截面高度线性变化(图 b),微段 $\mathrm{d}x$ 的弯曲变形与轴向变形分别为

$$d\theta = \frac{\alpha_l T_1 dx - \alpha_l T_2 dx}{h} = \frac{\alpha_l (T_1 - T_2)}{h} dx$$

$$d\delta = \frac{\alpha_l T_1 dx + \alpha_l T_2 dx}{2} = \frac{\alpha_l (T_1 + T_2)}{2} dx$$

施加横向单位力如图 c 所示,相应弯矩方程为

$$\overline{M}(x) = 1 \cdot x = x$$

根据单位载荷法,得截面 A 的铅垂位移为

$$\Delta_y = \int_l \overline{M}(x) \, d\theta = \int_0^l x \cdot \frac{\alpha_l (T_1 - T_2)}{h} dx = \frac{\alpha_l (T_1 - T_2) l^2}{2h} \quad (\uparrow)$$

施加轴向单位力如图 d 所示,相应轴力方程

$$\overline{F}_N(x) = 1$$

于是得截面 A 的轴向位移为

$$\Delta_x = \int_l \overline{F}_N(x) \, d\delta = \int_0^l 1 \cdot \frac{\alpha_l (T_1 + T_2)}{2} dx = \frac{\alpha_l (T_1 + T_2) l}{2} \quad (\leftarrow)$$

13-32 图示等截面刚架,杆 AB 的左侧及杆 BC 的顶面的温度升高 T_1,另一侧的温度升高 T_2,并沿截面高度线性变化。设横截面的高度为 h,材料的线胀系数为 α_l,试用单位载荷法计算截面 C 的铅垂位移 Δ_y、水平位移 Δ_x 与转角 θ_C。

13-33 图示桁架,承受铅垂载荷 F 作用。各杆的横截面面积均为 A,材料的应力应变关系均呈非线性,拉伸时为 $\sigma = c\sqrt{\varepsilon}$,压缩时亦同,其中 c 为已知常数。试用单位载荷法计算节点 C 的铅垂位移 Δ_y 与水平位移 Δ_x。

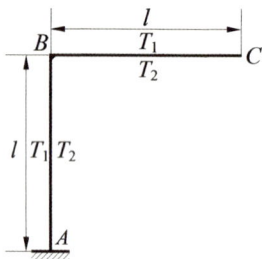

题 13-32 图

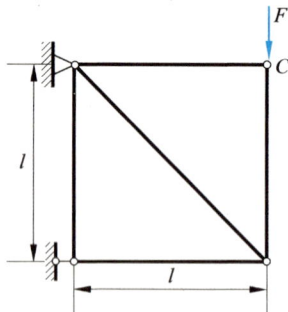

题 13-33 图

13-34 图示结构,由刚性梁 AB 与杆 CD 组成。杆的实际尺寸比设计尺寸稍短,误差为 δ,试用单位载荷法,计算结构安装后截面 B 的铅垂位移 Δ_{By}。

提示:

$$\Delta_{By} = \sum_{i=1}^n \overline{F}_{Ni} \Delta l_i = \overline{F}_{N1} \Delta l_1, \quad \Delta l_1 = -\delta$$

13-35 题 13-17 所述桁架,材料的线胀系数为 α_l,设杆 AB 的温度升高 ΔT,试用单位载荷计算节点 B 的铅垂位移。

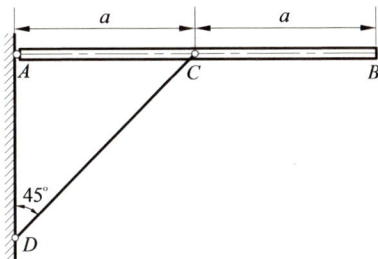

题 13-34 图

13-36 试用图乘法解题 13-9。

13-37 试用图乘法解题 13-15。

13-38 试用图乘法解题 13-18。

13-39 试用图乘法解题 13-12。

13-40 图示圆截面简支梁,直径为 d,承受均布载荷 q 作用,弹性模量 E 与切变模量 G 之比值为 8/3。

(1) 若同时考虑弯矩与剪力的作用,试计算梁的最大挠度与最大转角;

(2) 当 $l/d = 10$ 与 $l/d = 5$ 时,试计算剪切位移在上述最大挠度与最大转角中所占百分比。

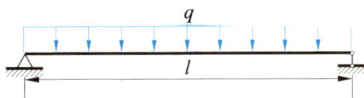

题 13-40 图

13-41 图示细长压杆,承受轴向均布载荷 q 作用。设压杆微弯平衡时的挠曲轴方程为

$$w = f\sin\frac{\pi x}{l}$$

式中,f 为压杆中点的挠度即最大挠度。试利用能量法确定载荷 q 的临界值 q_{cr}。

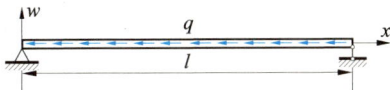

题 13-41 图

13-42 图示细长压杆,承受轴向载荷 F 作用。设压杆微弯平衡时的挠曲轴方程为

$$w = f\sin\frac{\pi x}{l}$$

式中, f 为压杆中点的挠度即最大挠度。试利用能量法确定载荷 F 的临界值 F_{cr}。

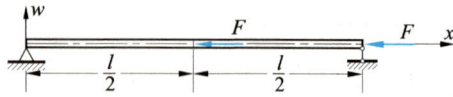

题 13-42 图

第十四章 静不定问题分析

§14-1 引　　言

在轴向拉压、扭转与弯曲等有关章节中,曾介绍静不定问题的概念与分析简单静不定问题的方法。但是,对于较复杂的静不定问题,例如静不定刚架与静不定曲杆等,则仅靠前面所述方法尚不易求解。本章以能量法为基础,进一步研究分析静不定问题的原理与方法。

根据结构的约束特点,静不定问题大致分为三类:仅在结构外部存在多余约束,即约束反力是静不定的;仅在结构内部存在多余约束,即内力是静不定的;在结构外部与内部均存在多余约束,即约束反力与内力都是静不定的。仅在外部存在多余约束的静不定结构,称为外力静不定结构;仅在内部存在多余约束的静不定结构,称为内力静不定结构;在外部与内部均存在多余约束的静不定结构,则称为混合型静不定结构。

例如,图 14-1 所示平面曲杆,有四个支反力,三个有效平衡方程,而且,当支反力确定后,利用截面法可以求出任一横截面的内力,所以,该曲杆具有一个多余外部约束,属于一度外力静不定问题。

又如,图 14-2a 所示具有微小缝隙的刚架,其支反力与内力均可由平衡方程确定。然而,如果用铰链将缝隙处的横截面 m 与 m' 相连接(图 14-2b),则该二截面沿杆件轴向与横向的相对位移均被阻止,即增加了两个多余约束,与此相应,在截面 m 与 m' 上,各增加了两个多余内力,即轴力 F_N 与剪力 F_S(图 14-2c),该刚架变为两度内力静不定问题。

如果进一步将截面 m 与 m' 的相对转动也加以阻止,即变为封闭刚架(图 14-3a),这时,结构内部具有三个多余约束,在上述二截面上各存在三个多余内力,即轴力 F_N、剪力 F_S 与弯矩 M(图 14-3b)。可见,轴线为单闭合曲线且在轴

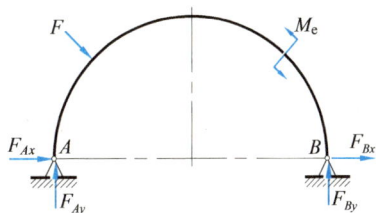

图 14-1

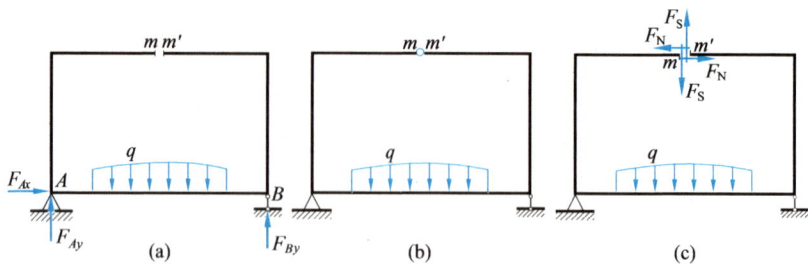

图 14-2

线平面内承载的平面刚架,为三度内力静不定问题。上述结论同样适用于轴线为单闭合曲线的平面曲杆。

由此不难看出,图 14-4 所示结构,具有一个多余外部约束与三个多余内部约束,即为四度静不定问题。

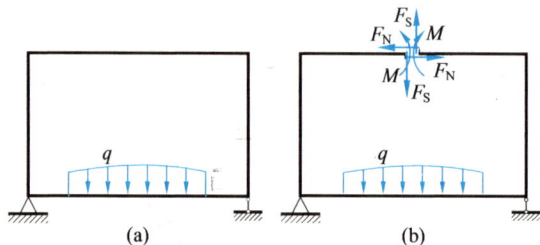

图 14-3

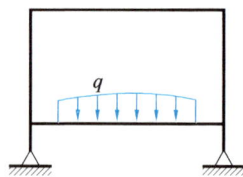

图 14-4

也应注意,对于有些杆或杆系,究竟属于内力静不定还是外力静不定,并非一成不变①。

在分析静不定问题的方法中,最基本的有两种:以多余力为基本未知量进行求解的方法,称为**力法**;以结构的某些位移为基本未知量进行求解的方法,称为**位移法**。本章主要介绍力法,第 18 章则重点介绍位移法,并以位移法为基础,研究计算机在杆与杆系分析中的应用。

§14-2 用力法分析静不定问题

用力法分析静不定问题的要点是:首先,将静不定结构的多余约束解除,而

---

① 参阅本章 §14-5。

以相应多余力代替其作用,得原结构的相当系统;然后,利用相当系统在多余约束处所应满足的变形协调条件,建立用载荷与多余力表示的补充方程;最后,由补充方程确定多余力,并通过相当系统计算原静不定结构的内力、应力与位移等。

解除多余约束后的静定结构,称为原静不定结构的**基本系统**。

下面结合外力与内力静不定问题,分别说明力法的应用。

一、外力静不定问题分析

图 14-5a 所示等截面小曲率杆,承受水平载荷 F 作用,现在分析曲杆的支反力与内力。

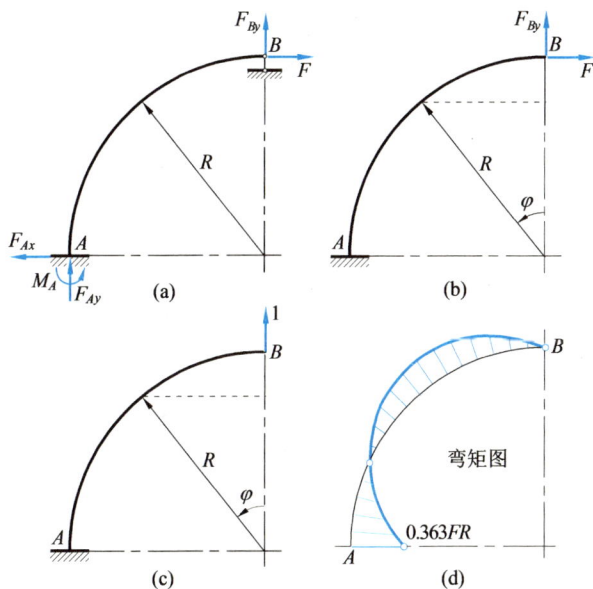

图 14-5

显然,该曲杆属于一度静不定。如果将活动铰支座 B 作为多余约束予以解除,并以相应多余力 F_{By} 代替其作用,则相当系统如图 14-5b 所示,相应变形协调条件为截面 B 的铅垂位移 Δ_{By} 为零,即

$$\Delta_{By} = 0 \tag{a}$$

为了计算截面 B 的铅垂位移,在基本系统上施加单位力如图 14-5c 所示。

在载荷 F 与多余力 F_{By} 作用下,基本系统截面 φ 的弯矩为

$$M(\varphi) = FR(1 - \cos \varphi) - F_{By} R \sin \varphi$$

在单位力作用下,该截面的弯矩则为

$$\overline{M}(\varphi) = -R\sin\varphi$$

所以,相当系统截面 B 的铅垂位移为

$$\Delta_{By} = \frac{1}{EI}\int_0^{\pi/2}(-R\sin\varphi)\left[FR(1-\cos\varphi)-F_{By}R\sin\varphi\right]R\mathrm{d}\varphi$$

得

$$\Delta_{By} = \frac{(\pi F_{By}-2F)R^3}{EI}$$

将上式代入式(a),得补充方程为

$$\pi F_{By}-2F = 0$$

由此得

$$F_{By} = \frac{2F}{\pi}$$

所得结果为正,说明所设 F_{By} 的方向是正确的。

多余支反力 F_{By} 确定后,即可由平衡方程求出其余支反力,分别为

$$F_{Ax} = F$$

$$F_{Ay} = -\frac{2F}{\pi}$$

$$M_A = \left(1-\frac{2}{\pi}\right)FR$$

并画弯矩图如图 14-5d 所示。

二、内力静不定问题分析

分析内力静不定问题的方法,与分析外力静不定问题的方法基本相同。不同的是,由于内力静不定问题的多余力为内力,因此,变形协调条件表现为杆件切开处相连两横截面间的某些相对位移为零。现以图 14-6a 所示桁架为例,介绍内力静不定问题的分析方法。

该桁架的支反力 F_{By},F_{Cx} 与 F_{Cy},可由平衡方程确定,其值均为 F,但是,由于在桁架内部存在一多余杆,故属于一度内力静不定。

设以杆 1 为多余杆,假想地将其切开,并以作用在切口两侧横截面 m 与 m' 上的轴力 F_{N1} 代替其作用,即选相当系统如图 14-6b 所示,则相应变形协调条件为截面 m 与 m' 间的轴向相对位移 $\Delta_{m/m'}$ 为零,即

$$\Delta_{m/m'} = 0 \tag{a}$$

为了计算位移 $\Delta_{m/m'}$,在基本系统的截面 m 与 m' 上(图 14-6c),施加一对方

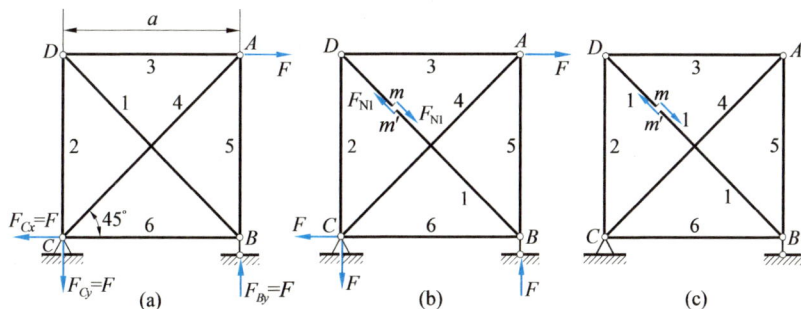

图 14-6

向相反的轴向单位力。在其作用下,各杆的轴力分别为

$$\overline{F}_{N1} = \overline{F}_{N4} = 1$$

$$\overline{F}_{N2} = \overline{F}_{N3} = \overline{F}_{N5} = \overline{F}_{N6} = -\frac{1}{\sqrt{2}}$$

在载荷 F 与多余力 F_{N1} 作用下(图 14-6b),各杆的轴力则分别为

$$F_{N2} = F_{N3} = F_{N6} = -\frac{F_{N1}}{\sqrt{2}}$$

$$F_{N4} = \sqrt{2}\,F + F_{N1}, \qquad F_{N5} = -\frac{\sqrt{2}\,F + F_{N1}}{\sqrt{2}}$$

设各杆各截面的拉压刚度均为 EA,则由单位载荷法与上述轴力表达式,得相当系统截面 m 与 m' 间的轴向相对位移为

$$\Delta_{m/m'} = \sum_{i=1}^{6} \frac{\overline{F}_{Ni} F_{Ni} l_i}{E_i A_i} = \frac{(2+2\sqrt{2})\,F_{N1}\,a + \left(2+\dfrac{1}{\sqrt{2}}\right)Fa}{EA}$$

将上式代入式(a),得补充方程为

$$(2+2\sqrt{2})\,F_{N1}\,a + \left(2+\frac{1}{\sqrt{2}}\right)Fa = 0$$

于是得

$$F_{N1} = -0.561F$$

多余力 F_{N1} 确定后,将其代入相关轴力表达式,即得其余各杆的轴力分别为

$$F_{N2} = F_{N3} = F_{N6} = 0.397F$$

$$F_{N4} = 0.853F, \quad F_{N5} = -0.603F$$

例 14-1 图 14-7a 所示结构,承受载荷 F 作用。刚架 $ABCD$ 各截面的弯曲刚度均为 EI,杆 AD 各截面的拉压刚度均为 EA,且 $I = 10Aa^2$,式中,a 为杆 AD 的长度,试求该杆的轴力与节点 D 的水平位移。

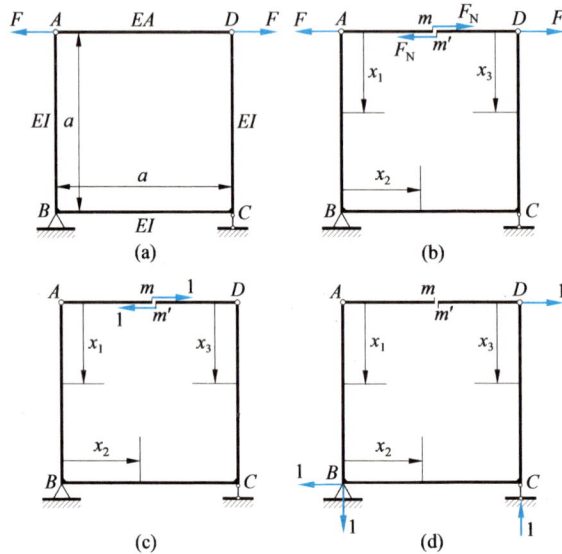

图 14-7

解: 1. 问题分析

根据平衡条件可知,支座 B 与 C 处的约束反力均为零。因此,图 14-7a 所示结构为一度内力静不定。设以杆 AD 为多余杆,其轴力 F_N 为多余力,即选相当系统如图 14-7b 所示,则相应变形协调条件为切口处横截面 m 与 m' 间的轴向相对位移 $\Delta_{m/m'}$ 为零,即

$$\Delta_{m/m'} = 0 \qquad\qquad (a)$$

2. 轴力计算

在 14-7c 所示轴向单位力作用下,杆 AD 的轴力与杆段 AB,BC 及 CD 的弯矩分别为

$$\overline{F}_N = 1$$

$$\overline{M}(x_1) = -x_1, \quad \overline{M}(x_2) = -a, \quad \overline{M}(x_3) = -x_3$$

在载荷 F 与多余力 F_N 作用下,上述各杆段的弯矩则分别为

$$M(x_1) = (F - F_N) x_1$$

$$M(x_2) = (F - F_N) a$$

$$M(x_3) = (F - F_N)x_3$$

根据单位载荷法,得

$$\Delta_{m/m'} = \frac{\overline{F}_N F_N a}{EA} + \int_0^a \frac{\overline{M}(x_1) M(x_1)}{EI} dx_1 + \int_0^a \frac{\overline{M}(x_2) M(x_2)}{EI} dx_2 + \int_0^a \frac{\overline{M}(x_3) M(x_3)}{EI} dx_3$$

将相关内力方程代入上式,得

$$\Delta_{m/m'} = \frac{F_N a}{EA} - \frac{8(F - F_N)a^3}{3EI}$$

代入式(a),得补充方程为

$$\frac{F_N a}{EA} - \frac{8(F - F_N)a^3}{3EI} = 0$$

由此得

$$F_N = \frac{8FAa^2}{I + 8Aa^2} = \frac{4F}{9}$$

并从而有

$$M(x_1) = \frac{5F}{9} x_1, \quad M(x_2) = \frac{5Fa}{9}, \quad M(x_3) = \frac{5F}{9} x_3$$

3. 位移计算

在图 14-7d 所示水平单位力作用下,杆 AD 的轴力与杆段 AB,BC 及 CD 的弯矩分别为

$$\overline{F}_N = 0$$

$$\overline{M}(x_1) = 0, \quad \overline{M}(x_2) = x_2, \quad \overline{M}(x_3) = x_3$$

根据上述内力情况,得节点 D 的水平位移为

$$\Delta_{Dx} = \int_0^a \frac{\overline{M}(x_2) M(x_2)}{EI} dx_2 + \int_0^a \frac{\overline{M}(x_3) M(x_3)}{EI} dx_3$$

将相关弯矩方程代入上式,于是得

$$\Delta_{Dx} = \frac{25Fa^3}{54EI} \quad (\rightarrow)$$

§14-3 对称与反对称静不定问题分析

在工程实际中,很多静不定结构是对称的。利用结构的对称性可使分析计算大为简化。

结构的对称条件是:结构具有对称的形状、尺寸与约束条件,而且,处在对称

位置的构件具有相同的截面尺寸与弹性常数。例如,图 14-8a 所示刚架即为对称结构。

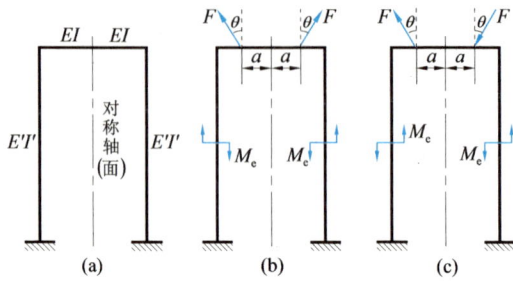

图 14-8

作用在对称结构上的载荷多种多样,其中有所谓对称载荷与反对称载荷。

如果作用在对称位置的载荷不仅数值相等,而且方位与指向均对称(图 14-8b),则称为**对称载荷**;反之,如果作用在对称位置的载荷数值相等、方位对称,但指向反对称(图 14-8c),则称为**反对称载荷**。

在对称载荷作用下,对称结构的变形与内力分布对称于结构的对称轴(或对称面);而在反对称载荷作用下,对称结构的变形与内力分布则反对称于对称轴(或对称面)。

在分析静不定问题时,利用对称结构的上述特性,可以减少未知多余力的数目。例如,图 14-9a 所示刚架,为三度静不定,在对称轴处的横截面 C 上,一般存在三个未知多余力,即轴力 F_N、剪力 F_S 与弯矩 M。然而,如果结构承受对称载荷作用(图 14-9b),则由内力分布的对称性可知,上述截面的剪力 F_S 必为零,于是仅剩下轴力 F_N 与弯矩 M 两个未知多余力。相反,如果该结构承受反对称载荷作用(图 14-9c),则由内力分布的反对称性可知,对称截面 C 上的轴力 F_N 与弯矩 M 均为零,而唯一的未知多余力为剪力 F_S。

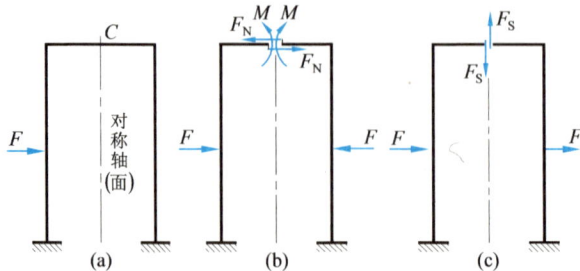

图 14-9

综上所述，在对称载荷作用下，对称结构对称轴（或对称面）处横截面上的反对称性内力（剪力与扭矩）为零；而在反对称载荷作用下，则该截面的对称性内力（轴力与弯矩）均为零。

例 14-2 图 14-10a 所示刚架，承受一对方向相反、大小均为 F 的水平载荷作用。设各截面的弯曲刚度均为 EI，试求刚架的最大弯矩。

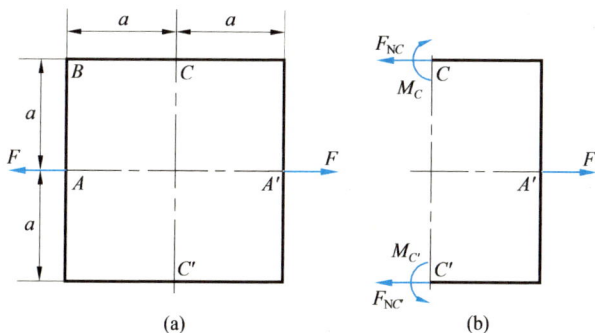

图 14-10

解：1. 问题分析

该刚架为三度内力静不定，但由于结构及所受载荷既对称于铅垂对称轴 CC'，又对称于水平对称轴 AA'，所以，在铅垂对称轴处的横截面 C 上，将仅存在轴力 F_{NC} 与弯矩 M_C，而且，截面 C 与 C' 的内力完全相同（图 14-10b），即

$$F_{NC'} = F_{NC}$$
$$M_{C'} = M_C$$

于是，由平衡方程

$$\sum F_x = 0, \qquad F - F_{NC} - F_{NC'} = 0$$

得

$$F_{NC} = F_{NC'} = \frac{F}{2}$$

2. 求解静不定

根据上述分析，如果选相当系统如图 14-11a 所示，则唯一的未知多余力为弯矩 M_C，而变形协调条件为切开处左、右两横截面间的相对转角 $\overline{\theta}$ 为零，即

$$\overline{\theta} = 0 \qquad\qquad\qquad (\text{a})$$

在载荷 F、多余力 F_{NC} 与 M_C 作用下，基本系统 ABC 部分的弯矩方程为

$$M(x_1) = M_C$$

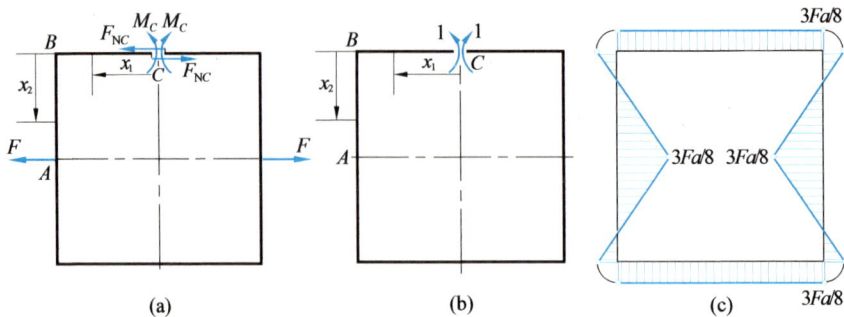

图 14-11

$$M(x_2) = M_C - \frac{Fx_2}{2}$$

在图 14-11b 所示单位载荷作用下，该部分的弯矩方程则为

$$\overline{M}(x_1) = 1$$

$$\overline{M}(x_2) = 1$$

根据单位载荷法，并利用结构的对称性，于是有

$$\overline{\theta} = \frac{4}{EI}\left[\int_0^a \overline{M}(x_1) M(x_1)\,\mathrm{d}x_1 + \int_0^a \overline{M}(x_2) M(x_2)\,\mathrm{d}x_2\right]$$

$$= \frac{4}{EI}\left[\int_0^a 1 \cdot M_C\,\mathrm{d}x_1 + \int_0^a 1 \cdot \left(M_C - \frac{Fx_2}{2}\right)\mathrm{d}x_2\right]$$

得

$$\overline{\theta} = \frac{(8M_C - Fa)a}{EI}$$

将上式代入式(a)，得补充方程为

$$8M_C - Fa = 0$$

由此得

$$M_C = \frac{Fa}{8}$$

未知多余力确定后，画弯矩图如图 14-11c 所示，最大弯矩为

$$|M|_{\max} = \frac{3Fa}{8}$$

例 14-3 图 14-12a 所示刚架，在对称轴的横截面 C 处，作用有矩为 M_e 的

集中力偶。设各截面的弯曲刚度均为EI,试计算截面C的转角。

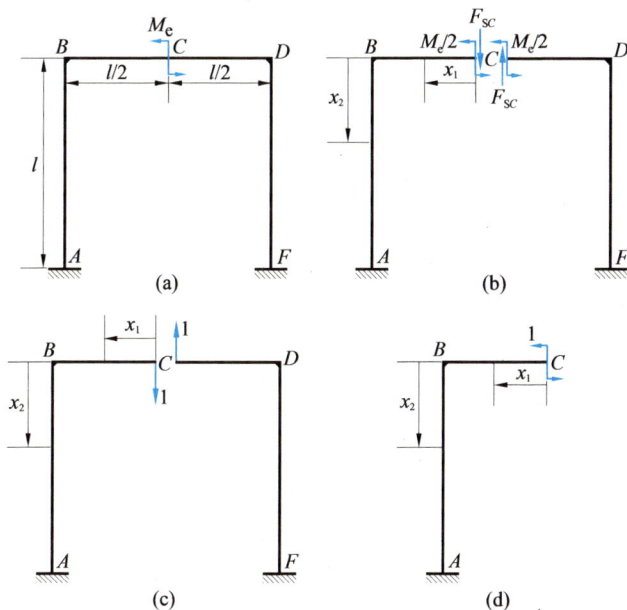

图 14-12

解: 1. 求解静不定

该刚架为三度静不定。为计算简便,将上述力偶分解为作用在截面C两侧的两个分力偶,其矩均为$M_e/2$,即构成一反对称载荷。于是,在对称截面C上,将仅存在一个未知多余力即剪力F_{SC}(图14-12b),而变形协调条件则为切开处左、右两横截面沿剪力方位的相对线位移$\overline{\Delta}$为零,即

$$\overline{\Delta} = 0 \qquad\qquad (a)$$

在实际载荷与多余力F_{SC}作用下,基本系统ABC部分的弯矩方程为

$$M(x_1) = \frac{M_e}{2} - F_{SC} x_1$$

$$M(x_2) = \frac{M_e}{2} - \frac{F_{SC} l}{2}$$

在图14-12c所示单位力作用下,该部分的弯矩方程则为

$$\overline{M}(x_1) = -x_1$$

$$\overline{M}(x_2) = -\frac{l}{2}$$

根据单位载荷法,并利用问题的反对称性,于是有

$$\overline{\Delta} = \frac{2}{EI}\left[\int_0^{l/2} \overline{M}(x_1)M(x_1)\,\mathrm{d}x_1 + \int_0^l \overline{M}(x_2)M(x_2)\,\mathrm{d}x_2\right]$$

$$= \frac{2}{EI}\left[\int_0^{l/2}(-x_1)\left(\frac{M_e}{2} - F_{SC}x_1\right)\mathrm{d}x_1 + \int_0^l\left(-\frac{l}{2}\right)\left(\frac{M_e}{2} - \frac{F_{SC}l}{2}\right)\mathrm{d}x_2\right]$$

得

$$\overline{\Delta} = \frac{l^2}{24EI}(-15M_e + 14F_{SC}l)$$

将上式代入式(a),得补充方程为

$$-15M_e + 14F_{SC}l = 0$$

由此得

$$F_{SC} = \frac{15M_e}{14l}$$

2. 位移计算

截面 C 的转角可通过相当系统的左边或右边部分计算,现选左边部分。该部分的弯矩方程为

$$M(x_1) = \frac{M_e}{2} - \frac{15M_e x_1}{14l}$$

$$M(x_2) = \frac{M_e}{2} - \frac{15M_e}{28} = -\frac{M_e}{28}$$

在图 14-12d 所示单位力偶作用下,该部分的弯矩方程则为

$$\overline{M}(x_1) = 1$$

$$\overline{M}(x_2) = 1$$

于是,由单位载荷法得截面 C 的转角为

$$\theta_C = \frac{1}{EI}\left[\int_0^{l/2}\overline{M}(x_1)M(x_1)\,\mathrm{d}x_1 + \int_0^l\overline{M}(x_2)M(x_2)\,\mathrm{d}x_2\right]$$

$$= \frac{1}{EI}\left[\int_0^{l/2}1\cdot\left(\frac{M_e}{2} - \frac{15M_e x_1}{14l}\right)\mathrm{d}x_1 + \int_0^l 1\cdot\left(-\frac{M_e}{28}\right)\mathrm{d}x_2\right]$$

由此得

$$\theta_C = \frac{9M_e l}{112EI} \qquad (\curvearrowright)$$

§14-4 静不定刚架空间受力分析

图 14-13a 所示刚架,轴线位于同一平面,即平面刚架,而载荷则均垂直于刚架的轴线平面,即均为横向载荷。一般情况下,刚架横截面上的内力如图 14-13b 所示:一组为位于轴线平面内的内力分量 F_N,F_{Sz} 与 M_y,称为**面内内力分量**;另一组为位于轴线平面外的内力分量 F_{Sy},T 与 M_z,称为**面外内力分量**。

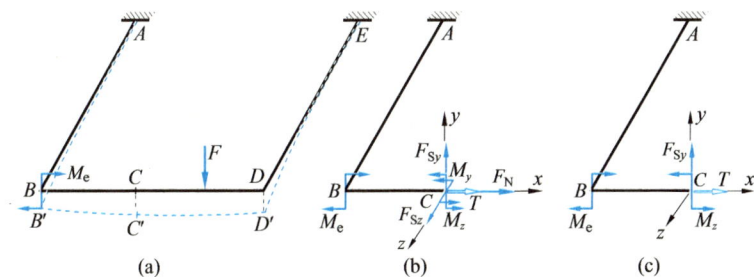

图 14-13

当梁承受横向载荷作用时,如果变形很小,截面形心的轴向位移可以忽略不计。与之相似,当平面刚架承受横向载荷时,如果变形很小,刚架截面形心在刚架轴线平面内的位移也可忽略不计(图 14-13a)。

因此,在横向载荷作用下,而且变形很小,则平面刚架的面内内力分量一般可以忽略不计,而仅需考虑面外内力分量(图 14-13c)。同理,位于轴线平面内的支反力与支反力偶矩,一般也可忽略不计。

例 14-4 图 14-14a 所示水平放置的平面刚架,在截面 B 与 D 承受矩为 M_e 的力偶作用。刚架由等截面圆杆组成,弹性模量与切变模量分别为 E 与 G,试画刚架的内力图。

解:1. 问题分析

在固定端 A 与 F 处,各存在六个约束反力,即共有十二个约束反力,而空间力系的有效平衡方程仅六个,所以,上述刚架为六度静不定。

如前所述,在横向载荷作用下,而且变形很小时,刚架任一横截面上仅存在面外内力分量 F_{Sy},T 与 M_z(图 14-14b),即仅存在三个未知多余力。

其次,考虑到该刚架左、右对称,而且所受载荷也对称,因此,在对称截面 C 上,非对称性内力 F_{Sy} 与 T 为零,于是,仅剩下一个未知多余力,即弯矩 M_C(图 14-15a)。

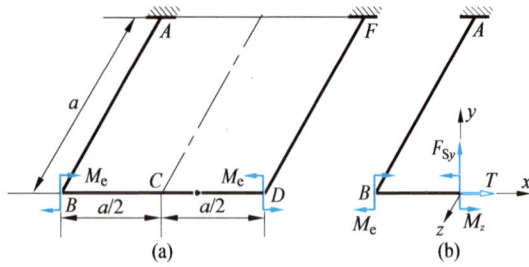

图 14-14

2. 求解静不定

根据上述分析,选相当系统如图 14-15a 所示,相应变形协调条件则为切开处横截面 C' 与 C'' 绕坐标轴 z 的相对转角 $(\theta_z)_{C'/C''}$ 为零,即

$$(\theta_z)_{C'/C''} = 0 \qquad\qquad (\text{a})$$

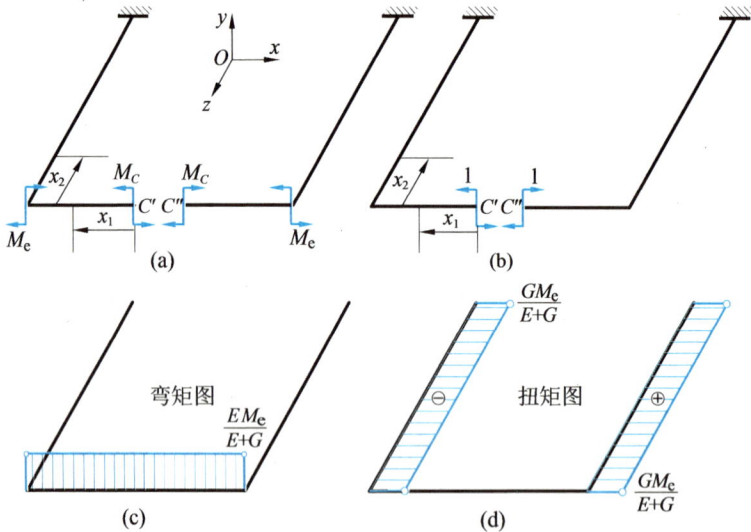

图 14-15

为了计算上述位移,施加单位载荷如图 14-15b 所示。

在单位载荷作用下,杆段 CB 与 BA 的内力方程分别为

$$\overline{M}(x_1) = 1, \qquad \overline{T}(x_2) = 1$$

在载荷 M_e 与多余力 M_C 作用下,上述杆段的内力方程则分别为

$$M(x_1) = M_C, \quad T(x_2) = M_C - M_e$$

根据单位载荷法,得

$$(\theta_z)_{C'/C''} = \frac{2}{EI} \int_0^{a/2} \overline{M}(x_1) M(x_1) \, dx_1 + \frac{2}{GI_p} \int_0^a \overline{T}(x_2) T(x_2) \, dx_2$$

$$= \frac{2}{EI} \int_0^{a/2} 1 \cdot M_C \, dx_1 + \frac{2}{GI_p} \int_0^a 1 \cdot (M_C - M_e) \, dx_2$$

由此得

$$(\theta_z)_{C'/C''} = \left(\frac{1}{EI} + \frac{2}{GI_p} \right) M_C a - \frac{2 M_e a}{GI_p}$$

将上式代入上式(a),并考虑到 $I_p = 2I$,于是得

$$M_C = \frac{E M_e}{E + G}$$

未知多余力确定后,画刚架的弯矩与扭矩图分别如图 14-15c 与 d 所示。

* §14-5　连续梁与三弯矩方程

具有三个或更多支座的整体梁(图 14-16a),称为连续梁。在航空、建筑与桥梁等结构中,连续梁得到广泛应用。

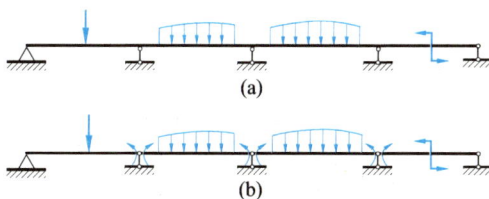

(a)

(b)

图 14-16

对于上述连续梁,如果以中间支座的支反力为多余力,并根据支座处梁的挠度为零的条件建立补充方程,则挠度计算涉及所有载荷与所有多余力,在每个补充方程中,也将包含全部载荷与全部多余力,计算与求解工作量均较大。

对于连续梁,一种更有效的求解方法,是在所有中间支座处将梁切开,并换为铰链连接,即基本系统为一系列简支梁(图 14-16b)。在每个简支梁上,仅承受直接作用于该跨的载荷以及两端的支点弯矩,因而可以很方便地求出梁端转角,并根据中间支座处相连两截面的转角相同条件建立补充方程,从而确定全部支点弯矩。

考虑图 14-17a 所示支座 i 处的左、右两跨简支梁,在左跨(即第 i 跨)简支梁上,作用有支点弯矩 M_{i-1} 与 M_i 以及已知载荷(用 F_i 表示);在右跨(即第 $i+1$ 跨)简支梁上,作用有支点弯矩 M_i 与 M_{i+1} 以及已知载荷(用 F_{i+1} 表示)。在载荷 F_i 与 F_{i+1} 分别作用下,左、右简支梁的弯矩图如图 14-17b 所示,以下简称为载荷弯矩图。

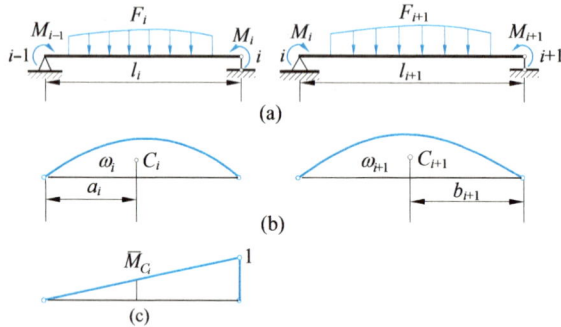

图 14-17

在支点弯矩 M_{i-1} 与 M_i 作用下,左跨简支梁截面 i 的转角为

$$\theta'_{iM} = \frac{M_{i-1}l_i}{6EI_i} + \frac{M_i l_i}{3EI_i}$$

为了计算载荷 F_i 作用时左跨简支梁截面 i 的转角,在该梁的截面 i 施加单位力偶,相应弯矩 $\overline{M}$ 图如图 14-17c 所示。设左跨简支梁载荷弯矩图的面积为 ω_i,其形心 C 至支座 $i-1$ 的距离为 a_i,则根据图乘法可知,载荷 F_i 作用时截面 i 的转角为

$$\theta'_{iF} = \frac{\omega_i \overline{M}_{C_i}}{EI_i} = \frac{\omega_i}{EI_i} \frac{a_i}{l_i}$$

由此可见,左跨简支梁截面 i 的总转角为

$$\theta'_i = \theta'_{iF} + \theta'_{iM} = \frac{1}{EI_i}\left(\frac{\omega_i a_i}{l_i} + \frac{M_{i-1}l_i}{6} + \frac{M_i l_i}{3} \right) \tag{a}$$

同理,得右跨简支梁左端截面 i 的转角为

$$\theta''_i = -\frac{1}{EI_{i+1}}\left(\frac{\omega_{i+1} b_{i+1}}{l_{i+1}} + \frac{M_i l_{i+1}}{3} + \frac{M_{i+1}l_{i+1}}{6} \right) \tag{b}$$

式中:ω_{i+1} 代表右跨简支梁载荷弯矩图的面积;b_{i+1} 代表 ω_{i+1} 的形心 C_{i+1} 至支座 $i+1$ 的距离。

在中间支座 i 处,左、右相连两截面的转角相同,即

$$\theta'_i = \theta''_i$$

将式(a)与(b)代入上式,得补充方程为

$$\frac{M_{i-1}l_i}{I_i}+2M_i\left(\frac{l_i}{I_i}+\frac{l_{i+1}}{I_{i+1}}\right)+\frac{M_{i+1}l_{i+1}}{I_{i+1}}=-6\left(\frac{\omega_i a_i}{I_i l_i}+\frac{\omega_{i+1}b_{i+1}}{I_{i+1}l_{i+1}}\right) \tag{14-1}$$

可见,上述补充方程仅包含三个支点弯矩。仅包括相邻三支座支点弯矩的方程,称为三弯矩方程。对于等截面连续梁,由于惯性矩 I 为常数,三弯矩方程简化为

$$M_{i-1}l_i+2M_i(l_i+l_{i+1})+M_{i+1}l_{i+1}=-6\left(\frac{\omega_i a_i}{l_i}+\frac{\omega_{i+1}b_{i+1}}{l_{i+1}}\right) \tag{14-2}$$

显然,如果连续梁具有 n 个中间支座,即可建立 n 个三弯矩方程,并由此求出 n 个未知的支点弯矩。如果梁的一端,例如右端 s 为固定端(图 14–18a),则未知的支点弯矩将相应增加。对于这种问题,可将该固定端用一跨度 l_{s+1} 为无限小的简支梁代替(图 14–18b)。由图 14–18c 可知,简支梁截面 s 的转角为

$$\theta_s=\frac{M_s l_{s+1}}{3EI}$$

而当 l_{s+1} 趋于零时,θ_s 也趋于零。可见,相距无限近的两个铰支座具有固定端的约束性质。而作此种替换后,即可在支座 s 处补充建立一个三弯矩方程。

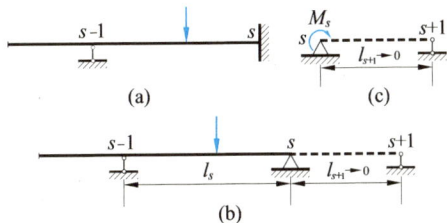

图 14–18

例 14–5　图 14–19a 所示连续梁,承受集中载荷 F 与均布载荷 q 作用,且 $F=ql$。设各截面的弯曲刚度均为 EI,试求梁的支反力。

解:1. 支点弯矩计算

此梁为两度静不定,多余力为支点弯矩 M_1 与 M_2,各跨简支梁的载荷弯矩图如图 14–19b 所示。

根据式(14–2)可知,相应于支座 1 与 2 的三弯矩方程分别为

$$M_0 l_1+2M_1(l_1+l_2)+M_2 l_2=-6\left(\frac{\omega_1 a_1}{l_1}+\frac{\omega_2 b_2}{l_2}\right) \tag{a}$$

$$M_1 l_2+2M_2(l_2+l_3)+M_3 l_3=-6\left(\frac{\omega_2 a_2}{l_2}+\frac{\omega_3 b_3}{l_3}\right) \tag{b}$$

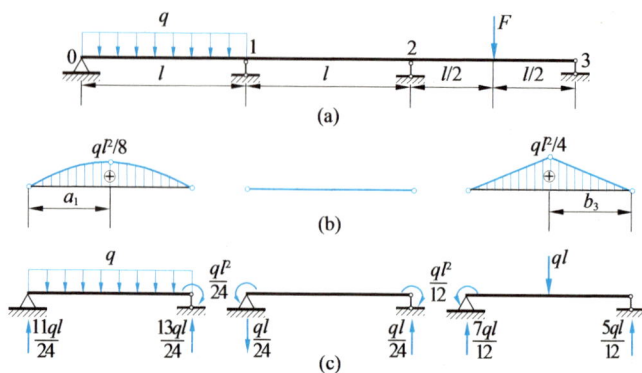

图 14-19

由图 14-19a 与 b 可知：

$$M_0 = 0, \quad M_3 = 0$$

$$\omega_1 = \frac{2}{3} \times l \times \frac{ql^2}{8} = \frac{ql^3}{12}, \quad a_1 = \frac{l}{2}$$

$$\omega_2 = 0$$

$$\omega_3 = \frac{1}{2} \times l \times \frac{ql^2}{4} = \frac{ql^3}{8}, \quad b_3 = \frac{l}{2}$$

将上述表达式代入式（a）与（b），得

$$4M_1 + M_2 = -\frac{ql^2}{4}$$

$$M_1 + 4M_2 = -\frac{3ql^2}{8}$$

联立求解上述方程组，于是得

$$M_1 = -\frac{ql^2}{24}, \quad M_2 = -\frac{ql^2}{12}$$

2. 支反力计算

支点弯矩确定后，作用在各简支梁上的主动外力均为已知（图 14-19c），由此可求出各简支梁的支反力，并计算相邻简支梁在共同支座处的支反力的代数和，即得连续梁的支反力为

$$F_{R0} = \frac{11ql}{24} \quad (\uparrow)$$

$$F_{R1} = \frac{13ql}{24} - \frac{ql}{24} = \frac{ql}{2} \quad (\uparrow)$$

$$F_{R2} = \frac{ql}{24} + \frac{7ql}{12} = \frac{15ql}{24} \qquad (\uparrow)$$

$$F_{R3} = \frac{5ql}{12} \qquad (\uparrow)$$

例 14-6 图 14-20a 所示静不定梁,自由端承受载荷 F 作用。设弯曲刚度 EI 为常数,$l_1 = l_2 = l$,试画梁的弯矩图。

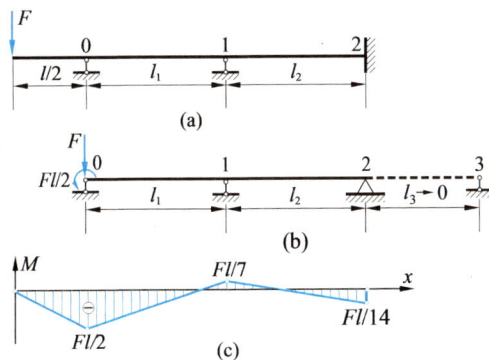

图 14-20

解:1. 问题分析

此梁为两度静不定,其特点是左端有一外伸段,右端为固定端。对于外伸段,可将梁端载荷 F 简化到截面 0 处,得作用在该截面的集中力 F 与矩为 $Fl/2$ 的力偶。对于固定端,可用一跨度无限小($l_3 \to 0$)的简支梁代替。于是,原静不定梁的相当系统如图 14-20b 所示,未知支点弯矩为 M_1 与 M_2。

2. 支点弯矩计算

对于支座 1 与 2,相应的三弯矩方程分别为

$$M_0 l_1 + 2M_1(l_1 + l_2) + M_2 l_2 = -6\left(\frac{\omega_1 a_1}{l_1} + \frac{\omega_2 b_2}{l_2}\right) \qquad (a)$$

$$M_1 l_2 + 2M_2(l_2 + l_3) + M_3 l_3 = -6\left(\frac{\omega_2 a_2}{l_2} + \frac{\omega_3 b_3}{l_3}\right) \qquad (b)$$

由图 14-20b 可知:

$$M_0 = -\frac{Fl}{2}, \quad M_3 = 0$$

$$\omega_1 = \omega_2 = \omega_3 = 0$$

将上述表达式代入式(a)与(b),得

$$-\frac{Fl}{2} + 4M_1 + M_2 = 0$$

$$M_1 + 2M_2 = 0$$

联立求解上述方程组,得

$$M_1 = \frac{Fl}{7}, \quad M_2 = -\frac{Fl}{14}$$

支点弯矩确定后,画梁的弯矩图如图 14-20c 所示。

例 14-7 由于连续梁的支座沉陷或安装误差等原因,各支座不在同一水平线上(图 14-21a),试分析由此在梁内引起的支点弯矩。

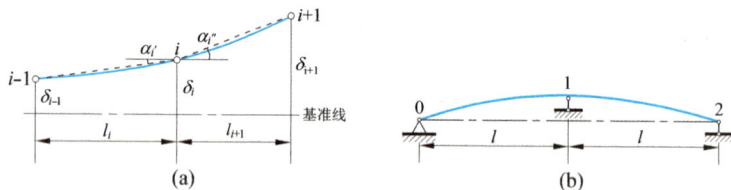

图 14-21

解: 1. 支座沉陷问题基本方程

设支座 $i-1, i$ 与支座 $i+1$ 对于水平基准线的高度偏差依次为 δ_{i-1}, δ_i 与 δ_{i+1},则在支座 i 处,左、右两简支梁未连接时的初始偏转角分别为

$$\alpha_i' = \frac{\delta_i - \delta_{i-1}}{l_i}$$

$$\alpha_i'' = \frac{\delta_{i+1} - \delta_i}{l_{i+1}}$$

将各简支梁连接后,梁产生弯曲变形(如图中实线所示),同时引起内力,即所谓初内力。设上述支座处的支点初弯矩依次为 M_{i-1}, M_i 与 M_{i+1},显然,左跨简支梁右端截面的转角为

$$\theta_i' = \frac{M_{i-1}l_i}{6EI_i} + \frac{M_i l_i}{3EI_i} + \alpha_i' \tag{a}$$

而右跨简支梁左端截面的转角则为

$$\theta_i'' = -\frac{M_i l_{i+1}}{3EI_{i+1}} - \frac{M_{i+1}l_{i+1}}{6EI_{i+1}} + \alpha_i'' \tag{b}$$

梁的变形协调条件为

$$\theta_i' = \theta_i''$$

将式(a)与(b)代入上式,于是得

$$\frac{M_{i-1}l_i}{I_i} + 2M_i\left(\frac{l_i}{I_i} + \frac{l_{i+1}}{I_{i+1}}\right) + \frac{M_{i+1}l_{i+1}}{I_{i+1}} = -6E(\alpha_i' - \alpha_i'') \tag{14-3}$$

对于所有中间支座建立上述三弯矩方程,即可确定各支点的初弯矩。

2. 算例

图 14-21b 所示梁,中间支座高于左、右支座,高度偏差为 δ,即

$$\delta_0 = 0, \quad \delta_1 = \delta, \quad \delta_2 = 0$$

可以看出,

$$M_0 = M_2 = 0$$

$$\alpha_1' = \frac{\delta - 0}{l} = \frac{\delta}{l}$$

$$\alpha_1'' = \frac{0 - \delta}{l} = -\frac{\delta}{l}$$

代入式(14-3),得

$$2M_1 \left(\frac{l}{I} + \frac{l}{I} \right) = -6E \left(\frac{\delta}{l} + \frac{\delta}{l} \right)$$

于是得中间支座处的支点初弯矩为

$$M_1 = -\frac{3EI\delta}{l^2}$$

复 习 题

14-1 内力静不定与外力静不定问题各有何特点? 如何判断面内承载平面刚架的静不定度?

14-2 如何利用力法分析静不定问题? 内力静不定与外力静不定问题的求解方法有何不同? 如何分析静不定问题的应力与位移?

14-3 对称结构的特点是什么? 何谓对称载荷与反对称载荷?

14-4 在对称与反对称载荷作用下,对称结构的内力各有何特点? 如何利用对称与反对称条件简化问题分析?

14-5 平面刚架空间承载静不定问题有何特点? 如何进行分析?

*14-6 何谓连续梁? 三弯矩方程是如何建立的,式中各项各代表何意? 在求解时,对于外伸段与固定端各如何处理? 如何计算连续梁的支反力?

习 题

14-1 试判断图示各结构的静不定度。

14-2 图示各刚架,弯曲刚度 EI 均为常数,试求支反力,并画弯矩图。

14-3 图示各圆弧形小曲率曲杆,各截面的弯曲刚度均为 EI,试求支反力。

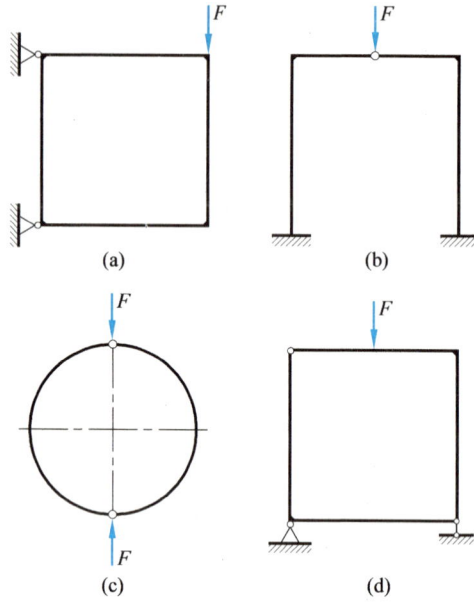

题 14-1 图

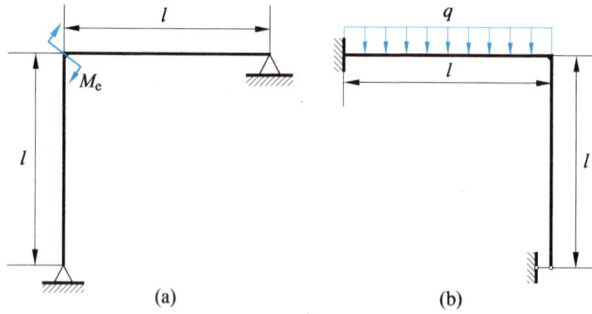

题 14-2 图

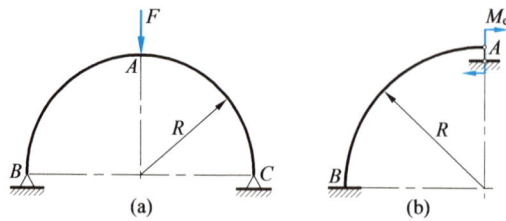

题 14-3 图

14-4　图 a 所示圆弧形小曲率曲杆,轴线半径为 R,沿杆轴承受集度为 q 的均布切向载荷作用。设各截面的弯曲刚度均为 EI,试计算截面 B 的水平位移 Δ_{Bx}。

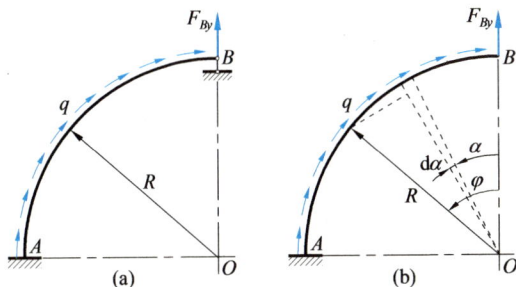

题 14-4 图

提示:曲杆属于一度静不定。设选相当系统如图 b 所示,则补充方程为

$$\Delta_{By} = \frac{1}{EI} \int_0^{\pi/2} \overline{M}(\varphi) M(\varphi) R \mathrm{d}\varphi = 0$$

由图 b 可以看出,作用在微段 $R\mathrm{d}\alpha$ 上的切向微外力 $qR\mathrm{d}\alpha$,在横截面 φ 引起的弯矩为

$$\mathrm{d}M = qR\mathrm{d}\alpha \cdot R[\,1-\cos(\varphi-\alpha)\,] = qR^2[\,1-\cos(\varphi-\alpha)\,]\mathrm{d}\alpha$$

因此,在切向载荷 q 与多余未知力 F_{By} 作用下,截面 φ 的弯矩为

$$M(\varphi) = \int_0^\varphi qR^2[\,1-\cos(\varphi-\alpha)\,]\mathrm{d}\alpha - F_{By}R\sin\varphi = qR^2(\varphi-\sin\varphi) - F_{By}R\sin\varphi$$

14-5　图示桁架,承受载荷 F 作用。设各杆各截面的拉压刚度均为 EA,试求杆 BC 的轴力。

14-6　图示结构,由横梁 AB、杆 1、杆 2 与杆 3 组成,在横梁中点承受铅垂载荷 F 作用。设横梁各截面的弯曲刚度均为 EI,各杆各截面的拉压刚度均为 EA,且 $I = Aa^2/10$,试计算截面 C 的挠度。

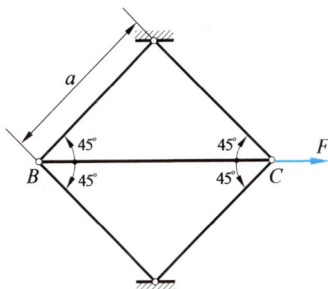

题 14-5 图

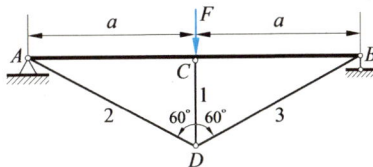

题 14-6 图

14-7　图示各结构,承受铅垂载荷 F 作用,已知 $I = Aa^2/10$,试求杆 BC 的轴力与节点 B 的铅垂位移。

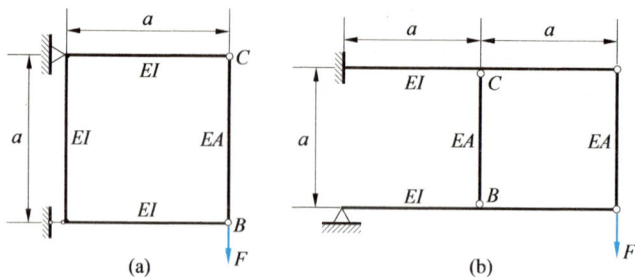

题 14-7 图

14-8 图 a 所示结构，杆 BC 与 DG 为刚性杆，杆 1、杆 2 与杆 3 为弹性杆，结构承受铅垂载荷 F 作用。设弹性杆各截面的拉压刚度均为 EA，试求各杆的轴力与刚性杆 BC 的转角。

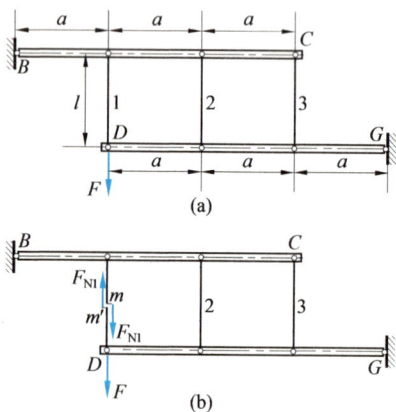

题 14-8 图

提示：一度静不定。设选 F_{N1} 为多余力，得相当系统如图 b 所示。分别以刚性杆 BC 与 DG 为研究对象，通过平衡方程 $\sum M_B = 0$ 与 $\sum M_G = 0$，即可得 F_{N2} 与 F_{N3} 的静力表达式。

14-9 图示各刚架，各截面的弯曲刚度均为 EI，试画刚架的弯矩图。

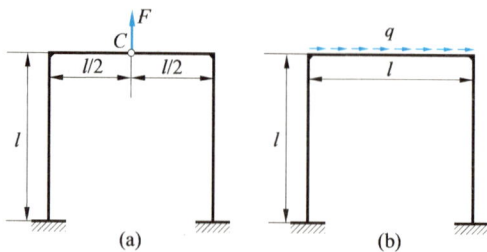

题 14-9 图

14-10　图示各刚架,各截面的弯曲刚度均为 EI,试画刚架的弯矩图,并计算截面 A 与 B 沿连线 AB 方位的相对线位移。

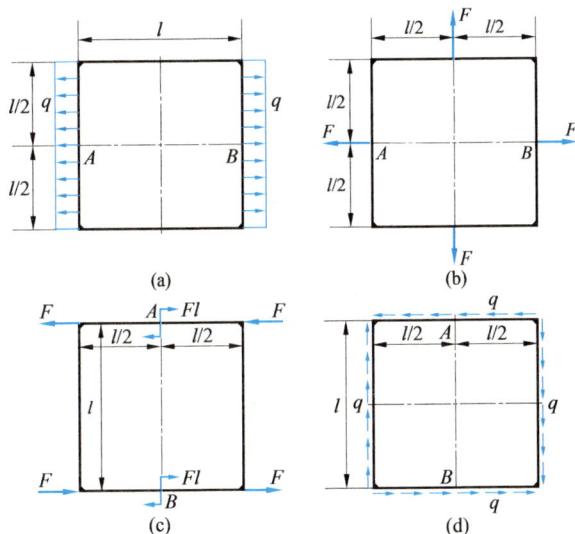

题 14-10 图

14-11　图示小曲率圆环,承受径向载荷 F 作用。设圆环的轴线半径为 R,各截面的弯曲刚度均为 EI,试求横截面 A 与 C 的弯矩,以及截面 A 与 B 沿连线 AB 方位的相对线位移。

14-12　图示小曲率圆环,承受径向载荷 F 作用。设圆环的轴线半径为 R,各截面的弯曲刚度均为 EI,试计算横截面 A 与圆心 O 沿连线 AO 方位的相对线位移 Δ。

提示:横截面 A,B 与 C 对于圆心 O 的相对位移均为 Δ,加载时载荷所作之总功为

$$W = \frac{F\Delta}{2} + \frac{F\Delta}{2} + \frac{F\Delta}{2} = \frac{F(3\Delta)}{2}$$

可见,广义力 F 的相应广义位移为 3Δ,于是由卡氏定理得

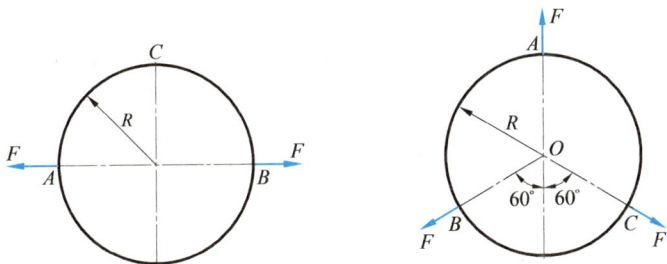

题 14-11 图

题 14-12 图

$$\Delta = \frac{1}{3}\frac{\partial V_\varepsilon}{\partial F}$$

当然,本问题也可采用单位载荷法求解。

14-13 图示刚架,承受载荷 $F=80$ kN 作用。已知铰链 A 允许传递的剪力 $[F_s]=40$ kN, $l=0.5$ m,各截面的弯曲刚度均为 EI,试求尺寸 a 的允许取值范围。

14-14 图示小曲率圆环,承受铅垂载荷 F 作用。设圆环的轴线半径为 R,各截面的弯曲刚度均为 EI,试求侧壁 A 与 B 处的支反力。

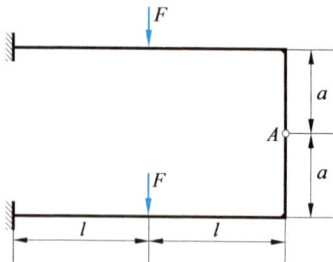

题 14-13 图

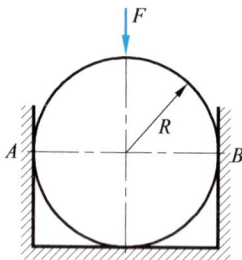

题 14-14 图

14-15 图示各桁架,承受水平载荷 F 作用。设各杆各截面的拉压刚度均为 EA,试求杆 BC 的角位移。

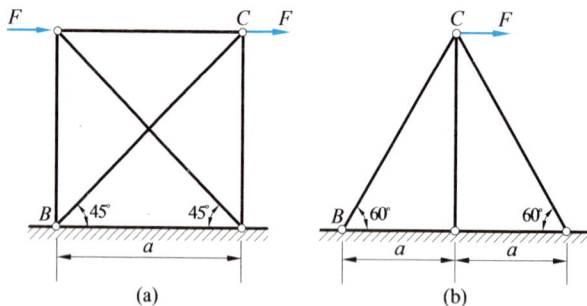

(a)   (b)

题 14-15 图

14-16 图示各结构(均为小曲率杆),弯曲刚度 EI 为常数。试求截面 A 与 B 沿连线 AB 方位的相对线位移。

14-17 图 a 所示桁架,承受铅垂载荷 F 作用,同时,杆 3 的实际长度比设计长度稍短,误差为 δ。设各杆各截面的拉压刚度均为 EA,试求各杆轴力。

提示:设选相当系统如图 b 所示,相应单位载荷系统如图 c 所示,则补充方程为

$$\Delta_{m/m'} = \sum_{i=1}^{3}\overline{F}_{Ni}\Delta l_i = 2\,\overline{F}_{N1}\Delta l_1 + \overline{F}_{N3}\Delta l_3 = 0$$

考虑到受力与制造误差,杆 3 的长度改变量应为

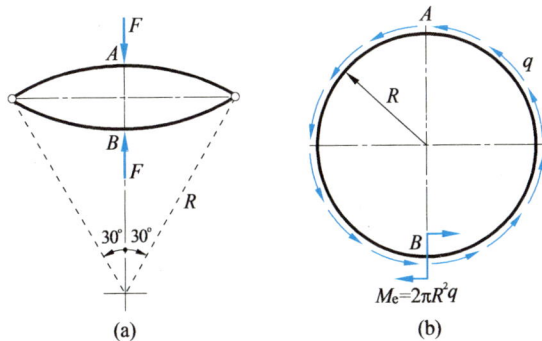

题 14-16 图

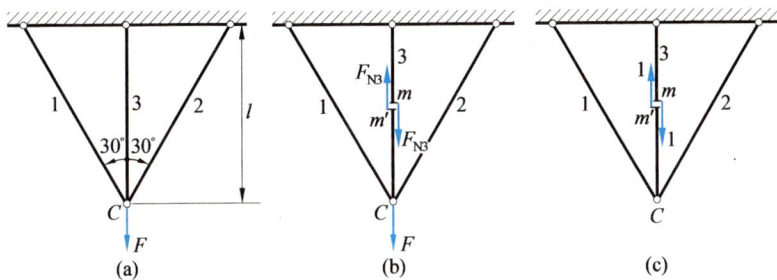

题 14-17 图

$$\Delta l_3 = \frac{F_{N3}l}{EA} - \delta$$

14-18　图 a 所示等截面小曲率圆环,在横截面 A, B 与 C 处,同时承受矢量与圆环轴线相切、矩为 M_e 的力偶作用,试求横截面 D 与 H 的内力。

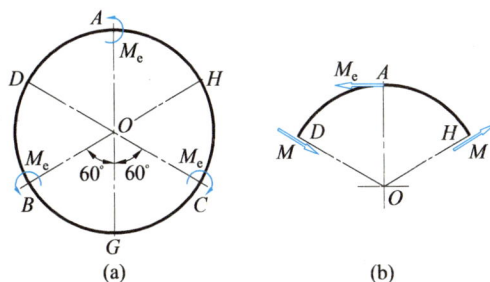

题 14-18 图

提示：各力偶的作用面均垂直于圆环的轴线平面，因此，圆环各横截面上只可能存在扭矩、作用线垂直于轴线平面的剪力，以及矢量位于轴线平面的弯矩。

由于 DC 与 HB 为圆环的对称面，而截面 D 与 H 既位于对称面，对于对称面 AG 又处于对称位置，所以，该二截面的剪力与扭矩均为零，仅存在弯矩，且大小相同，并用 M 表示。因此，环段 DAH 的受力如图 b 所示，图中，内外力偶矩均用矢量表示。于是，由平衡方程

$$M_e - 2M\cos 30° = 0$$

得

$$M = \frac{M_e}{\sqrt{3}}$$

14-19 图 a 所示小曲率圆环，承受矩为 M_e 的力偶作用。设圆环轴线的半径为 R，截面直径为 d，弹性模量与切变模量分别为 E 与 G，试计算横截面 A 与 B 间的相对转角。

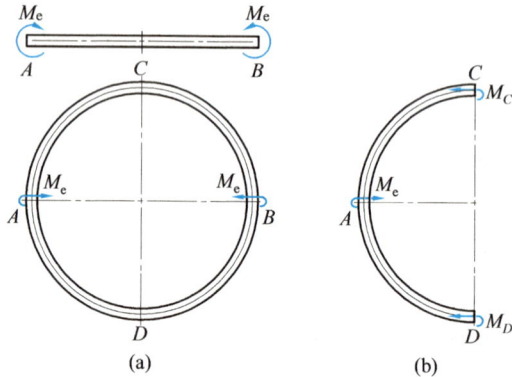

题 14-19 图

提示：在对称载荷作用下，对称截面 C 与 D 上仅存在弯矩，分别用 M_C 与 M_D 表示（图 b）。该二截面对于对称面 AB 又处于对称条件下，所以，弯矩 M_C 与 M_D 的大小相等，均等于 $M_e/2$。

14-20 图 a 所示为一水平放置的矩形截面等截面刚架，在截面 A,B,C 与 D 处，同时承受铅垂载荷 F 作用，试求横截面 G 与 K 的内力。

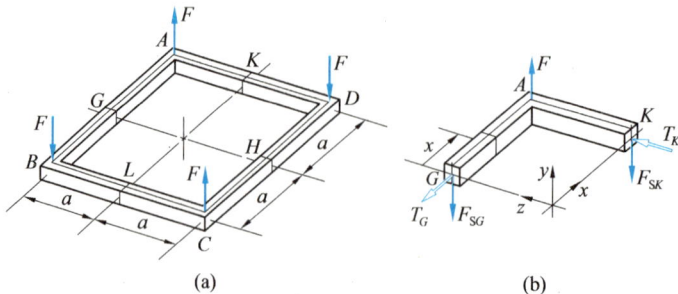

题 14-20 图

提示：载荷对于对称面 *GH* 为反对称，在截面 *G* 上，弯矩 M_z 为零，仅存在剪力 F_{SG} 与扭矩 T_G（图 b）。又由于载荷对于对称面 *AC* 为对称，在处于对称位置的截面 *G* 与 *K* 上，内力相同。

14-21 图示各圆形截面等截面刚架，承受铅垂载荷 *q* 或 *F* 作用。设弹性模量为 *E*，泊松比 $\mu = 0.3$，试画刚架的弯矩与扭矩图。

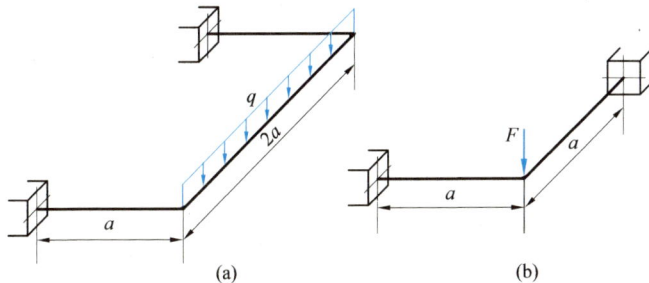

题 14-21 图

14-22 图示各梁，各截面的弯曲刚度均为 *EI*，试用三弯矩方程求支点弯矩与支反力。

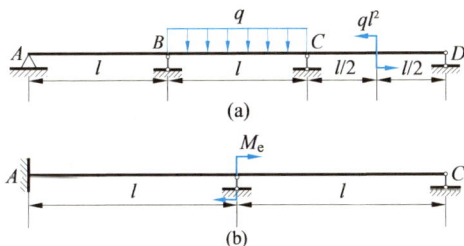

题 14-22 图

14-23 图示阶梯型梁，$I_1 = 2I_2 = I$，试用三弯矩方程求解，并画弯矩图。

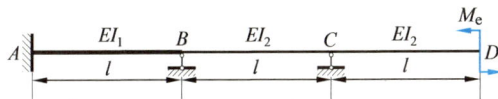

题 14-23 图

14-24 图示梁，支座 *B* 向下沉陷 δ。设各截面的弯曲刚度均为 *EI*，试用三弯矩方程求梁的支反力，并画弯矩图。

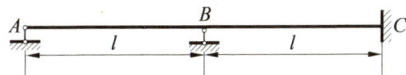

题 14-24 图

第十五章 动 载 荷

§15-1 引 言

随时间不变化或变化极缓慢的载荷,即所谓静载荷。其特征是在加载过程中,构件各质点的加速度为零或很小可以忽略不计。随时间显著变化或使构件各质点产生明显加速度的载荷,即所谓动载荷。在以前各章中,主要讨论杆件在静载荷作用下的强度、刚度与稳定性问题。本章研究动载荷问题。

在工程实际中,存在各种动载荷问题。例如,随涡轮定轴匀速转动的涡轮叶片,承受离心惯性力作用;锻压机锻造工件时,汽锤锤杆受到冲击力作用;内燃机运转时,由于曲柄轴离心力的周期作用,引起内燃机及支架振动;等等。

根据加速度的特征,常见动载荷有以下三类:构件本身处于定常加速运动状态,构件受到惯性力作用;加速度瞬时达到极大值,载荷突然施加到构件上;加速度随时间周期性变化,构件发生振动。上述三种情况分别简称为惯性力、冲击与振动问题。

试验表明,加载速率对材料弹性常数的大小影响甚小。因此,可利用静荷条件下测得的弹性常数,分析计算构件在动荷作用下的应力、变形与位移。

本章主要研究杆件在惯性力、冲击与振动情况下的应力、变形与位移。

§15-2 惯性力引起的应力

对于质量为 m、加速度为 a 的质点,惯性力的大小等于质量与加速度的乘积 ma,其方向则与加速度 a 的方向相反。达朗贝尔原理指出,对于作加速运动的质点系,如果假想地在每个质点上施加相应惯性力,则作用在质点系上的外力与惯性力,构成一平衡力系,动力学问题形式上转化为静力学问题。因此,对于在外力作用下处于定常加速运动状态的构件,在附加惯性力后,即可按求解静荷问题的方法,分析构件的应力、变形与位移。

一、匀加速直线运动构件

作匀加速直线运动的杆件,为最简单的惯性力问题。

如图 15-1a 所示,起重机以加速度 a 向上起吊一等截面直杆。设杆长为 l,横截面面积为 A,材料密度为 ρ,重力加速度为 g,现在分析杆的外力、内力与应力。

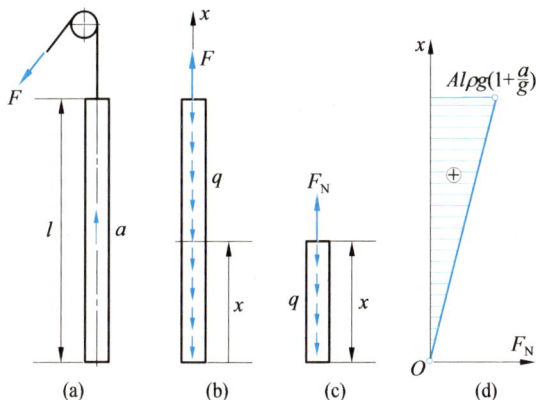

图 15-1

根据达朗贝尔原理,杆上除作用有起吊力 F 与重力 $Al\rho \cdot g$ 外,还作用有合力为 $Al\rho \cdot a$ 的分布惯性力,其方向与加速度 a 的方向相反,杆的受力如图 15-1b 所示。重力与惯性力的方向均向下,并沿杆轴均匀分布,所以,轴向载荷集度为

$$q = \frac{1}{l}(Al\rho \cdot g + Al\rho \cdot a) = A\rho g\left(1 + \frac{a}{g}\right)$$

利用截面法(图 15-1c),得杆的轴力方程为

$$F_N = xq = xA\rho g\left(1 + \frac{a}{g}\right)$$

轴力图如图 15-1d 所示,最大轴力为

$$F_{N,max} = Al\rho g\left(1 + \frac{a}{g}\right)$$

而杆内横截面上的最大正应力则为

$$\sigma_{max} = \frac{F_{N,max}}{A} = l\rho g\left(1 + \frac{a}{g}\right)$$

二、匀速定轴转动构件

当物体作匀速定轴转动时,产生离心惯性力,现以旋转薄圆环为例,进行分析。

图 15-2a 所示薄圆环①,圆环中心线的直径为 D,横截面面积为 A,材料密度为 ρ。当圆环以角速度 ω 绕轴 O 匀速转动时,环上各质点均受到离心惯性力作用。

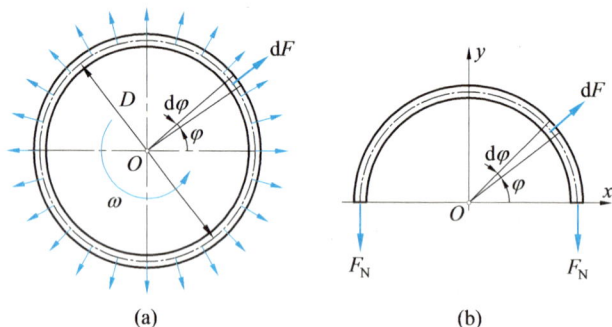

图 15-2

如图 15-2a 所示,在极角为 φ 的任一横截面处,取一圆心角为 $\mathrm{d}\varphi$ 的微段,由于圆环中心线上各点的向心加速度均为

$$a_\mathrm{r} = \frac{\omega^2 D}{2}$$

所以,作用在该微段上的离心惯性力为

$$\mathrm{d}F = \frac{\omega^2 D}{2} \cdot \rho A \frac{D}{2} \mathrm{d}\varphi = \frac{A\rho\omega^2 D^2}{4} \mathrm{d}\varphi \tag{a}$$

设圆环横截面上的轴力为 F_N,利用截面法,用水平径向平面将圆环切开,并选择切开后的上部为研究对象(图 15-2b),则由平衡方程

$$\sum F_y = 0, \qquad \int_0^\pi \sin\varphi \cdot \frac{A\rho\omega^2 D^2}{4} \mathrm{d}\varphi - 2F_\mathrm{N} = 0$$

得

$$F_\mathrm{N} = \frac{A\rho\omega^2 D^2}{4}$$

———————————————

① 如果忽略不计辐条的影响,飞轮轮毂即属于此种情况。

所以，圆环横截面上的正应力为

$$\sigma = \frac{F_N}{A} = \frac{\rho \omega^2 D^2}{4}$$

例 15-1　图 15-3a 所示涡轮叶片，随涡轮盘以角速度 ω 绕轴 O 匀速转动。设叶片的横截面面积为 A，顶端与底端处的半径分别为 R_o 与 R_i，弹性模量为 E，密度为 ρ，试计算叶片横截面上的正应力与轴向变形。

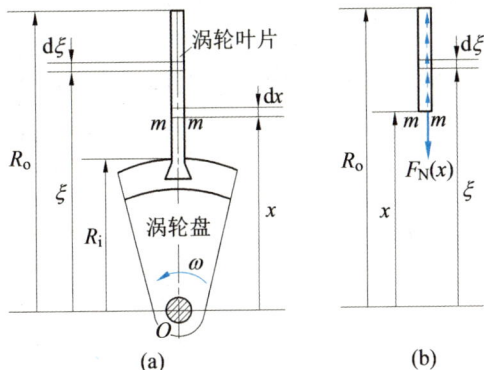

图 15-3

解：1. 叶片的内力与应力

如图 15-3a 所示，沿叶片轴线建立坐标轴 ξ，并在截面 ξ 处切取微段 $\mathrm{d}\xi$。由于该处的向心加速度为 $\xi\omega^2$，则作用在微段 $\mathrm{d}\xi$ 上的离心惯性力为

$$\mathrm{d}F = \xi\omega^2 \cdot \rho A \mathrm{d}\xi = \omega^2 \rho A \xi \mathrm{d}\xi$$

利用截面法，在任一横截面 x 处将叶片切开，并取其上部为研究对象（图 15-3b），可以看出，截面 x 的轴力为

$$F_N(x) = \omega^2 \rho A \int_x^{R_o} \xi \mathrm{d}\xi = \frac{\omega^2 \rho A}{2}(R_o^2 - x^2) \qquad (a)$$

而正应力则为

$$\sigma(x) = \frac{\omega^2 \rho}{2}(R_o^2 - x^2)$$

2. 叶片的变形

在截面 x 处，切取微段 $\mathrm{d}x$，根据胡克定律可知，该微段的轴向伸长为

$$\mathrm{d}(\Delta l) = \frac{F_N(x)\mathrm{d}x}{EA}$$

由此得叶片的总伸长为

$$\Delta l = \frac{1}{EA} \int_{R_i}^{R_o} F_N(x)\,\mathrm{d}x$$

将式(a)代入上式,于是得

$$\Delta l = \frac{\omega^2 \rho}{2E} \int_{R_i}^{R_o} (R_o^2 - x^2)\,\mathrm{d}x = \frac{\omega^2 \rho}{6E}(2R_o^3 - 3R_o^2 R_i + R_i^3)$$

§15-3　冲 击 应 力

在极短时间内(例如千分之一秒或更短时间)作用于构件的载荷,称为**冲击载荷**。当物体或构件以一定速度相互碰撞时,它们间的相互作用力,即属于冲击载荷。

一、冲击分析基本假设

研究表明,当弹性体受到冲击载荷作用时,由于弹性体具有质量即具有惯性,力的作用并非立即传至弹性体的各个部位。在开始瞬间,远离冲击处的部位并不受影响。冲击载荷引起的变形,是以弹性波的形式在弹性体内传播。此外,在有些情况下,在冲击载荷作用处的局部范围内,还会产生很大的塑性变形。所以,冲击问题是一个很复杂的问题。

为简化分析,现引入下述假设:

1. 受冲击构件的惯性忽略不计,冲击引起的变形瞬即传遍整个构件。

2. 冲击过程中的热能与声能等的损失,以及接触部位的局部塑性变形,均忽略不计。

3. 相互冲击的物体或构件,接触后即始终保持接触。

二、冲击应力分析

根据上述假设,并利用冲击过程中的能量转换关系,即可确定冲击载荷及其在构件或结构内引起的变形与应力。现以自由落体对线性弹性体的冲击为例,介绍分析计算方法。

如图15-4所示,一重量为 P 的物体自高度 h 处自由下落,冲击某线性弹性体。由于弹性体的阻碍,冲击物的速度迅速变为零。这时,弹性体所受冲击载荷及相应位移均达到最大值,并分别用 F_d 与 Δ_d 表示。显然,如果忽略冲击物的变形,则当其速度变为零时,冲击物减少的机械能为

$$E_m = P(h + \Delta_d) \tag{a}$$

而被冲击弹性体获得的应变能则为

$$V_\varepsilon = \frac{F_d \Delta_d}{2} \qquad (\text{b})$$

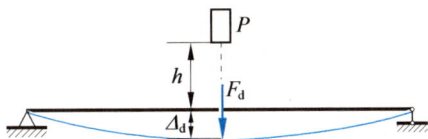

图 15-4

如前所述,作用在线性弹性体上的载荷 F 与其相应位移 Δ 成正比,即

$$F = k\Delta$$

式中,比例常数 k 称为**刚度系数**,代表使线性弹性体在载荷作用点、沿载荷方向产生单位位移所需之力。前曾指出,加载速率对弹性常数的影响甚小,因此,上述关系同样适用于动荷情况,即

$$F_d = k\Delta_d$$

代入式(b),于是得

$$V_\varepsilon = \frac{k\Delta_d^2}{2} \qquad (15-1)$$

根据能量守恒定律,当冲击物的速度变为零时,冲击物减小的机械能,全部转化为被冲击弹性体的应变能,即

$$E_m = V_\varepsilon$$

将式(a)与(15-1)代入上式,得

$$\Delta_d^2 - \frac{2P}{k}\Delta_d - \frac{2Ph}{k} = 0$$

或写作

$$\Delta_d^2 - 2\Delta_{st}\Delta_d - 2\Delta_{st}h = 0 \qquad (\text{c})$$

式中,$\Delta_{st} = P/k$,代表将 P 视为静载荷、并沿冲击载荷方向作用在被冲击弹性体上时的相应静位移。

于是,由式(c)得最大冲击位移为

$$\Delta_d = \Delta_{st}\left(1 + \sqrt{1 + \frac{2h}{\Delta_{st}}}\right) \qquad (15-2)$$

而最大冲击载荷则为

$$F_d = k\Delta_d = P\left(1 + \sqrt{1 + \frac{2h}{\Delta_{st}}}\right) \qquad (15-3)$$

最大冲击载荷确定后,弹性体内的应力也随之确定。

作为自由落体冲击的一个特殊情况,如果 $h=0$,即将重物骤然施加于线性弹性体,则由式(15-2)与(15-3)得

$$\Delta_d = 2\Delta_{st}, \qquad F_d = 2P$$

可见,当重物突然作用时,弹性体的变形与应力均比同值静载荷所引起的变形与应力增加一倍。

三、抗冲击措施

由式(15-3)可以看出,冲击载荷的最大值 F_d,不仅与冲击物的重量 P 有关,而且与相应静位移 Δ_{st} 或被冲击弹性体的刚度有关。被冲击弹性体的刚度 k 愈小,静位移 Δ_{st} 愈大,则冲击载荷 F_d 愈小。所以,在设计承受冲击载荷的构件或结构时,如果条件允许,应尽量降低其刚度。例如,附加缓冲弹簧,利用弹性模量较小的材料(例如橡胶)作垫片,增加构件的柔度,等等。

例 15-2 图 15-5 所示正方形截面梁,在横截面 C 的上方,一重量为 $P=500$ N 的物体,自高度 $h=20$ mm 处自由下落。已知梁长 $l=1.0$ m,截面边宽 $b=50$ mm,弹性模量 $E=200$ GPa,梁的质量与冲击物的变形均忽略不计,试在下列两种情况下,计算截面 C 的挠度与梁内的最大弯曲正应力。

(1) 梁两端用铰支座支持;
(2) 梁两端用弹簧支持,弹簧刚度系数 $c=100$ N/mm。

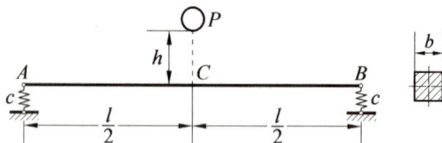

图 15-5

解:1. 梁两端铰支时的变形与应力

在静载荷 P 作用下,两端铰支梁截面 C 的挠度为

$$\Delta_{st} = \frac{Pl^3}{48EI} = \frac{Pl^3}{4Eb^4} = \frac{(500\ \text{N})(1.0\ \text{m})^3}{4(200\times10^9\ \text{Pa})(0.050\ \text{m})^4} = 1.0\times10^{-4}\ \text{m}$$

由式(15-2)与(15-3)可知,冲击位移与冲击载荷的最大值分别为

$$\Delta_d = (1.0\times10^{-4}\ \text{m})\left(1+\sqrt{1+\frac{2(0.020\ \text{m})}{1.0\times10^{-4}\ \text{m}}}\right) = 2.1\times10^{-3}\ \text{m}$$

$$F_d = (500 \text{ N})\left(1 + \sqrt{1 + \frac{2(0.020 \text{ m})}{1.0 \times 10^{-4} \text{ m}}}\right) = 1.05 \times 10^4 \text{ N}$$

在载荷 F_d 作用下，梁内的最大弯曲正应力为

$$\sigma_d = \frac{F_d l}{4} \frac{6}{b^3} = \frac{3P_d l}{2b^3} = \frac{3(1.05 \times 10^4 \text{ N})(1.0 \text{ m})}{2(0.050 \text{ m})^3} = 1.260 \times 10^8 \text{ Pa} = 126.0 \text{ MPa} \quad (\text{a})$$

2. 梁两端弹簧支持时的应力与变形

在静载荷 P 作用下，弹簧所受压力为 $P/2$，其压缩变形为

$$\lambda = \frac{P}{2c} = \frac{500 \text{ N}}{2(100 \times 10^3 \text{ N/m})} = 2.5 \times 10^{-3} \text{ m}$$

所以，两端弹簧支持时梁截面 C 的挠度为

$$\Delta'_{st} = \Delta_{st} + \lambda = 1.0 \times 10^{-4} \text{ m} + 2.5 \times 10^{-3} \text{ m} = 2.6 \times 10^{-3} \text{ m}$$

冲击位移与冲击载荷的最大值分别为

$$\Delta'_d = (2.6 \times 10^{-3} \text{ m})\left(1 + \sqrt{1 + \frac{2(0.020 \text{ m})}{2.6 \times 10^{-3} \text{ m}}}\right) = 1.3 \times 10^{-2} \text{ m}$$

$$F'_d = (500 \text{ N})\left(1 + \sqrt{1 + \frac{2(0.020 \text{ m})}{2.6 \times 10^{-3} \text{ m}}}\right) = 2.52 \times 10^3 \text{ N}$$

而梁内的最大弯曲正应力则为

$$\sigma'_d = \frac{3F'_d l}{2b^3} = \frac{3(2.52 \times 10^3 \text{ N})(1.0 \text{ m})}{2(0.050 \text{ m})^3} = 3.02 \times 10^7 \text{ Pa} = 30.2 \text{ MPa} \quad (\text{b})$$

比较式（a）与（b）可以看出，当由铰支改为弹簧支持后，梁内的最大弯曲正应力显著降低，其值由 126.0 MPa 降低为 30.2 MPa，后者仅约为前者的四分之一。

例 15-3 如图 15-6a 所示，一重量为 P 的物体，以速度 v 沿水平方向运动，冲击梁端截面 B。已知梁长为 l，弯曲刚度 EI 为常数，抗弯截面系数为 W，梁的质量与冲击物的变形均忽略不计，试计算最大冲击力、梁端最大挠度与梁内的最大弯曲正应力。

解：1. 冲击力分析

当物体冲击梁端时，物体的速度迅速降为零，这时，梁端承受的冲击力最大，其值用 F_d 表示。

在最大冲击力作用时（图 15-6b），梁的弯矩方程为

$$M(x) = F_d x$$

因此，梁的应变能为

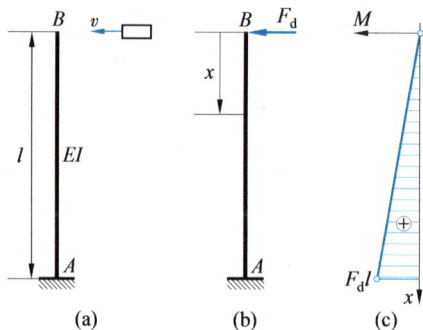

图 15-6

$$V_\varepsilon = \int_0^l \frac{M^2(x)}{2EI}\mathrm{d}x = \int_0^l \frac{F_d^2 x^2}{2EI}\mathrm{d}x = \frac{F_d^2 l^3}{6EI}$$

当冲击力最大时,物体减少的动能为

$$E_k = \frac{Pv^2}{2g}$$

根据能量守恒定律,

$$\frac{F_d^2 l^3}{6EI} = \frac{Pv^2}{2g}$$

于是得

$$F_d = v\sqrt{\frac{3PEI}{gl^3}} \qquad\qquad (a)$$

2. 冲击应力与位移分析

梁的弯矩图如图 15-6c 所示,最大弯矩为

$$M_{d,\max} = F_d l$$

由此得梁内的最大弯曲正应力为

$$\sigma_{d,\max} = \frac{M_{d,\max}}{W} = \frac{F_d l}{W}$$

将式(a)代入上式,得

$$\sigma_{d,\max} = \frac{v}{W}\sqrt{\frac{3PEI}{gl}}$$

冲击力最大时,梁端的挠度最大,其值为

$$\Delta_d = \frac{F_d l^3}{3EI} = v\sqrt{\frac{Pl^3}{3gEI}}$$

例 **15-4**   图 15-7a 所示端部附有物体的杆 AC,自水平位置自由落下,由于支点 B 的阻碍,杆 AC 发生弯曲变形,物体的速度迅速变为零。设杆端所附物体的重量为 P,杆长为 l,弯曲刚度 EI 为常数,杆的质量忽略不计,试计算杆内的最大弯矩。

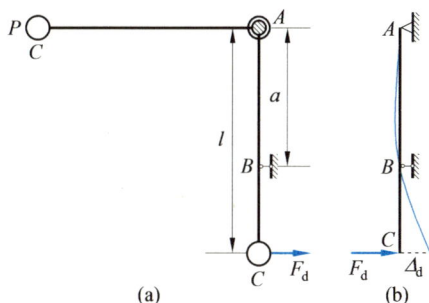

图 15-7

解:由于支点 B 的阻碍,物体的速度迅速降为零。因此,物体减少的势能为

$$E_p = Pl \qquad (a)$$

当物体的速度降为零时,杆端 C 承受的冲击力最大,杆的受力与变形如图 15-7b 所示。在最大冲击力 F_d 作用下,杆端 C 的挠度为[①]

$$\Delta_d = \frac{F_d a^3 l}{3EI}$$

由此得杆的弯曲应变能为

$$V_\varepsilon = W = \frac{F_d \Delta_d}{2} = \frac{F_d^2 a^3 l}{6EI} \qquad (b)$$

根据能量守恒定律,

$$E_p = V_\varepsilon$$

将式(a)与(b)代入上式,得

$$Pl = \frac{F_d^2 a^3 l}{6EI}$$

由此得

$$F_d = \sqrt{\frac{6EIP}{a^3}}$$

---

①   参阅《材料力学 I》(第 4 版) §7-4。

显然,横截面 B 的弯矩最大,其值为

$$\left| M \right|_{\mathrm{d,max}} = \left| M_B \right| = F_{\mathrm{d}}(l-a) = (l-a)\sqrt{\frac{6EIP}{a^3}}$$

例 15-5 图 15-8a 所示吊索-鼓轮系统,吊索下端悬挂一重量为 P 的物体。当鼓轮转动时,重物以速度 v 匀速下降,而当吊索的下降长度(即 BC)为 l 时,鼓轮突然被刹停。设吊索的横截面面积为 A,弹性模量为 E,吊索的质量以及吊重与鼓轮系统的变形均忽略不计,试求鼓轮被刹停时吊索内的应力。

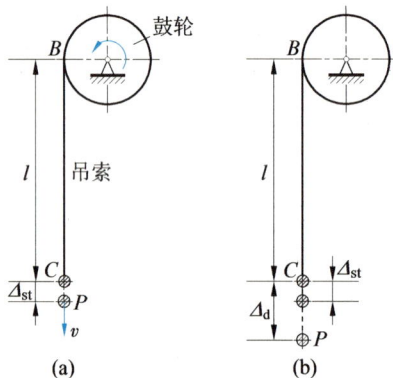

图 15-8

解: 在刹车开始瞬间(图 15-8a),重物的下降速度为 v;在刹车终结时(图 15-8b),重物的下降速度变为零,而吊索的轴向变形则最大。

设刹车开始与终结时吊索的轴向变形分别为 Δ_{st} 与 Δ_{d},可见,由于刹车,吊重减少的机械能为

$$\Delta E = \frac{Pv^2}{2g} + P(\Delta_{\mathrm{d}} - \Delta_{\mathrm{st}})$$

而由式(15-1)可知,吊索增加的应变能则为

$$\Delta V_\varepsilon = \frac{k}{2}(\Delta_{\mathrm{d}}^2 - \Delta_{\mathrm{st}}^2) = \frac{P}{2\Delta_{\mathrm{st}}}(\Delta_{\mathrm{d}}^2 - \Delta_{\mathrm{st}}^2)$$

根据能量守恒定律,于是有

$$\frac{P}{2\Delta_{\mathrm{st}}}(\Delta_{\mathrm{d}}^2 - \Delta_{\mathrm{st}}^2) = \frac{Pv^2}{2g} + P(\Delta_{\mathrm{d}} - \Delta_{\mathrm{st}})$$

由此得吊索的最大轴向变形为

$$\Delta_{\mathrm{d}} = \Delta_{\mathrm{st}}\left(1 + \frac{v}{\sqrt{g\Delta_{\mathrm{st}}}}\right) \tag{a}$$

吊索的轴向静变形为

$$\Delta_{\mathrm{st}} = \frac{Pl}{EA}$$

代入式(a),得

$$\Delta_{\mathrm{d}} = \Delta_{\mathrm{st}} \left(1 + v \sqrt{\frac{EA}{gPl}} \right)$$

由此得吊索的最大拉力为

$$F_{\mathrm{d}} = \frac{P}{\Delta_{\mathrm{st}}} \Delta_{\mathrm{d}} = P \left(1 + v \sqrt{\frac{EA}{gPl}} \right)$$

而吊索横截面上的最大拉应力则为

$$\sigma_{\mathrm{d}} = \frac{P}{A} \left(1 + v \sqrt{\frac{EA}{gPl}} \right)$$

＊§15-4 振 动 应 力

当弹性体系受到某种干扰偏离其平衡位置时,将围绕平衡位置发生振动。由于体系本身弹性恢复力所维持的振动,称为**自由振动**。自由振动的频率,称为**固有频率**。

弹性体系因周期性外力持续作用引起的振动,称为**受迫振动**。例如图 15-9 所示安装有电机的悬臂梁,电机转子以角速度 ω 旋转,由于转子重心偏离转轴,梁受到旋转离心力 F 的作用,其铅垂分量 $F\sin \omega t$ 将使梁发生横向受迫振动。

图 15-9

在受迫振动中,如果干扰力的频率与体系的固有频率相近或相等,则体系振幅将急剧增大。这时,即使很小的干扰力,构件或结构也将发生很大的变形与应力。因此,为了分析构件或结构弹性振动时的应力,必须研究它们的固有频率、受迫振动的振幅及其与振动应力的关系。

一、固有频率计算

弹性振动是一个比较复杂的问题,这里仅研究最基本最简单的情况,即所谓单自由度振动。例如图 15-9 所示梁,如果梁的质量远小于电机质量,而且,由于电机主要沿铅垂方位振动(水平振动可忽略不计),其位置仅用一个参量即可确定,即可简化为单自由度振动。

单自由度振动系统的计算简图如图 15-10a 所示,弹簧代表无质量的弹性构件或结构,重量为 P 的质点代表附于其上的重物,弹簧刚度系数即等于弹性构件或结构的刚度系数 k,因而质点的静位移为

$$\Delta_{st} = \frac{P}{k} \qquad (a)$$

取重物的静平衡位置为坐标轴 x 的原点,在任一位置 x 时,重物受到重力 P 与弹性反力 $k(x+\Delta_{st})$ 的作用(图15-10b),根据牛顿第二定律,于是有

$$\frac{P}{g}\ddot{x} = P - k(x+\Delta_{st})$$

将式(a)代入上式,得

$$\ddot{x} + \frac{kg}{P}x = 0$$

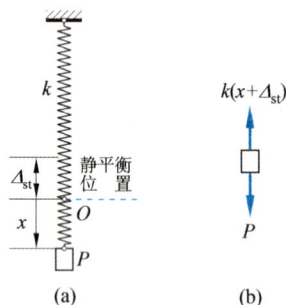

图 15-10

其通解为

$$x = A\sin\left(\sqrt{\frac{kg}{P}}\,t + \alpha\right) = A\sin(\omega_0 t + \alpha)$$

式中:A 为振幅,α 为相角,由初始条件确定;ω_0 为固有频率,其值则为

$$\omega_0 = \sqrt{\frac{kg}{P}} = \sqrt{\frac{k}{M}} \qquad (15-4)$$

式中,M 为重物 P 的质量。

二、受迫振动的振幅

单自由度受迫振动系统的计算简图如图 15-11a 所示,重物上除作用有周期性外力 $F\sin\omega t$ 外,同时还作用有阻力 F_d,并设其值与重物的速度成正比,即

$$F_d = r\dot{x}$$

式中,比值 r 由实验测定。

当重物 P 偏离静平衡位置为 x 时,其受力如图15-11b所示,根据牛顿第二定律,于是有

$$\frac{P}{g}\ddot{x} = P + F\sin\omega t - k(x+\Delta_{st}) - r\dot{x}$$

或

$$\frac{P}{g}\ddot{x}+r\dot{x}+kx=F\sin\omega t$$

考虑到式(15-4),于是得

$$\ddot{x}+2n\dot{x}+\omega_0^2 x=\frac{Fg}{P}\sin\omega t \qquad (b)$$

式中,$n=rg/(2P)$,称为阻尼系数,ω_0 即前述固有频率,n 与 ω_0 的单位相同。

解微分方程(b),得

$$x=Be^{-nt}\sin\left(\sqrt{\omega_0^2-n^2}t+\alpha\right)+A\sin(\omega t+\gamma) \qquad (c)$$

式中,

图 15-11

$$A=\frac{F}{k}\cdot\frac{1}{\sqrt{\left[1-\left(\dfrac{\omega}{\omega_0}\right)^2\right]^2+4\left(\dfrac{n}{\omega_0}\right)^2\left(\dfrac{\omega}{\omega_0}\right)^2}} \qquad (d)$$

式(c)右端的第一项代表自由振动,因为阻尼关系,该振动随时间迅速衰减。第二项代表受迫振动,其振幅为 A,频率等于周期性外力的频率。在周期性外力激励下,受迫振动将一直持续不停。

式(d)右端的系数 F/k,代表在外力幅值 F 作用下,体系的静位移,并用 Δ_F 表示。受迫振动的振幅 A 与静位移 Δ_F 的比值,称为放大系数,并用 β 表示,代表当常力 F 变为周期性外力 $F\sin\omega t$ 后,位移的增长程度。由式(d)可知,

$$\beta=\frac{A}{\Delta_F}=\frac{1}{\sqrt{\left[1-\left(\dfrac{\omega}{\omega_0}\right)^2\right]^2+4\left(\dfrac{n}{\omega_0}\right)^2\left(\dfrac{\omega}{\omega_0}\right)^2}} \qquad (15-5)$$

根据式(15-5),得以阻尼比 n/ω_0 为参数、放大系数 β 与频率比 ω/ω_0 的关系曲线如图 15-12 所示。从该图可以得到以下一些结论:

(1) 当 ω/ω_0 接近于 1 时,放大系数急剧增大,产生共振。但是,在共振的邻域内(例如在 $0.75<\dfrac{\omega}{\omega_0}<1.25$ 的范围内),随着阻尼的增加,放大系数 β 显著降低。

(2) 当 ω/ω_0 远小于 1 或趋于零时,放大系数趋于 1,振幅 A 趋近于 Δ_F 之值。

(3) 当 ω/ω_0 远大于 1 时,放大系数趋于 0,这时,体系可视为仅承受静载荷 P 作用。

三、振动应力分析

弹性振动体系的总变形等于静荷变形与振动附加变形之和。对于沿静荷位

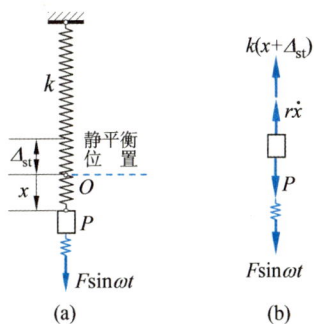

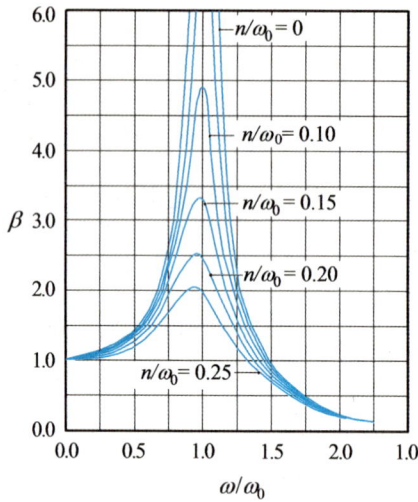

图 15-12

移方位振动的单自由度体系(图 15-13),如果振幅为 A,则最大动位移为

$$\Delta_{\mathrm{d}} = \Delta_{\mathrm{st}} + A = \Delta_{\mathrm{st}}\left(1 + \frac{A}{\Delta_{\mathrm{st}}}\right)$$

在线弹性范围内,构件或结构的应力与位移成正比,因此,由上式得受迫振动构件或结构的最大动应力为

$$p_{\mathrm{d,max}} = p_{\mathrm{st,max}}\left(1 + \frac{A}{\Delta_{\mathrm{st}}}\right) \tag{15-6}$$

式中:p 代表正应力 σ 或切应力 τ;$p_{\mathrm{st,max}}$ 代表在静载荷 P 作用时构件或结构的最大静应力。

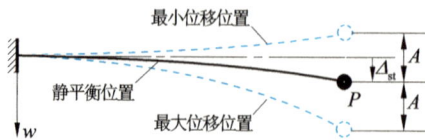

图 15-13

弹性体系受迫振动时,振幅为

$$A = \beta\Delta_F$$

代入式(15-6),于是得受迫振动构件或结构的最大动应力为

$$p_{\mathrm{d,max}} = p_{\mathrm{st,max}}\left(1 + \frac{\Delta_F}{\Delta_{\mathrm{st}}}\beta\right) = p_{\mathrm{st,max}}\left(1 + \frac{F}{P}\beta\right) \tag{15-7}$$

振动应力是一种循环应力,可能引起构件疲劳破坏,因此,其强度条件一般应按疲劳失效准则建立(详见第 16 章)。

例 15-6 图 15-14 所示简支梁,跨度 $l = 3$ m,用 No.28a 工字钢制成,其弹性模量 $E = 200$ GPa。梁上安装一转速为 2 000 r/min、重量为 $P = 12$ kN 的电机,电机转子的离心惯性力为 $F = 4$ kN。阻尼与梁的质量均忽略不计。试计算梁内最大弯曲正应力。

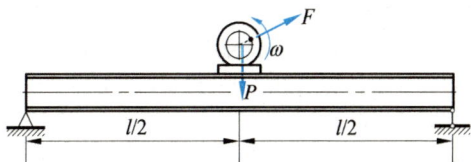

图 15-14

解: 1. 固有频率计算

由型钢表查得,No.28a 工字钢的惯性矩与抗弯截面系数分别为

$$I_z = 7.11 \times 10^{-5} \text{ m}^4, \quad W_z = 5.08 \times 10^{-4} \text{ m}^3$$

梁的刚度系数为

$$k = \frac{48EI_z}{l^3}$$

根据式(15-4),得系统的固有频率为

$$\omega_0 = \sqrt{\frac{48EI_z g}{Pl^3}} = \sqrt{\frac{48(200 \times 10^9 \text{ Pa})(7.11 \times 10^{-5} \text{ m}^4)(9.8 \text{ m/s})}{(12 \times 10^3 \text{ N})(3.0 \text{ m})^3}} = 203 \text{ rad/s}$$

2. 放大系数计算

旋转离心力的频率为

$$\omega = \frac{2\pi}{60} \times (2000 \text{ r/min}) = 209 \text{ rad/s}$$

根据式(15-5),得无阻尼受迫振动的放大系数为

$$\beta = \frac{1}{\left|1 - \left(\frac{\omega}{\omega_0}\right)^2\right|} = \frac{1}{\left|1 - \left(\frac{209 \text{ rad/s}}{203 \text{ rad/s}}\right)^2\right|} = 16.4$$

3. 最大弯曲应力计算

梁的最大弯曲静应力为

$$\sigma_{\text{st,max}} = \frac{Pl}{4W_z} = \frac{(12\times10^3\ \text{N})(3.0\ \text{m})}{4(5.08\times10^{-4}\ \text{m}^3)} = 1.77\times10^6\ \text{Pa}$$

根据式(15-7),于是得梁的最大弯曲动应力为

$$\sigma_{\text{d,max}} = \sigma_{\text{st,max}}\left(1+\frac{F}{P}\beta\right) = (1.77\times10^6\ \text{Pa})\left(1+\frac{4\times10^3\ \text{N}}{12\times10^3\ \text{N}}\times16.4\right)$$

$$= 115\times10^6\ \text{Pa} = 115\ \text{MPa}$$

复　习　题

15-1　何谓动载荷? 何谓静载荷? 二者有何区别?

15-2　当构件或结构处于定常加速运动状态时,如何分析其应力、变形与位移?

15-3　冲击问题分析的基本假设是什么? 如何计算冲击载荷、冲击应力与冲击位移? 如何提高构件或结构的抗冲击性能?

*15-4　如何计算构件或结构的固有频率? 如何计算受迫振动的振幅? 如何分析构件或结构受迫振动时的应力与位移?

习　　题

15-1　图示处于水平状态的等截面直杆,承受轴向载荷 F_1 与 F_2 作用,且 $F_1 = 2F_2$。设杆长为 l,横截面面积为 A,材料密度为 ρ,杆底滚轮的摩擦力忽略不计,试画杆的轴力图。

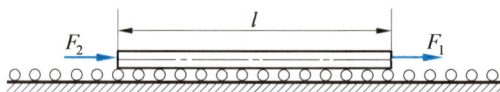

题 15-1 图

15-2　图示圆截面轴 AB,截面 C 处装有飞轮。在矩为 M_A 的扭力偶作用下,轴与飞轮以角加速度 ε 转动。飞轮对旋转轴的转动惯量为 J,轴对旋转轴的转动惯量忽略不计。试画轴的扭矩图。

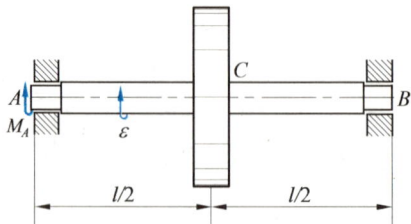

题 15-2 图

15-3 图示处于水平状态的等截面直杆,承受轴向载荷 F 作用。设杆长为 l,横截面面积为 A,弹性模量为 E,材料密度为 ρ,杆底滚轮的摩擦力忽略不计,试求杆内横截面上的最大正应力与杆的轴向变形。

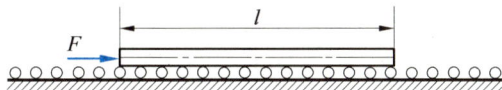

题 15-3 图

15-4 长度为 $l = 180$ mm 的铸铁杆,以角速度 ω 绕轴 $O_1 O_2$ 等速旋转。若铸铁密度 $\rho = 7.54 \times 10^3$ kg/m³,许用应力 $[\sigma] = 40$ MPa,弹性模量 $E = 160$ GPa,试根据杆的强度确定轴的许用转速,并计算杆的轴向相应伸长。

15-5 由两个正圆锥体组成的变截面杆,以角速度 ω 绕轴 $O_1 O_2$ 等速旋转。已知杆长为 $2l$,圆锥体底部截面 A 的直径为 d,材料的密度为 ρ,试求横截面 A 的正应力。

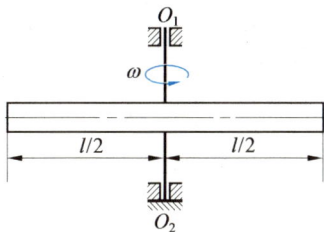 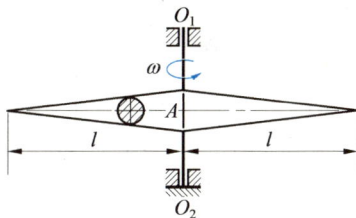

题 15-4 图   题 15-5 图

15-6 图 a 所示涡轮叶片,随涡轮以角速度 ω 匀速转动。设叶片顶端与底端处的半径分别为 R_o 与 R_i,材料的弹性模量为 E,密度为 ρ,许用应力为 $[\sigma]$,叶冠 A 的重量为 W。与离心力相比,叶片重量可以忽略不计。试按各横截面的正应力均等于许用应力的原则,确定叶片截面 x 处的横截面面积 $A(x)$,并计算叶片的轴向变形。

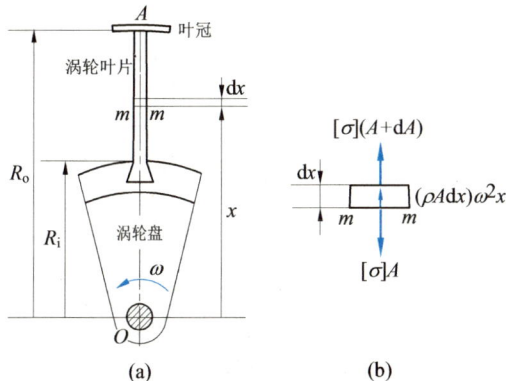

题 15-6 图

提示：叶片微段受力如图 b 所示，具体解法参阅《材料力学 I》(第 4 版)例 2-7。

15-7　图示等截面刚架，以角速度 ω 绕杆段 AB 的轴线匀速转动。设刚架各横截面的面积均为 A，材料的密度均为 ρ，试画刚架的弯矩图。

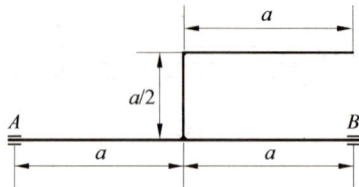

题 15-7 图

15-8　在图示圆轴 AB 上，安装一个带有圆孔的圆盘，轴以角速度 ω 等速旋转。设圆轴的直径为 d，圆盘材料的密度为 ρ，盘上圆孔的直径为 d_1，试计算轴内的最大弯曲正应力。

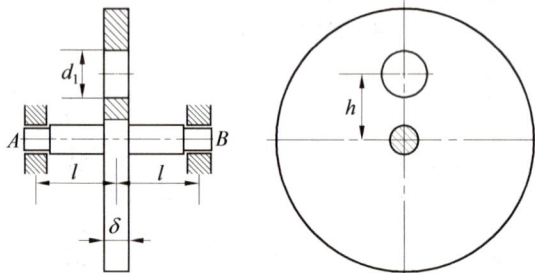

题 15-8 图

15-9　图示圆截面钢杆，直径 d = 20 mm，杆长 l = 2 m，弹性模量 E = 210 GPa，一重量为 P = 500 N 的冲击物，自高度 h = 100 mm 处自由下落。杆的质量与冲击物的变形均忽略不计。试在下列两种情况下，计算钢杆横截面上的最大正应力。

(a) 冲击物直接冲击突缘(图 a)；

(b) 突缘上放有弹簧刚度系数 c = 200 N/mm 的弹簧(图 b)。

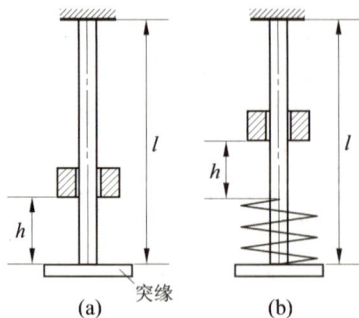

题 15-9 图

15-10   图示正方形截面钢杆,截面变宽 $a = 50$ mm,杆长 $l = 1$ m,材料的弹性模量 $E = 200$ GPa,比例极限 $\sigma_p = 200$ MPa,一重量为 $P = 1$ kN 的物体自高度 h 处自由下落,稳定安全因数 $n_{st} = 2.0$。杆的质量与冲击物的变形均忽略不计,试计算高度 h 的允许值 $[h]$。

15-11   图示等截面刚架,一重量为 $P = 300$ N 的物体,自高度 $h = 50$ mm 处自由下落。设刚架材料的弹性模量 $E = 200$ GPa,刚架的质量与冲击物的变形均忽略不计,试计算截面 A 的最大铅垂位移与刚架内的最大正应力。

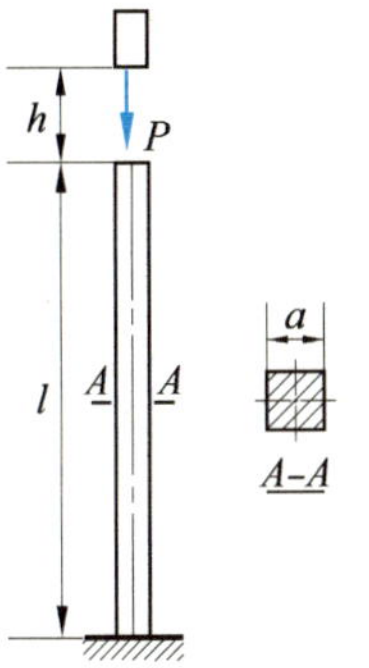

题 15-10 图 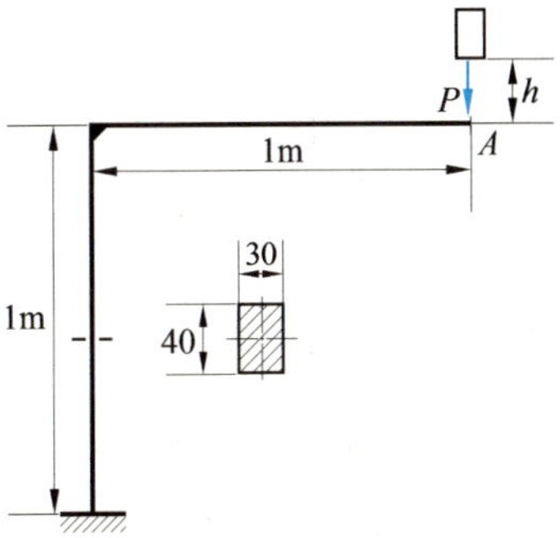   题 15-11 图

15-12   图示圆截面轴 AB,其上装有飞轮 C,轴与飞轮以角速度 ω 等速转动,轴径为 d,飞轮对旋转轴的转动惯量为 J,轴的转动惯量与飞轮的变形均忽略不计,试计算当 A 端突然刹住时轴内的最大扭转切应力。

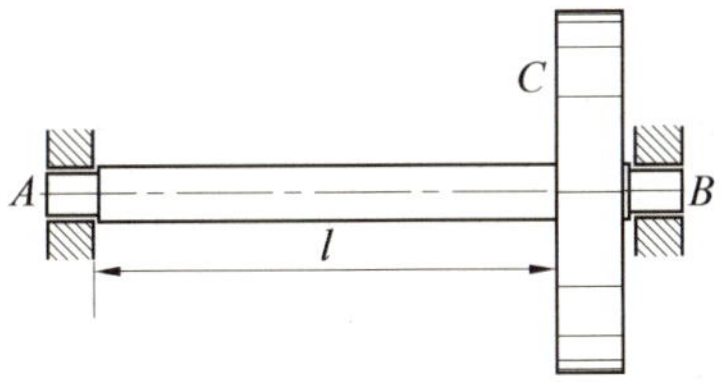

题 15-12 图

提示:飞轮的动能全部转化为轴的扭转应变能。

15-13   如图所示,一重量为 P 的物体,以速度 v 沿水平方向冲击杆端截面 B。已知杆材料的弹性模量为 E,杆的质量与冲击物的变形均忽略不计,试求截面 B 的最大水平位移与杆内的最大正应力。

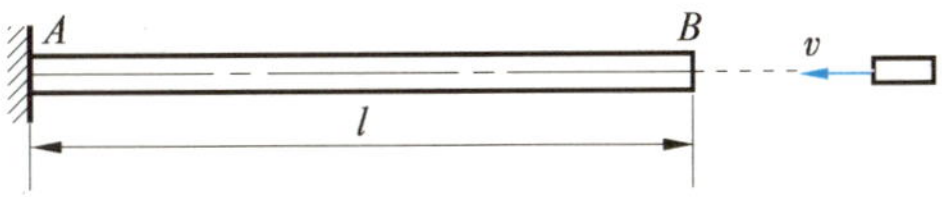

题 15-13 图

15-14 图示两根正方形截面简支梁,一重量为 $P = 600$ N 的物体,自高度 $h = 20$ mm 处自由下落。已知二梁的长度均为 $l = 1$ m,横截面边宽 $a = 30$ mm,弹性模量 $E = 200$ GPa,梁的质量与冲击物的变形均忽略不计,试在下列两种情况下,计算梁内的最大弯曲正应力。

(a)二梁间无间隙;

(b)二梁间的间隙 $\delta = 2$ mm。

15-15 图示小曲率圆环,一重量为 P 的物体自高度 h 处自由下落。已知圆环的平均半径为 R,横截面的直径为 d,弹性模量为 E,圆环的质量与物体的变形均忽略不计,试计算圆环内的最大正应力。

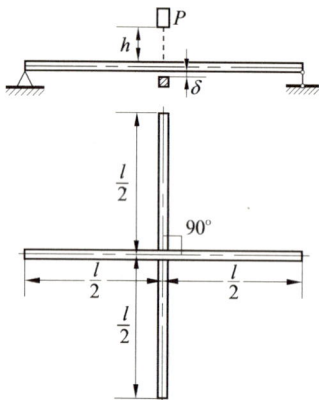

题 15-14 图

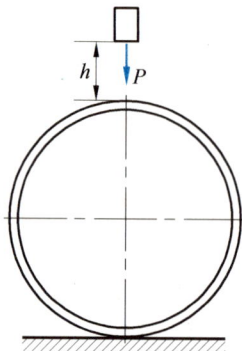

题 15-15 图

提示: 参阅题 14-11。

15-16 如图 a 所示,一重量为 P 的等截面弹性杆,自高度 h 处自由下落,冲击水平刚性平台。设杆长为 l,各截面的拉压刚度均为 EA,试分析杆内的最大冲击正应力。

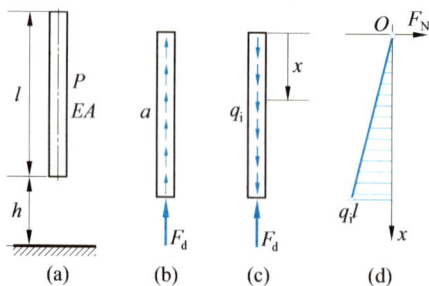

题 15-16 图

解: 1. 杆件外力分析

当杆与平台发生冲击后,速度迅速变为零,这时杆下端承受的冲击力最大。在最大冲击力 F_d 作用下(图 b),杆件各质点产生加速度,从而引起分布惯性力。

作为近似计算,将杆件视为刚体,冲击力 F_d 为主动力,以分析杆件各质点的加速度。按此原则,杆内各质点的加速度数值相等,方向均向上。可见,杆上除作用有冲击力 F_d 外,同时还作用有方向均向下的轴向均布惯性力(图 c),其集度则为

$$q_i = \frac{F_d}{l}$$

2. 冲击载荷与冲击应力分析

杆的轴力方程为

$$F_N(x) = -q_i x$$

由此得杆的应变能为

$$V_\varepsilon = \int_0^l \frac{F_N^2(x)}{2EA} dx = \frac{q_i^2}{2EA} \int_0^l x^2 dx = \frac{q_i^2 l^3}{6EA}$$

当冲击力最大时,杆件各质点的速度均为零,减少的机械能为 Ph,于是有

$$\frac{q_i^2 l^3}{6EA} = Ph$$

由此得

$$q_i = \frac{1}{l} \sqrt{\frac{6EAPh}{l}}$$

杆的轴力图如图 d 所示,于是得杆的最大冲击正应力为

$$\sigma_{c,\max} = \frac{|F_N|_{\max}}{A} = \frac{q_i l}{A} = \sqrt{\frac{6EPh}{Al}}$$

15-17　图 a 所示等截面弹性杆 CD,以速度 v 沿水平方向匀速运动,冲击铅垂弹性梁 AB。设杆的质量为 M,长度为 l,各截面的拉压刚度均为 EA,梁的长度为 $2l$,各截面的弯曲刚度均为 EI,试计算梁内的最大冲击正应力。

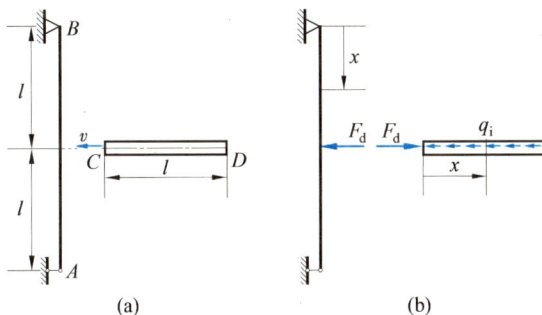

题 15-17 图

提示:冲击力最大时,梁 AB 与杆 CD 的受力如图 b 所示,除最大冲击力 F_d 外,杆 CD 同时还承受均布轴向惯性力 q_i 作用。梁与杆的应变能,均可用冲击力 F_d 表示。冲击力最大时,杆 CD 各质点的速度均为零,杆所损失的动能,全部转化为梁与杆的应变能,于是可确定

冲击力 F_d 的大小。

15-18 图示圆截面轴 AB,长为 l,各截面的扭转刚度均为 GI_p,轴右端安装一刚性圆盘 C,圆盘对坐标轴 x 的转动惯量为 I,圆轴对该轴的转动惯量忽略不计,试求系统扭转振动的固有频率。

15-19 图示外伸梁,由 No.16 工字钢制成,梁长 $l=4$ m,弹性模量 $E=200$ GPa,梁端安装一重量为 $P=1$ kN 的设备,梁的质量忽略不计,试求系统弯曲振动的固有频率 ω_0。

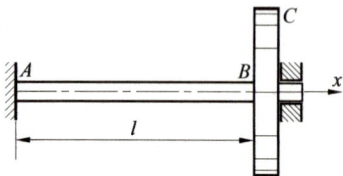

题 15-18 图

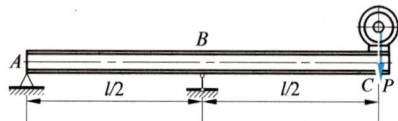

题 15-19 图

15-20 图示悬臂梁,由 No.25a 槽钢制成,弹性模量 $E=200$ GPa。梁端安装一转速为 900 r/min、重量为 $P=1$ kN 的电机,电机转子离心惯性力 $F=200$ N。阻尼与梁的质量均忽略不计,试求:

(a) 梁长 l 多大时,将发生共振;

(b) 为使系统的固有频率 ω_0 为旋转离心力频率 ω 的 1.3 倍,梁长 l 应为何值,并计算梁内最大弯曲正应力。

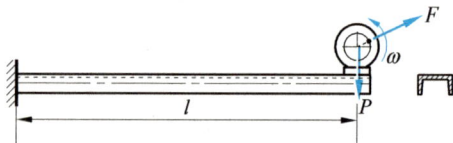

题 15-20 图

第十六章 疲 劳

§ 16-1 引 言

在机械与工程结构中,许多构件常常受到随时间循环变化的应力,即所谓循环应力或交变应力。

例如,随车轮一起转动的火车轮轴(图 5-1a),当车轴以角速度 ω 旋转时,其横截面边缘任一点 A 处(图 16-1a)的弯曲正应力为

$$\sigma_A = \frac{My_A}{I_z} = \frac{MR}{I_z}\sin\omega t$$

上式表明,车轴每旋转一圈,A 点处的材料即经历一次拉、压交替变化的循环应力(图 16-1b),车轴不停地转动,该处材料即不断反复受力。

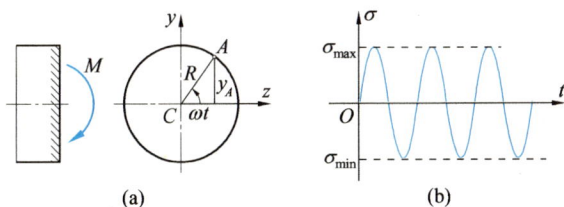

图 16-1

又如,齿轮上的每个齿,自开始啮合到脱开的过程中,齿根上的应力自零增大到某一最大值,然后又逐渐减为零;齿轮不断转动,每个齿即不断反复受力(图 16-2)。

试验表明,在循环应力作用下的构件,虽然所受应力小于材料的静强度极限,但经过应力的多次循环后,构件将产生可见裂纹或完全断裂,而且,即使是塑性很好的材料,断裂时也往往无显著塑性变形。例如图 16-3 所示低碳钢试样,在轴向拉压循环应力作用下破坏时,断口平直且无明显塑性变形。

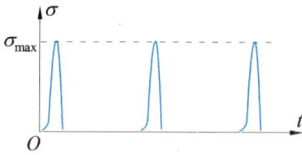

图 16-2

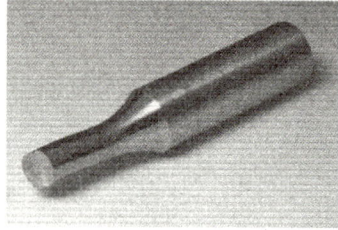

图 16-3

　　在循环应力作用下,构件产生可见裂纹或完全断裂的现象,称为**疲劳破坏,**简称**疲劳**。

　　图 16-4a 所示为传动轴疲劳破坏断口的照片。可以看出,断口呈现两个区域(图 16-4b),一为光滑区,另一为粗粒状区。

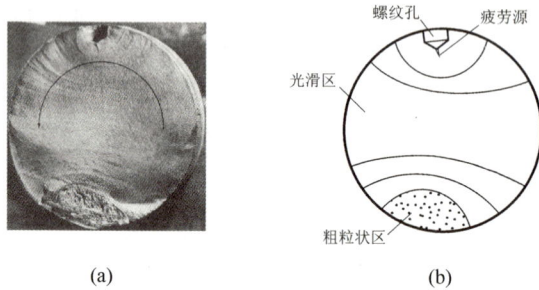

(a)

(b)

图 16-4

　　此外,由于近代测试技术的发展,人们还发现,在疲劳断裂前,在断口位置早已出现细微裂纹,并随着应力循环数的增加而扩展(图 16-5)。

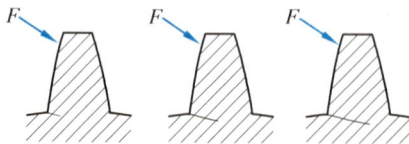

图 16-5

　　经过长期观察与研究,人们对疲劳破坏的过程与机理,逐渐有所认识。原来,当循环应力的大小超过一定限度并经历了足够多次循环后,在构件内部应力最大或材质薄弱处,将产生细微裂纹即所谓**疲劳源**,这种裂纹随着应力循环次数增加而不断扩展,并逐渐形成为宏观裂纹。在扩展过程中,由于应力循环变化,裂纹两表面的材料时而互相挤压,时而分离,或时而正向错动,时而反向错动,从而形成断口的光滑区。另一方面,由于裂纹不断扩展,当裂纹尺寸达到一定长度时(见§16-8),构件将突然发生断裂,断口的粗粒状区就是突然断裂造成的。因此,疲劳破坏的过程,可理解为裂纹萌生、逐渐扩展与最后断裂的过程。

以上情况表明,构件发生疲劳破坏前,既无明显塑性变形,而裂纹的形成与扩展又不易及时发现,因此,疲劳破坏常常带有突发性,往往造成严重后果。据统计,在机械与航空等领域中,大部分损伤事故是由疲劳破坏造成的。因此,对于承受循环应力的机械设备与结构,应该十分重视其疲劳强度问题。

本章主要研究构件在循环应力作用下的疲劳强度与疲劳强度计算,简要介绍变幅循环应力与累积损伤理论,以及含裂纹构件的力学行为与疲劳寿命估算等概念。

§16-2 循环应力及其类型

最常见、最基本的循环应力为图16-6所示恒幅循环应力。应力在两个恒定的极值之间周期性变化。

在一个应力循环中,应力的极大与极小值,分别称为**最大应力**与**最小应力**。最大应力与最小应力的代数平均值,称为**平均应力**,并用 σ_m 表示,即

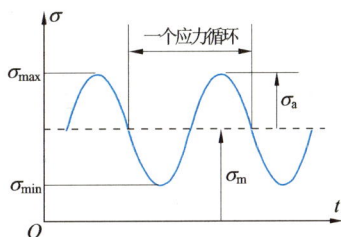

图 16-6

$$\sigma_m = \frac{\sigma_{max} + \sigma_{min}}{2} \qquad (16-1)$$

最大应力与最小应力的代数差之半,称为**应力幅**,并用 σ_a 表示,即

$$\sigma_a = \frac{\sigma_{max} - \sigma_{min}}{2} \qquad (16-2)$$

最小应力与最大应力的比值,称为**应力比**或**循环特征**,并用 r 表示,即

$$r = \frac{\sigma_{min}}{\sigma_{max}} \qquad (16-3)$$

最大应力与最小应力的数值相等、正负符号相反的循环应力(图16-7a),称为**对称循环应力**,其应力比 $r=-1$。最小应力为零的循环应力(图16-7b),称为**脉动循环应力**,其应力比 $r=0$。图16-1b与图16-2所示应力,即分别为对称与脉动循环应力的实例。

除对称循环外,所有应力比 $r \neq -1$ 的循环应力,均属于非对称循环应力。所以,脉动循环应力也是一种非对称循环应力。

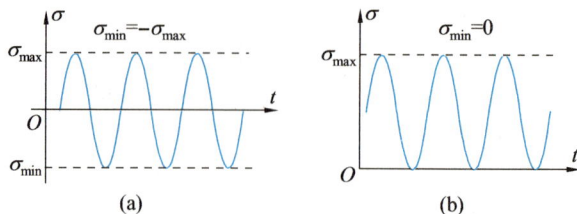

图 16-7

以上关于循环应力的概念,均采用正应力表示。当循环应力为切应力时,上述概念仍然适用,只需将正应力 σ 改为切应力 τ 即可。

§16-3 *S-N* 曲线与材料的疲劳极限

材料在循环应力作用下的强度由试验测定,最常用的试验是旋转弯曲疲劳试验。

一、疲劳试验与 *S-N* 曲线

首先,准备一组材料与尺寸(直径为 6 mm ~ 10 mm)均相同、且表面磨光的试样。试验时,将试样的一端安装在疲劳试验机的夹头内(图 16-8),并由电机带动而旋转,在试样的另一端,则通过轴承悬挂砝码,使试样处于弯曲受力状态。于是,试样每旋转一圈,横截面边缘任一点处的材料即经历一次对称循环应力。试验一直进行到试样断裂为止。

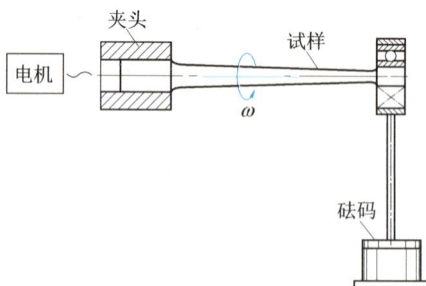

图 16-8

试验中,由计数器记下试样断裂时所旋转的总圈数,即所经历的应力循环数 N,称为疲劳寿命。同时,根据试样的尺寸与砝码的重量,按弯曲正应力公式 $\sigma = M/W$,计算试样横截面上的最大正应力。对同组试样悬挂不同重量的砝码进行

疲劳试验,得到一组关于最大正应力 σ 与相应疲劳寿命 N 的数据。

在以最大应力为纵坐标、疲劳寿命的对数值 $\lg N$ 为横坐标的平面内,最大应力与疲劳寿命间的关系曲线,称为 **$S-N$ 曲线**①。例如,高速钢与 45 钢的 $S-N$ 曲线如图 16-9a 所示。

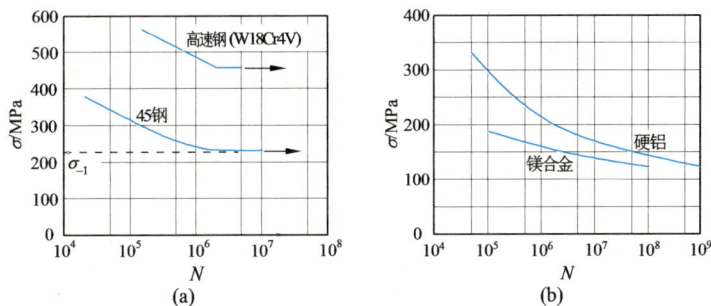

图 16-9

二、疲劳极限

试验表明,一般钢与灰口铸铁的 $S-N$ 曲线均存在水平渐近线。$S-N$ 曲线水平渐近线的纵坐标所对应的应力,称为**材料的持久极限**。持久极限代表材料能经受"无限"次应力循环而不发生疲劳破坏的最大应力值。持久极限用 σ_r 或 τ_r 表示,下标 r 代表应力比。例如图 16-9a 中的 σ_{-1} 即代表材料在对称循环应力下的持久极限。

有色金属及其合金的 $S-N$ 曲线一般不存在水平渐近线(图 16-9b)。对于这类材料,通常根据构件的使用要求,以某一指定寿命 N_0(例如 $10^7 \sim 10^8$)所对应的应力作为极限应力。在 $S-N$ 曲线中,与某一指定寿命 N_0 所对应的应力,称为**材料的疲劳极限**或**条件疲劳极限**。为叙述简单,以后将持久极限与疲劳极限统称为疲劳极限。

同样,也可通过试验测量材料在轴向拉压或扭转等循环应力下的疲劳极限。

试验发现,钢材的疲劳极限与其静强度极限之间,存在下述经验关系:

$$\left.\begin{array}{l} \sigma_{-1}^{\text{弯}} \approx (0.4 \sim 0.5)\sigma_{\text{b}} \\[2mm] \sigma_{-1}^{\text{拉-压}} \approx (0.33 \sim 0.59)\sigma_{\text{b}} \\[2mm] \tau_{-1}^{\text{扭}} \approx (0.23 \sim 0.29)\sigma_{\text{b}} \\[2mm] \sigma_{0}^{\text{弯}} \approx 1.7\sigma_{-1}^{\text{弯}} \end{array}\right\} \tag{16-4}$$

---

① S 为 *Stress* 的第一个字母,代表应力,包括正应力与切应力。

由上述关系可以看出，在循环应力作用下，材料抵抗破坏的能力显著降低。

§16-4　影响构件疲劳极限的主要因素

以上所述材料的疲劳极限，是利用表面磨光、横截面尺寸无突然变化以及直径为 6 mm~10 mm 的标准试样测得的。

试验表明，构件的疲劳极限与材料的疲劳极限不同，它不仅与材料有关，而且与构件的外形、横截面尺寸以及表面状况等因素相关。

一、构件外形的影响

试验表明，应力集中促使疲劳裂纹的形成与扩展，因此，应力集中对疲劳强度有显著影响。

对称循环应力作用下，光滑试样的疲劳极限，与同样尺寸但存在应力集中的试样的疲劳极限之比值，称为**有效应力集中因数**或**疲劳缺口因数**，并用 K_σ 或 K_τ 表示。

图 16-10、图 16-11 与 16-12 分别给出了阶梯形圆截面钢轴在对称循环弯曲、轴向拉-压与对称循环扭转时的有效应力集中因数。

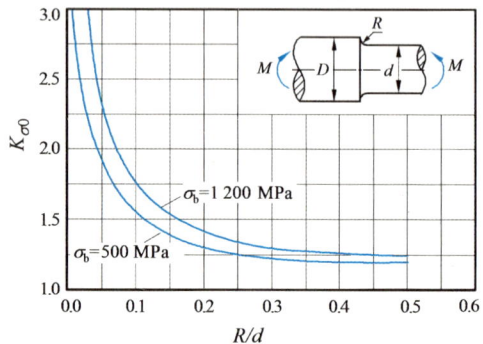

图 16-10

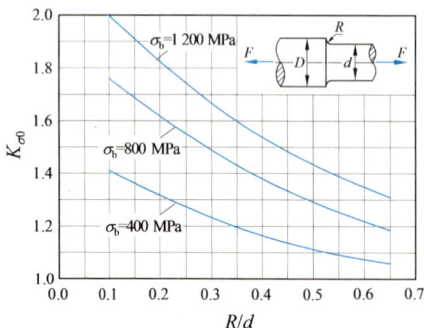

图 16-11

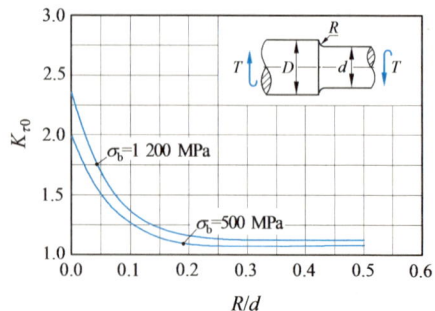

图 16-12

应该指出，上述曲线是在 $D/d = 2$ 且 $d = 30 \sim 50$ mm 的条件下所测得。如果 $D/d < 2$，则有效应力集中因数为

$$K_\sigma = 1 + \xi(K_{\sigma 0} - 1) \tag{16-5}$$
$$K_\tau = 1 + \xi(K_{\tau 0} - 1) \tag{16-6}$$

式中:$K_{\sigma 0}$ 与 $K_{\tau 0}$ 为 $D/d = 2$ 时的有效应力集中因数;ξ 为修正因数,其值与 D/d 有关,可由图 16-13 查得。至于其他情况下的有效应力集中因数,可查阅本章后的附表 1、附表 2 及有关手册①。

有效应力集中因数也可通过材料疲劳强度对应力集中的敏感系数 q 确定,其定义为

$$q_\sigma = \frac{K_\sigma - 1}{K_{t\sigma} - 1} \tag{16-7}$$

$$q_\tau = \frac{K_\tau - 1}{K_{t\tau} - 1} \tag{16-8}$$

式中,$K_{t\sigma}$ 与 $K_{t\tau}$ 代表理论应力集中因数(见 §2-6)。于是由上述二式分别得

$$K_\sigma = 1 + q_\sigma(K_{t\sigma} - 1) \tag{16-9}$$
$$K_\tau = 1 + q_\tau(K_{t\tau} - 1) \tag{16-10}$$

可以看出,如果 $q_\sigma = q_\tau = 0$,则 $K_\sigma =$

图 16-13

$K_\tau = 1$,说明材料的疲劳强度对应力集中不敏感。如果 $q_\sigma = q_\tau = 1$,则 $K_\sigma = K_{t\sigma}$ 与 $K_\tau = K_{t\tau}$,说明材料的疲劳强度对应力集中十分敏感。

对于钢材,敏感系数之值可采用下述经验公式确定:

$$q = \frac{1}{1 + \sqrt{\dfrac{A}{R}}} \tag{16-11}$$

式中:R 为缺口(如沟槽及圆孔)的曲率半径;$\sqrt{A}$ 为材料常数,其值与材料的强度极限 σ_b 以及屈服应力与强度极限的比值 σ_s/σ_b 有关(图 16-14)。

图 16-14 有两个横坐标,一为强度极限 σ_b,另一为屈强比 σ_s/σ_b。当需求 q_σ 时,可分别根据强度极限与屈强比由该图求出两个 $\sqrt{A}$ 值,然后将其平均值代入式(16-11)即可确定 q_σ。当需求 q_τ 时,则只需根据屈强比求出 $\sqrt{A}$ 值并代入该式即可。

对于铝合金,计算敏感系数的经验公式则为

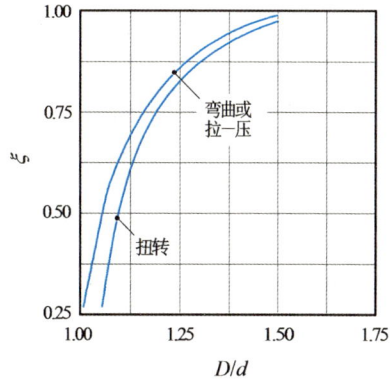

① 杜庆华主编,《工程力学手册》,第 4 篇第 12 章,北京:高等教育出版社,1994。

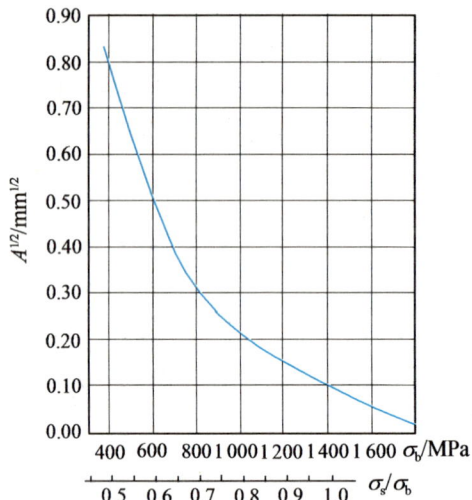

图 16-14

$$q = \cfrac{1}{1 + \cfrac{0.9}{R}} \qquad\qquad (16-12)$$

应该指出,目前对敏感系数的研究尚不充分。因此,确定有效应力集中因数最可靠的方法,是直接进行试验或查阅有关试验数据。但在资料缺乏时,通过敏感系数确定有效应力集中因数,仍不失为是一个相当有效的办法。

由图 16-10~图 16-12 可以看出:圆角半径 R 愈小,有效应力集中因数愈大;材料的静强度极限 σ_b 愈高,应力集中对疲劳极限的影响愈显著。

因此,对于在循环应力下工作的构件,尤其是用高强度材料制成的构件,设计时应尽量减小应力集中。例如:增大圆角半径;减小相邻杆段横截面的粗细差别;采用凹槽结构(图 16-15a);设置卸荷槽(图 16-15b);将必要的孔与沟槽配置在构件的低应力区;等等。这些措施均能显著提高构件的疲劳强度。

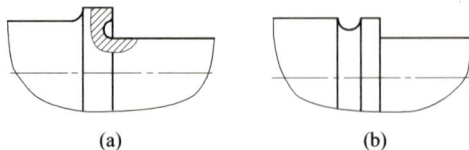

(a)   (b)

图 16-15

二、构件截面尺寸的影响

弯曲与扭转疲劳试验均表明,疲劳极限随构件横截面尺寸的增大而降低。

对称循环应力作用下,光滑大尺寸试样的疲劳极限与光滑小尺寸试样的疲劳极限的比值,称为尺寸因数,并用 ε_σ 或 ε_τ 表示。图 16-16 给出了圆截面钢轴在对称循环弯曲与对称循环扭转时的尺寸因数。

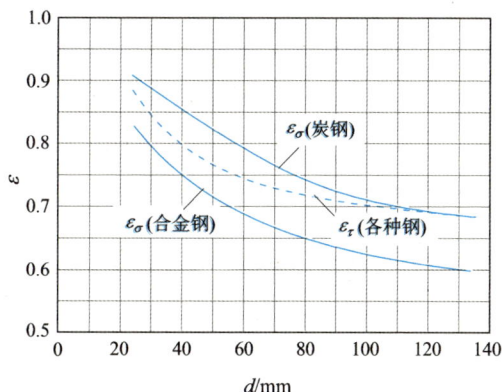

图 16-16

可以看出:试样的直径 d 愈大,疲劳极限降低愈多;材料的静强度愈高,截面尺寸对构件疲劳极限的影响愈显著。

弯曲与扭转疲劳极限随截面尺寸增大而降低的原因,可通过图 16-17 加以说明。图中所示为承受弯曲作用的两根直径不同的试样,在最大弯曲正应力相同的条件下,大试样的高应力区比小试样的高应力区厚,因而处于高应力状态的晶粒多。所以,在大试样中,疲劳裂纹更易于形成并扩展,疲劳极限因而降低。另一方面,高强度钢的晶粒较小,在尺寸相同的情况下,晶粒愈小,则高应力区所包含的晶粒愈多,愈易产生疲劳裂纹。

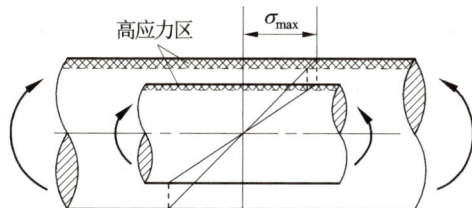

图 16-17

轴向加载时,光滑试样横截面上的应力均匀分布,截面尺寸的影响不大,可取尺寸因数 $\varepsilon_\sigma \approx 1$。

三、表面加工质量的影响

最大应力一般发生在构件表层,同时,构件表层又常常存在各种缺陷(刀痕与擦伤等),因此,构件表面的加工质量与表层状况,对构件的疲劳强度也存在显著影响。

对称循环应力作用下,用某种方法加工试样的疲劳极限,与磨削加工试样的疲劳极限的比值,称为**表面质量因数**,并用 β 表示。其值与加工方法的关系如图16-18 所示。

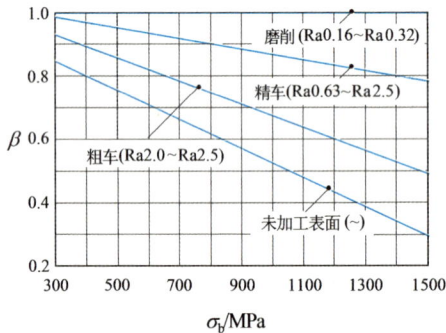

图 16-18

可以看出:表面加工质量愈差,疲劳极限降低愈多;材料的静强度愈高,加工质量对构件疲劳极限的影响愈显著。

因此,对于在循环应力下工作的重要构件,特别是在存在应力集中的部位,应当力求采用高质量的表面加工,而且,愈是采用高强度材料,愈应讲究加工方法。

还应指出,由于疲劳裂纹大多起源于构件表层,因此,提高构件表层材料的强度、改善表层的应力状况,例如渗碳、渗氮、高频淬火、表层滚压与喷丸等,均为提高构件疲劳强度的重要措施。

§16-5   对称循环应力下的疲劳强度计算

由以上分析可知,当考虑应力集中、截面尺寸、表面加工质量等因素的影响以及必要的安全因数后,拉压杆或梁在对称循环应力下的许用应力为

$$[\sigma_{-1}] = \frac{\varepsilon_\sigma \beta}{n_f K_\sigma} \sigma_{-1}$$

式中:σ_{-1}代表材料在轴向拉-压或弯曲对称循环应力下的疲劳极限;n_f为疲劳安全因数,其值为 1.4~1.7。所以,拉压杆或梁在对称循环应力下的强度条件为

$$\sigma_{max} \leqslant [\sigma_{-1}] = \frac{\varepsilon_\sigma \beta \sigma_{-1}}{n_f K_\sigma} \tag{16-13}$$

式中,σ_{max}代表拉压杆或梁横截面上的最大工作应力。

在机械设计中,通常将构件的疲劳强度条件写成比较安全因数的形式,要求构件对于疲劳破坏的实际安全裕度或工作安全因数,不小于规定的安全因数。于是,由式(16-13)得拉压杆或梁在对称循环应力下的工作安全因数为

$$n_\sigma = \frac{\varepsilon_\sigma \beta \sigma_{-1}}{K_\sigma \sigma_{max}} \tag{16-14}$$

而相应疲劳强度条件则为

$$n_\sigma = \frac{\varepsilon_\sigma \beta \sigma_{-1}}{K_\sigma \sigma_{max}} \geqslant n_f \tag{16-15}$$

同理,轴在对称循环扭转切应力下的工作安全因数为

$$n_\tau = \frac{\varepsilon_\tau \beta \tau_{-1}}{K_\tau \tau_{max}} \tag{16-16}$$

而相应疲劳强度条件则为

$$n_\tau = \frac{\varepsilon_\tau \beta \tau_{-1}}{K_\tau \tau_{max}} \geqslant n_f \tag{16-17}$$

式中,τ_{max}代表轴的最大扭转切应力。

例 16-1　图 16-19 所示阶梯形圆截面轴,由铬镍合金钢制成,承受对称循环的交变弯矩,其最大值 $M_{max} = 700\ N \cdot m$。已知轴径 $D = 50\ mm$,$d = 40\ mm$,圆角半径 $R = 5\ mm$,强度极限 $\sigma_b = 1\ 200\ MPa$,材料在弯曲对称循环应力下的疲劳极限 $\sigma_{-1} = 480\ MPa$,疲劳安全因数 $n_f = 1.6$,轴表面经精车加工,试校核轴的疲劳强度。

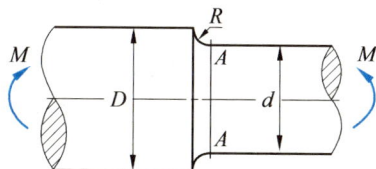

图 16-19

解：1.计算工作应力

危险截面位于细轴左端的横截面 A-A 处,最大弯曲正应力为

$$\sigma_{\max} = \frac{32M_{\max}}{\pi d^3} = \frac{32(700\ \text{N}\cdot\text{m})}{\pi\ (0.040\ \text{m})^3} = 1.11 \times 10^8\ \text{Pa}$$

2. 确定影响因数

阶梯形轴在粗细过渡处具有下述几何特征:

$$\frac{R}{d} = \frac{0.005\ \text{m}}{0.040\ \text{m}} = 0.125$$

$$\frac{D}{d} = \frac{0.050\ \text{m}}{0.040\ \text{m}} = 1.25$$

由图 16-10 与图 16-13,分别查得

$$K_{\sigma 0} = 1.7$$

$$\xi = 0.87$$

将其代入式(16-5),得有效应力集中因数为

$$K_{\sigma} = 1+0.87\times(1.7-1) = 1.61$$

由图 16-16 与图 16-18,得尺寸因数与表面质量因数分别为

$$\varepsilon_{\sigma} = 0.755$$

$$\beta = 0.84$$

3. 校核疲劳强度

将以上数据代入式(16-14),于是得危险截面的工作安全因数为

$$n_{\sigma} = \frac{\varepsilon_{\sigma}\beta\sigma_{-1}}{K_{\sigma}\sigma_{\max}} = \frac{0.755\times0.84\times(480\times10^6\ \text{Pa})}{1.61\times(1.11\times10^8\ \text{Pa})} = 1.70 > n_{\text{f}}$$

可见,该阶梯形轴符合疲劳强度要求。

*§16-6　非对称与弯扭组合循环应力下的疲劳强度计算

一、非对称循环应力下构件的强度条件

材料在非对称循环应力下的疲劳极限 σ_r 或 τ_r 也由试验测定,对于实际构件,同样也应考虑应力集中、截面尺寸与表面加工质量等因素的影响。根据分析结果[1],在应力比保持恒定的条件下,拉压杆与梁的疲劳强度条件为

---

[1]　单辉祖主编,《材料力学》(修订版):下册,§13-6.北京:国防工业出版社,1990。

$$n_\sigma = \frac{\sigma_{-1}}{\dfrac{K_\sigma}{\varepsilon_\sigma \beta}\sigma_a + \sigma_m \psi_\sigma} \geqslant n_f \qquad (16\text{-}18)$$

轴的疲劳强度条件则为

$$n_\tau = \frac{\tau_{-1}}{\dfrac{K_\tau}{\varepsilon_\tau \beta}\tau_a + \tau_m \psi_\tau} \geqslant n_f \qquad (16\text{-}19)$$

在以上二式中:σ_m 与 σ_a(或 τ_m 与 τ_a)分别代表构件危险点处的平均应力与应力幅;$K_\sigma, \varepsilon_\sigma$(或 K_τ, ε_τ)与 β 依次代表对称循环时的有效应力集中因数、尺寸因数与表面质量因数;ψ_σ 与 ψ_τ 代表材料疲劳强度对于应力循环非对称性的敏感程度,称为敏感因数,其值为

$$\psi_\sigma = \frac{2\sigma_{-1} - \sigma_0}{\sigma_0} \qquad (16\text{-}20)$$

$$\psi_\tau = \frac{2\tau_{-1} - \tau_0}{\tau_0} \qquad (16\text{-}21)$$

式中,σ_0 与 τ_0 代表材料在脉动循环应力下的疲劳极限。ψ_σ 与 ψ_τ 之值也可从有关手册中查到。

二、弯扭组合循环应力下构件的强度条件

根据第三强度理论,构件在弯扭组合变形时的静强度条件为

$$\sqrt{\sigma_{max}^2 + 4\tau_{max}^2} \leqslant \frac{\sigma_s}{n}$$

式中,σ_{max} 与 τ_{max} 代表构件危险点处的工作应力。将上式两边平方后同除以 σ_s^2,并将 $\tau_s = \sigma_s/2$ 代入,则上式变为

$$\frac{1}{\left(\dfrac{\sigma_s}{\sigma_{max}}\right)^2} + \frac{1}{\left(\dfrac{\tau_s}{\tau_{max}}\right)^2} \leqslant \frac{1}{n^2}$$

式中,比值 σ_s/σ_{max} 与 τ_s/τ_{max} 可分别理解为仅考虑弯曲正应力与扭转切应力的工作安全因数,并分别用 n_σ 与 n_τ 表示,于是,上式又可改写作

$$\frac{1}{n_\sigma^2} + \frac{1}{n_\tau^2} \leqslant \frac{1}{n^2}$$

或

$$\frac{n_\sigma n_\tau}{\sqrt{n_\sigma^2 + n_\tau^2}} \geqslant n$$

　　试验表明,上述形式的静强度条件,可推广应用于弯扭组合循环应力下的构件①。在这种情况下,n_σ 与 n_τ 应分别按式(16-14)、式(16-16)或式(16-18)、式(16-19)进行计算,而静强度安全因数则相应改用疲劳安全因数 n_f 代替。因此,构件在弯扭组合循环应力下的疲劳强度条件为

$$n_{\sigma\tau} = \frac{n_\sigma n_\tau}{\sqrt{n_\sigma^2 + n_\tau^2}} \geqslant n_f \tag{16-22}$$

式中,$n_{\sigma\tau}$ 代表构件在弯扭组合循环应力下的工作安全因数。

　　例 16-2　图 16-20 所示圆截面钢杆,承受非对称循环的轴向载荷 F 作用,其最大与最小值分别为 $F_{max} = 100\ \text{kN}$ 与 $F_{min} = 10\ \text{kN}$。已知杆径 $D = 50\ \text{mm}$,$d = 40\ \text{mm}$,圆角半径 $R = 5\ \text{mm}$,强度极限 $\sigma_b = 600\ \text{MPa}$,材料在拉压对称循环应力下的疲劳极限 $\sigma_{-1}^{拉-压} = 170\ \text{MPa}$,敏感因数 $\psi_\sigma = 0.05$,疲劳安全因数 $n_f = 2$,杆表面经精车加工,试校核杆的疲劳强度。

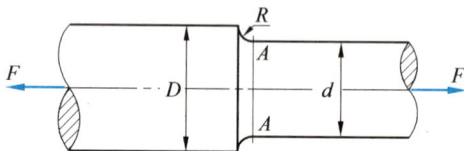

图 16-20

　　解:1.计算工作应力

　　在非对称循环的轴向载荷作用下,危险截面 $A-A$ 承受非对称循环的交变正应力,其最大与最小值分别为

$$\sigma_{max} = \frac{4F_{max}}{\pi d^2} = \frac{4(100 \times 10^3\,\text{N})}{\pi\,(0.040\ \text{m})^2} = 7.96 \times 10^7\ \text{Pa}$$

$$\sigma_{min} = \frac{4F_{min}}{\pi d^2} = \frac{4(10 \times 10^3\,\text{N})}{\pi\,(0.040\ \text{m})^2} = 7.96 \times 10^6\ \text{Pa}$$

由此得相应平均应力与应力幅分别为

$$\sigma_m = \frac{\sigma_{max} + \sigma_{min}}{2} = \frac{7.96 \times 10^7\ \text{Pa} + 7.96 \times 10^6\,\text{Pa}}{2} = 4.38 \times 10^7\,\text{Pa}$$

$$\sigma_a = \frac{\sigma_{max} - \sigma_{min}}{2} = \frac{7.96 \times 10^7\ \text{Pa} - 7.96 \times 10^6\ \text{Pa}}{2} = 3.58 \times 10^7\,\text{Pa}$$

　　2. 确定影响因数

---

　　①　上述形式的强度条件同样也可利用第四强度理论建立。

阶梯形杆在粗细过渡处具有下述几何特征：

$$\frac{R}{d} = \frac{0.005 \text{ m}}{0.040 \text{ m}} = 0.125$$

$$\frac{D}{d} = \frac{0.050 \text{ m}}{0.040 \text{ m}} = 1.25$$

由图 16-11,查得 $D/d = 2$ 与 $R/d = 0.125$ 时钢材的 $K_{\sigma 0}$ 值如下：

当 $\sigma_b = 400$ MPa 时, $K_{\sigma 0} = 1.38$

当 $\sigma_b = 800$ MPa 时, $K_{\sigma 0} = 1.72$

对于 $\sigma_b = 600$ MPa 的钢材,利用线性插入法,得

$$K_{\sigma 0} = 1.38 + \frac{600 - 400}{800 - 400}(1.72 - 1.38) = 1.55$$

由图 16-13,查得 $D/d = 1.25$ 时的修正因数为

$$\xi = 0.85$$

将所得 $K_{\sigma 0}$ 与 ξ 值代入式(16-5),得杆的有效应力集中因数为

$$K_\sigma = 1 + 0.85 \times (1.55 - 1) = 1.47$$

由图 16-18,查得表面质量因数为

$$\beta = 0.94$$

此外,在轴向受力的情况下,尺寸因数为

$$\varepsilon_\sigma \approx 1$$

3. 校核疲劳强度

根据式(16-18),截面 A-A 的工作安全因数为

$$n_\sigma = \frac{\sigma_{-1}}{\sigma_a \dfrac{K_\sigma}{\varepsilon_\sigma \beta} + \psi_\sigma \sigma_m}$$

代入相关数据,于是得

$$n_\sigma = \frac{170 \times 10^6 \text{ Pa}}{(3.58 \times 10^7 \text{ Pa})\left(\dfrac{1.47}{1 \times 0.94}\right) + 0.05 \times (4.38 \times 10^7 \text{ Pa})} = 2.92 > n_f$$

可见,杆的疲劳强度符合要求。

例 16-3　图 16-21 所示钢轴,在危险截面 A-A 上,内力为同相位的对称循环交变弯矩与交变扭矩,其最大值分别为 $M_{max} = 1.5$ kN · m 与 $T_{max} = 2.0$ kN · m。已知轴径 $D = 60$ mm, $d = 50$ mm,圆角半径 $R = 5$ mm,强度极限 $\sigma_b = $

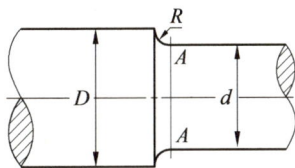

图 16-21

1 100 MPa,对称循环应力下,材料的弯曲疲劳极限 $\sigma_{-1} = 540$ MPa,扭转疲劳极限 $\tau_{-1} = 310$ MPa,轴表面经磨削加工,疲劳安全因数 $n_f = 1.5$,试校核轴的疲劳强度。

解: 1.计算工作应力

在对称循环的交变弯矩与交变扭矩作用下,截面 A-A 上的最大弯曲正应力与最大扭转切应力分别为

$$\sigma_{max} = \frac{32M_{max}}{\pi d^3} = \frac{32(1.5 \times 10^3 \text{ N} \cdot \text{m})}{\pi(0.050\text{m})^3} = 1.22 \times 10^8 \text{ Pa}$$

$$\tau_{max} = \frac{16T_{max}}{\pi d^3} = \frac{16(2.0 \times 10^3 \text{ N} \cdot \text{m})}{\pi(0.050 \text{ m})^3} = 8.15 \times 10^7 \text{ Pa}$$

2. 确定影响因数

根据 $D/d = 1.2$, $R/d = 0.10$ 与 $\sigma_b = 1\,100$ MPa,由图 16-10、图 16-12 与图 16-13,以及式(16-5)与式(16-6),得有效应力集中因数为

$$K_\sigma = 1 + 0.80 \times (1.70 - 1) = 1.56$$

$$K_\tau = 1 + 0.74 \times (1.35 - 1) = 1.26$$

由图 16-16 与图 16-18,得尺寸因数与表面质量因数分别为

$$\varepsilon \approx 0.70$$

$$\beta = 1.0$$

3. 校核疲劳强度

将以上数据分别代入式(16-14)与式(16-17),得

$$n_\sigma = \frac{\varepsilon_\sigma \beta \sigma_{-1}}{K_\sigma \sigma_{max}} = \frac{0.70 \times 1.0 \times (540 \times 10^6 \text{ Pa})}{1.56 \times (1.22 \times 10^8 \text{ Pa})} = 1.99$$

$$n_\tau = \frac{\varepsilon_\tau \beta \tau_{-1}}{K_\tau \tau_{max}} = \frac{0.70 \times 1.0 \times (310 \times 10^6 \text{ Pa})}{1.26 \times (8.15 \times 10^7 \text{ Pa})} = 2.11$$

再将上述结果代入式(16-22),于是得

$$n_{\sigma\tau} = \frac{n_\sigma n_\tau}{\sqrt{n_\sigma^2 + n_\tau^2}} = \frac{1.99 \times 2.11}{\sqrt{1.99^2 + 2.11^2}} = 1.45$$

$n_{\sigma\tau}$ 略小于 n_f,但其差值小于 n_f 值的 5%,所以,仍可认为轴的疲劳强度符合要求。

* §16-7　变幅循环应力与累积损伤理论概念简介

对于在恒幅循环应力下工作的构件,只要将最大应力控制在构件的疲劳极

限之内,即无发生疲劳破坏的危险。

然而,有些构件所承受的应力,并非稳定不变的恒幅循环应力(图16-22),例如当汽车在不平坦的公路上行驶时,车轴即承受变幅循环应力作用。在变幅循环应力作用下,如果仍以最大应力低于疲劳极限为安全判据,显然不合理。特别是当工作应力中峰值应力(即最大应力)的出现次数较少时更是如此。

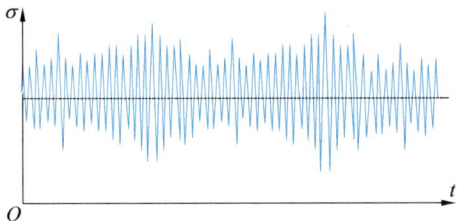

图 16-22

针对上述情况,提出了所谓累积损伤概念。当构件承受高于疲劳极限的应力时,每个循环均将使构件受到损伤,而当损伤积累到一定程度时,构件将发生破坏。下面即以常用的线性累积损伤理论为基础,分析变幅循环应力下的疲劳强度问题。

首先,对上述变幅循环应力的应力谱进行整理,将其简化为由若干级常幅循环应力组成的周期性的应力谱(图16-23),即所谓程序加载应力谱。在程序加载应力谱内,每个周期包括的应力循环组合及其排列完全相同。

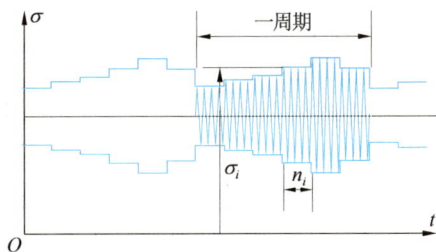

图 16-23

设在程序加载应力谱的每个周期内,包括 k 级常幅循环应力,它们的最大值分别为 $\sigma_1, \sigma_2, \cdots, \sigma_k$,相应的循环数分别为 $n_1, n_2, \cdots, n_k$,在这种应力作用下,如果构件达到破坏的总周期数为 λ,则循环应力 $\sigma_1, \sigma_2, \cdots, \sigma_k$ 的总循环数分别为 $\lambda n_1, \lambda n_2, \cdots, \lambda n_k$。

线性累积损伤理论认为,如果构件在常幅循环应力 σ_1 作用下的疲劳寿命为 N_1(图16-24),则应力 σ_1 每循环一次对构件所造成的损伤为 $1/N_1$,因此,该应力对构件所造成的总损伤为 $\lambda n_1/N_1$。同理可知，常幅循环应力 $\sigma_2,\cdots,\sigma_k$ 对构件造成的总损伤依次为 $\lambda n_2/N_2,\cdots,\lambda n_k/N_k$。

根据上述分析，得构件产生疲劳破坏的条件为

$$\lambda \sum_{i=1}^{k} \frac{n_i}{N_i} = 1 \qquad (16-23)$$

上述线性累积损伤方程，称为迈因纳（M. Miner）定律。

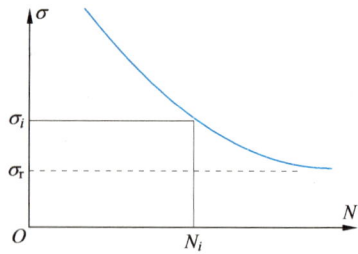

图 16-24

线性累积损伤理论的实质是：假定各级循环应力所造成的损伤可以线性相加。这种假定与实际情况有一些出入，因此，按线性累积损伤理论计算所得结果是近似的。但是，由于该理论的概念直观，计算简单，所以，在工程中应用甚广。

关于累积损伤的研究，除上述线性累积损伤理论外，还有双线性累积损伤理论与非线性累积损伤理论等。

*§16-8　断裂与裂纹扩展概念简介

在前述传统强度计算中，构件被看成是不包含裂纹的连续体，并以工作应力与许用应力相比较判断其强度。实践表明，在一般情况下，这种强度计算方法是正确的。然而，随着高强度材料的使用以及构件的大型化（大型焊接件、锻压件与铸件等），发现某些构件在工作应力较小的情况下，却发生了脆性断裂，即所谓低应力脆断。

研究表明，由于冶炼加工或使用等原因，构件中往往存在裂纹甚至宏观裂纹，而低应力脆断即为裂纹在一定应力作用下发生迅速扩展所致。此外，在循环应力作用下，构件内将萌生裂纹，而且，随着应力循环数的增加，裂纹将逐渐扩展并导致构件断裂。因此，研究裂纹尖端处的应力、材料的抗断裂性能以及裂纹的扩展规律，对于分析含裂纹构件的断裂与疲劳都是重要的。

一、应力强度因子概念

构件中的裂纹，按其受力与变形形式，可分为三种基本类型：张开型或I型（图 16-25a）；滑移型或II型（图 16-25b）；撕裂型或III型（图 16-25c）。在上述三种裂纹中，张开型最为常见，而且最为危险，所以，现以张开型裂纹为例介绍有关概念。

考虑图 16-26 所示无限大平板，中心存在一长为 $2a$ 的穿透板厚的裂纹，在垂直于裂纹平面的方位，受到均匀拉应力 σ 作用。

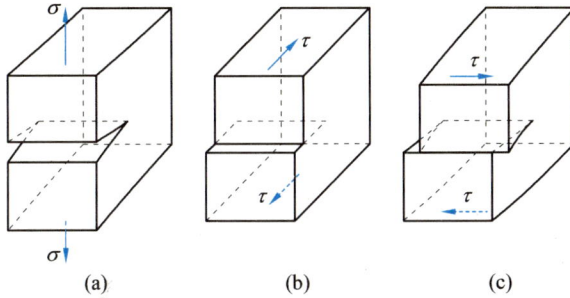

图 16-25

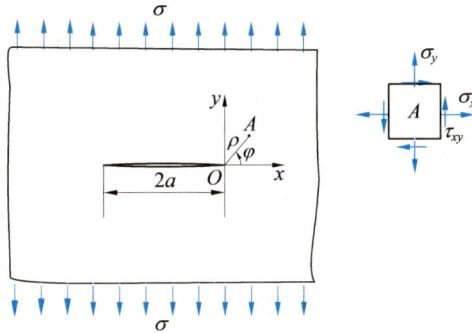

图 16-26

根据线弹性理论的研究结果,在裂纹尖端邻域($\rho<<a$)任一点 A 处,其应力分量为

$$
\left.
\begin{aligned}
\sigma_x &\approx \frac{\sigma\sqrt{\pi a}}{\sqrt{2\pi\rho}}\cos\frac{\varphi}{2}\left(1-\sin\frac{\varphi}{2}\sin\frac{3\varphi}{2}\right) \\
\sigma_y &\approx \frac{\sigma\sqrt{\pi a}}{\sqrt{2\pi\rho}}\cos\frac{\varphi}{2}\left(1+\sin\frac{\varphi}{2}\sin\frac{3\varphi}{2}\right) \\
\tau_{xy} &\approx \frac{\sigma\sqrt{\pi a}}{\sqrt{2\pi\rho}}\sin\frac{\varphi}{2}\cos\frac{\varphi}{2}\cos\frac{3\varphi}{2}
\end{aligned}
\right\}
\tag{16-24}
$$

式中,ρ 与 φ 代表 A 点的极坐标。

由上式可以看出,不论外加拉应力 σ 多大,当 $\rho\to0$ 时,裂纹尖端各应力分量均趋于无限大,即应力分布具有奇异性。显然,用传统的强度观念与分析方法,无法解决上述含裂纹构件的破坏或失效问题。

由该式还可以看出,当 ρ 与 φ 一定时,即对于板内某一点来说,各应力分量

之值均随参量 $\sigma\sqrt{\pi a}$ 而定。这说明，$\sigma\sqrt{\pi a}$ 的大小集中反映了裂纹尖端应力场的强弱程度。

反映裂纹尖端应力场强弱程度的参量，称为**应力强度因子**，并用 K 表示。应力强度因子之值与裂纹的形式、位置、含裂纹体的形状及其受力有关。对于图 12-26 所示 I 型裂纹，其应力强度因子即为

$$K_{\mathrm{I}} = \sigma\sqrt{\pi a} \tag{16-25}$$

二、断裂韧度与断裂判据概念

试验表明，对于一定厚度的平板，不论外加应力与裂纹长度各为何值，只要应力强度因子 K 达到某一数值时，裂纹即开始扩展，并可能从而导致板件断裂。这就更进一步说明，用应力强度因子描写裂纹尖端应力场的强弱程度，有其客观依据。

使裂纹开始扩展的应力强度因子值，称为材料的**断裂韧度**，并用 K_c 表示。所以，断裂韧度即代表含裂纹材料抵抗断裂失效的能力。

由此可见，当 I 型裂纹尖端的应力强度因子 K_{I}，达到材料相应断裂韧度 $K_{\mathrm{I}c}$ 时，裂纹开始扩展，即 I 型裂纹开始扩展的条件为

$$K_{\mathrm{I}} = K_{\mathrm{I}c} \tag{16-26}$$

称为 I 型裂纹的**断裂判据**。

根据断裂判据，既可检验在给定载荷作用下裂纹是否发生脆性断裂；也可确定使裂纹开始扩展或发生脆性断裂的外加应力值即所谓临界应力 σ_c；还可确定在一定应力作用下裂纹的最大允许长度即所谓裂纹临界长度 $2a_c$ 等。

三、裂纹扩展与疲劳寿命

根据上述分析，在静应力作用下，如果应力强度因子 $K<K_c$，裂纹将不扩展。然而，在循环应力作用下，虽然应力强度因子 $K<K_c$，裂纹也可能缓慢扩展，而当其长度增大至裂纹临界长度 $2a_c$ 时，裂纹即产生失稳扩展而导致构件断裂。

裂纹扩展的速率用 $\mathrm{d}a/\mathrm{d}N$ 表示，它代表应力每循环一次裂纹半长度的扩展量。在循环应力作用下，裂纹尖端处的应力强度因子 K 也随时间变化，其变化幅值为

$$\Delta K = K_{\max} - K_{\min}$$

例如，对于图 16-26 所示含裂纹板件，当承受最大与最小值分别为 $\sigma_{\max}$ 与 $\sigma_{\min}$ 的循环应力时，应力强度因子 K 的变化幅值即为

$$\Delta K = (\sigma_{\max} - \sigma_{\min})\sqrt{\pi a}$$

由于裂纹扩展，裂纹半长度 a 随时间增长。所以，应力强度因子变化幅值 ΔK 也

随时间增长。

试验表明,裂纹扩展速率 $\mathrm{d}a/\mathrm{d}N$ 主要与应力强度因子变化幅值 ΔK 有关,二者间的关系如图 16-27 所示。图中,ΔK_{th} 代表使裂纹开始扩展的最低应力强度因子变化幅值。当 $\Delta K \geqslant \Delta K_{th}$ 时,裂纹扩展,$\mathrm{d}a/\mathrm{d}N$ 与 ΔK 的关系接近于直线。随着裂纹尺寸的增长,应力强度因子也随之增长,而当应力强度因子的最大值 K_{max} 接近断裂韧度 K_c 时,$\mathrm{d}a/\mathrm{d}N$ 即急剧增长并导致断裂。

在直线范围内,裂纹扩展速率 $\mathrm{d}a/\mathrm{d}N$ 与 ΔK 的关系可表示为

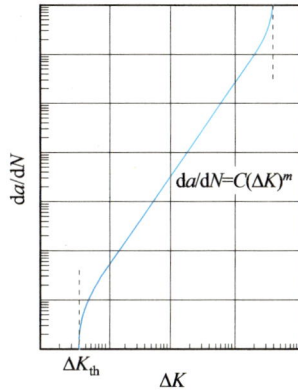

图 16-27

$$\frac{\mathrm{d}a}{\mathrm{d}N} = C\,(\Delta K)^m \qquad (16-27)$$

称为帕里斯(P. C. Paris)公式。式中,C 与 m 为材料常数,其值由试验测定。

由式(16-27)可知,在循环应力作用下,构件裂纹从初始长度 $2a_i$ 扩展至临界长度 $2a_c$ 所经历的应力循环数为

$$N_c = \int_{a_i}^{a_c} \frac{1}{C\,(\Delta K)^m}\,\mathrm{d}a \qquad (16-28)$$

如前所述,疲劳断裂分成为裂纹形成、扩展与脆性断裂三个阶段。所谓形成了裂纹,一般是指形成了宏观裂纹,其长度是指可用无损检测方法所能测出的最小裂纹尺寸,例如 0.05~0.08 mm。

构件的总寿命 N,包括形成宏观裂纹的循环数 N_i,与由宏观裂纹扩展至断裂的循环数 N_c,前者称为裂纹的**形成寿命**,后者称为裂纹的**扩展寿命**。研究表明:对于寿命 $N>10^4$(或 10^5)的所谓高周疲劳,裂纹的形成寿命 N_i 在构件总寿命中占有重要部分,扩展寿命 N_c 为构件的剩余寿命;而对于寿命 $N<10^4$(或 10^5)的所谓低周疲劳,总寿命的主要部分为裂纹的扩展寿命,形成寿命较短,通常可以忽略不计。

附表 1　螺纹、键与花键的有效应力集中因数

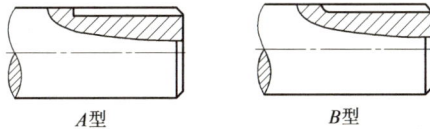

A型　　　　　　　　B型

续表

σ_b/MPa	螺纹 ($K_\tau=1$) K_σ	键　槽			花　槽		
		K_σ		K_τ	K_σ	K_τ	
		A 型	B 型	A,B 型		矩形	渐开线型
400	1.45	1.51	1.30	1.20	1.35	2.10	1.40
500	1.78	1.64	1.38	1.37	1.45	2.25	1.43
600	1.96	1.76	1.46	1.54	1.55	2.35	1.46
700	2.20	1.89	1.54	1.71	1.60	2.45	1.49
800	2.32	2.01	1.62	1.88	1.65	2.55	1.52
900	2.47	2.14	1.69	2.05	1.70	2.65	1.55
1 000	2.61	2.26	1.77	2.22	1.72	2.70	1.58
1 200	2.90	2.50	1.92	2.39	1.75	2.80	1.60

附表 2　横孔处有效应力集中因数

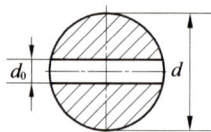

σ_b/MPa	K_σ		K_τ
	$\dfrac{d_0}{d}=0.05\sim0.15$	$\dfrac{d_0}{d}=0.15\sim0.25$	$\dfrac{d_0}{d}=0.05\sim0.25$
400	1.90	1.70	1.70
500	1.95	1.75	1.75
600	2.00	1.80	1.80
700	2.05	1.85	1.80
800	2.10	1.90	1.85
900	2.15	1.95	1.90
1 000	2.20	2.00	1.90
1 200	2.30	2.10	2.00

复　习　题

16-1　疲劳破坏有何特点？它与静荷破坏有何区别？疲劳破坏是如何形成的？

16-2 何谓对称循环与脉动循环？其应力比各为何值？何谓非对称循环？

16-3 如何由试验测得 *S-N* 曲线与材料疲劳极限？何谓条件疲劳极限？

16-4 影响构件疲劳极限的主要因素是什么？如何确定有效应力集中因数、尺寸因数与表面质量因数？试述提高构件疲劳强度的主要措施。

16-5 材料的疲劳极限与构件的疲劳极限有何区别？

16-6 如何进行对称循环应力作用下构件的疲劳强度计算？

*16-7 如何进行非对称循环与弯扭组合循环应力作用下构件的疲劳强度计算？

*16-8 裂纹尖端的应力场有何特点？何谓断裂韧度与断裂判据？裂纹扩展速率与应力强度因子的变化幅值有何关系？

习   题

16-1 图示应力循环，试求平均应力、应力幅与应力比。

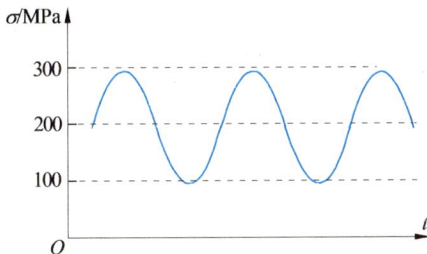

题 16-1 图

16-2 图示旋转轴，同时承受横向载荷 $F_y = 0.5$ kN 与轴向拉力 $F_x = 2$ kN 作用。已知轴径 $d = 10$ mm，轴长 $l = 100$ mm，试求危险截面边缘任一点处的最大正应力、最小正应力、平均应力、应力幅与应力比。

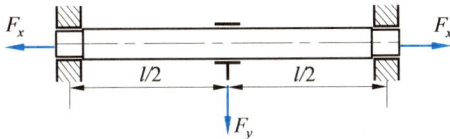

题 16-2 图

16-3 图示钢制疲劳试样，承受对称循环的轴向载荷作用。已知强度极限 $\sigma_b = 600$ MPa，圆角半径 $R = 3$ mm，试样表面经磨削加工，试确定试样夹持部位圆角处的有效应力集中因数。

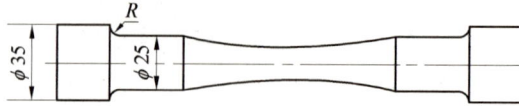

题 16-3 图

16-4　题 16-3 所述试样，承受对称循环的扭矩作用，试确定试样夹持部位圆角处的有效应力集中因数。

16-5　图示钢轴，承受对称循环的弯矩作用。钢轴材料为合金钢或碳钢，强度极限分别为 $\sigma_b = 1\,200$ MPa 与 $\sigma_b' = 700$ MPa，弯曲疲劳极限分别为 $\sigma_{-1} = 480$ MPa 与 $\sigma_{-1}' = 280$ MPa，$R = 1.5$ mm，轴表面经粗车加工。设疲劳安全因数 $n_f = 2$，试计算两种钢轴的疲劳许用应力，并进行比较。

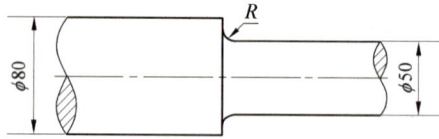

题 16-5 图

16-6　图示阶梯形圆截面钢杆，承受非对称循环的轴向载荷 F 作用，其最大与最小值分别为 $F_{max} = 100$ kN 与 $F_{min} = 10$ kN。已知 $D = 50$ mm，$d = 40$ mm，$R = 5$ mm，$\sigma_b = 600$ MPa，$\sigma_{-1}^{拉-压} = 170$ MPa，$\psi_\sigma = 0.05$，$n_f = 2$，杆表面经精车加工，试校核杆的疲劳强度。

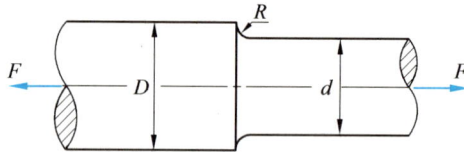

题 16-6 图

16-7　图示圆截面钢杆，承受非对称循环的轴向载荷作用，其最大值为 F，最小值为 $0.2F$。已知强度极限 $\sigma_b = 500$ MPa，拉压疲劳极限 $\sigma_{-1}^{拉-压} = 150$ MPa，敏感因数 $\psi_\sigma = 0.05$，疲劳安全因数 $n_f = 1.7$，杆表面经磨削加工，试计算载荷 F 的许用值。

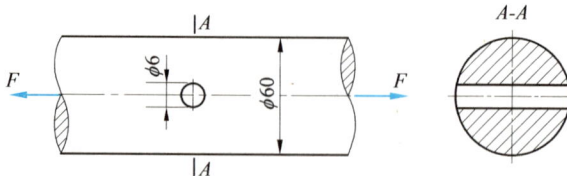

题 16-7 图

16-8 图示矩形截面阶梯形杆,承受对称循环的轴向载荷作用。杆用 Q275 钢制成,强度极限 $\sigma_b = 550$ MPa,屈服应力 $\sigma_s = 275$ MPa,$R = 12$ mm。试利用敏感系数确定截面变化处的有效应力集中因数 K_σ。

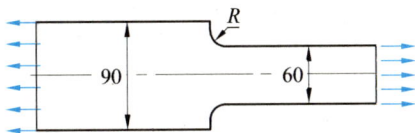

题 16-8 图

提示:理论应力集中因数 $K_{t\sigma}$ 可由图 2-27 查得。

16-9 一圆柱形密圈螺旋弹簧,平均半径 $R = 20$ mm,弹簧丝直径 $d = 5$ mm,弹簧承受交变轴向压力 F 作用,其最大值 $F_{max} = 300$ N,最小值 $F_{min} = 100$ N,弹簧用合金钢制成,强度极限 $\sigma_b = 1\,200$ MPa,疲劳极限 $\tau_{-1} = 300$ MPa,敏感因数 $\psi_\tau = 0.1$,表面质量因数 $\beta \approx 1$,试确定弹簧的工作安全因数。

16-10 图示活塞销,承受交变外力 F 作用,其最大值 $F_{max} = 52$ kN,最小值 $F_{min} = -11.5$ kN。活塞销用铬镍合金钢制成,强度极限 $\sigma_b = 960$ MPa,弯曲疲劳极限 $\sigma_{-1} = 430$ MPa,敏感因数 $\psi_\sigma = 0.1$,表面经磨削加工,试计算活塞销的工作安全因数。

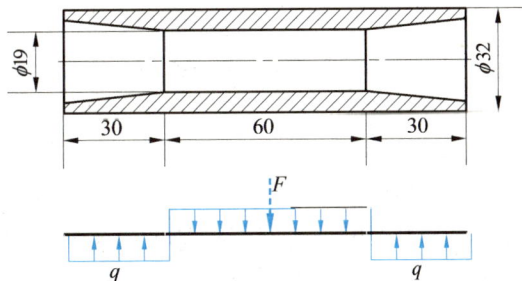

题 16-10 图

16-11 一阶梯形圆截面轴,粗、细两段的直径分别为 $D = 60$ mm 与 $d = 50$ mm,过渡处的圆角半径 $R = 5$ mm,危险截面上的内力为同相位的对称循环弯矩与对称循环扭矩,其最大值分别为 $M_{max} = 1.0$ kN·m 与 $T_{max} = 1.5$ kN·m,材料的强度极限 $\sigma_b = 800$ MPa,弯曲疲劳极限 $\sigma_{-1} = 350$ MPa,扭转疲劳极限 $\tau_{-1} = 200$ MPa,轴表面经精车加工,试计算危险截面的工作安全因数。

16-12 一阶梯形圆截面轴,粗、细两段的直径分别为 $D = 50$ mm 与 $d = 40$ mm,过渡处的圆角半径 $R = 2$ mm,危险截面上的内力为同相位的交变弯矩与交变扭矩,弯矩的最大值为 $M_{max} = 1.0$ kN·m,最小值为 $M_{min} = -200$ N·m,扭矩的最大值为 $T_{max} = 500$ N·m,最小值为 $T_{min} = 250$ N·m,轴用炭钢制成,其强度极限 $\sigma_b = 500$ MPa,弯曲疲劳极限 $\sigma_{-1} = 200$ MPa,扭转疲劳极限 $\tau_{-1} = 115$ MPa,敏感因数 $\psi_\tau = 0$,疲劳安全因数 $n_f = 2$,轴表面经磨削加工,试校核危险截面的疲劳强度。

*第十七章 应力分析的实验方法

§17-1 引 言

在设计构件或校核其强度时,必须了解构件受力时的应力情况。对于一些典型的受力构件,已有大量研究成果可供利用。但是,实际构件的形状与受力往往比较复杂,由分析计算所得应力有时与实际应力相差较大,在有些情况下,甚至按现有理论尚很难进行计算。解决这些问题的一个重要途径,就是进行实验。通过实验对构件或结构进行应力分析的方法,称为实验应力分析。实验应力分析不仅为解决工程实际问题提供了有效手段,也为验证与发展理论提供了重要依据。实验应力分析是固体力学的一个重要领域。

实验应力分析的方法很多,有电测法、光弹性法、全息光测法、云纹法、散斑干涉法、焦散线法与脆性涂层法等,目前以电测法与光弹性法应用较广。

电测法是以电阻应变片为传感器,将构件的应变转换为应变片的电阻变化,通过测量应变片的电阻改变量,确定构件的应变,进一步利用胡克定律或广义胡克定律,即可确定相应的应力。电测法的优点是灵敏度高,精确度高,可以进行实测、遥测,并可用于高温、高压与高速旋转等特殊工作条件。其缺点是不能测出构件内部的应变,也不能准确反映应变分布的急剧变化(例如应力集中),等等。

光弹性法是用某种透明材料制成与被测构件几何相似的模型,并将其放置在偏光场中,通过观察与分析模型受力后所产生的光学效应,从而确定模型或构件的应力。光弹性法的优点是直观性强,可以测量模型内部与表面各点处的应力,能够较准确地反映应力分布的急剧变化。其缺点是试验周期较长、影响测量精度的因素较多,等等。

本章主要介绍电测法与光弹性法的基本原理与基本方法。

§17-2 电测法的基本原理

一、应变片及其转换原理

电阻应变片简称应变片,它是将具有一定电阻的金属箔或金属丝制作的栅状物,粘贴在两层绝缘薄膜中所制成(图 17-1)。组成应变片的金属栅状物,称为敏感栅。

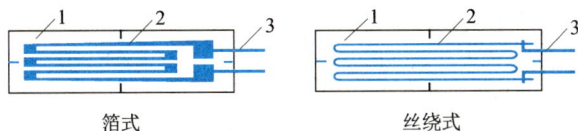

箔式   丝绕式

图 17-1

1-绝缘薄膜,2-敏感栅,3-引线

试验时,将应变片粘贴在构件表面需测应变的部位,并使敏感栅的纵向沿需测应变的方位,于是,当该处沿测试方位发生正应变 ε 时,敏感栅也产生同样变形,其电阻由其初始值 R 变为 $R+\Delta R$。

试验表明,在一定范围内,敏感栅的电阻变化率 $\Delta R/R$ 与正应变 ε 成正比,即

$$\frac{\Delta R}{R} = k\varepsilon \tag{17-1}$$

敏感栅的电阻变化率 $\Delta R/R$ 与正应变 ε 的比值,称为应变灵敏度。其值与敏感栅的材料及构造有关,常用应变片的灵敏度为 1.7~3.6。可见,只要测出敏感栅的电阻变化率,即可确定相应正应变。

二、测量电桥原理

构件的正应变一般均很小,例如为 $10^{-6} \sim 10^{-3}$。所以,应变片的电阻变化率也很小,需用专门仪器进行测量。测量应变片的电阻变化率或应变的仪器,称为电阻应变仪。其基本测量电路为一惠斯通电桥(图 17-2)。

如图所示,电桥四个桥臂的电阻分别为 R_1, R_2, R_3 与 R_4,A 与 C 端接电源,B 与 D 为输出端。

设 A 与 C 间的电压为 U,则流经电阻 R_1 的电流为

$$I_1 = \frac{U}{R_1 + R_2}$$

R_1 两端的电压降为

$$U_{AB} = I_1 R_1 = \frac{R_1 U}{R_1 + R_2}$$

同理,得电阻 R_3 两端的电压降为

$$U_{AD} = \frac{R_3 U}{R_3 + R_4}$$

所以, B 与 D 端的输出电压为

$$\Delta U = U_{AB} - U_{AD} = \frac{R_1 U}{R_1 + R_2} - \frac{R_3 U}{R_3 + R_4}$$

图 17-2

或

$$\Delta U = \frac{R_1 R_4 - R_2 R_3}{(R_1 + R_2)(R_3 + R_4)} U \tag{17-2}$$

当惠斯通电桥的输出电压 ΔU 为零时,称为电桥平衡。由上式可知,电桥平衡的条件为

$$R_1 R_4 = R_2 R_3$$

或

$$\frac{R_1}{R_2} = \frac{R_3}{R_4} \tag{17-3}$$

设电桥在接入电阻 R_1, R_2, R_3 与 R_4 时处于平衡状态,即满足平衡条件 (17-3),当上述电阻分别改变 ΔR_1, ΔR_2, ΔR_3 与 ΔR_4 时,则由式 (17-2) 可知,电桥的输出电压为

$$\Delta U = \frac{(R_1 + \Delta R_1)(R_4 + \Delta R_4) - (R_2 + \Delta R_2)(R_3 + \Delta R_3)}{(R_1 + \Delta R_1 + R_2 + \Delta R_2)(R_3 + \Delta R_3 + R_4 + \Delta R_4)} U$$

将式 (17-3) 代入上式,并略去高阶微量后,得

$$\Delta U = U \frac{R_1 R_2}{(R_1 + R_2)^2} \left(\frac{\Delta R_1}{R_1} - \frac{\Delta R_2}{R_2} - \frac{\Delta R_3}{R_3} + \frac{\Delta R_4}{R_4} \right) \tag{17-4}$$

上式代表电桥的输出电压与桥臂电阻改变量的一般关系。

三、全桥与半桥接线法

在进行电测实验时,有时将粘贴在构件上的四个规格相同的应变片同时接入电桥(图 17-3),当构件受力后,设上述应变片感受的应变分别为 ε_1, ε_2, ε_3 与 ε_4,相应的电阻改变分别为 ΔR_1, ΔR_2, ΔR_3 与 ΔR_4,则由式 (17-4) 可知,电桥的

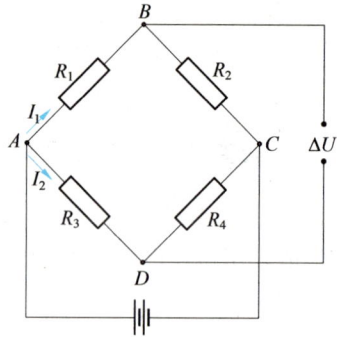

输出电压为

$$\Delta U = \frac{U}{4}\left(\frac{\Delta R_1}{R} - \frac{\Delta R_2}{R} - \frac{\Delta R_3}{R} + \frac{\Delta R_4}{R}\right)$$

式中，R 为应变片的初始电阻。

将式（17-1）代入上式，于是得

$$\Delta U = \frac{kU}{4}(\varepsilon_1 - \varepsilon_2 - \varepsilon_3 + \varepsilon_4)$$

式中，$kU/4$ 为一比例常数，所以，如果将应变仪的读数度盘或数字显示按应变标定，则应变仪的读数为

$$\varepsilon_r = \frac{4\Delta U}{kU} = \varepsilon_1 - \varepsilon_2 - \varepsilon_3 + \varepsilon_4 \qquad (17-5)$$

上式表明，应变仪的应变读数与各应变片的应变成线性齐次关系，但相邻桥臂应变的正负符号相异，相对桥臂应变的正负符号相同。

进行电测实验时，有时只在电桥的 A 与 B 端以及 B 与 C 端连接应变片，而在 A 与 D 端以及 D 与 C 端连接应变仪内部的两个阻值相同的固定电阻（图 17-4）。在这种情况下，由于

$$R_1 = R_2 = R, \qquad \frac{\Delta R_1}{R} = k\varepsilon_1, \qquad \frac{\Delta R_2}{R} = k\varepsilon_2$$

$$R_3 = R_4, \qquad \Delta R_3 = \Delta R_4 = 0$$

于是由式（17-4）可知，

$$\Delta U = \frac{kU}{4}(\varepsilon_1 - \varepsilon_2)$$

由此得

$$\varepsilon_r = \frac{4\Delta U}{kU} = \varepsilon_1 - \varepsilon_2 \qquad (17-6)$$

四个桥臂同时接入应变片的接线方法（图 17-3），称为**全桥接线法**；仅在两个桥臂接入应变片的接线方法（图 17-4），称为**半桥接线法**。全桥与半桥接线法均为常用接线法，其具体应用将在 §17-3 详细讨论。

四、温度补偿

在测量过程中，如果被测构件的环境温度发生变化，敏感栅的电阻将随之改变，而且，当敏感栅与被测构件的线膨胀系数不同时，敏感栅还将产生附加变形，从而引起电阻的进一步改变。因此，在测量结果中将包括因温度变化引起的虚假读数 ε_t。显然，这种虚假读数必须设法消除。

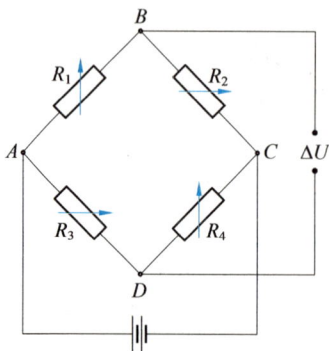

图 17-3

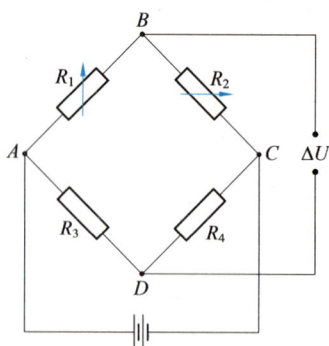

图 17-4

　　消除温度影响有多种方法,其中最常用的为补偿片法。如图 17-5a 所示,如果要测量构件表面某点 A 处的纵向正应变 ε_A,除了在该点处沿杆轴方位粘贴一应变片外,可再将一个同样规格的应变片粘贴在与被测构件材料相同的另一试块上,并将其放置在与被测点具有同样温度变化的位置。

　　为测量构件应变所粘贴的应变片,称为**工作应变片**;为消除温度变化影响所粘贴的应变片,称为**补偿应变片**。粘贴补偿应变片的不受力试块,称为**补偿块**。

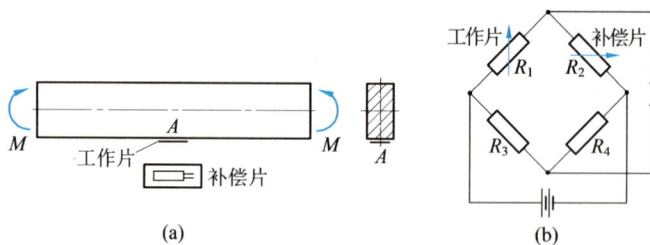

图 17-5

　　加载后,由于工作应变片所反映的应变为

$$\varepsilon_1 = \varepsilon_A + \varepsilon_t$$

补偿应变片所反映的应变为

$$\varepsilon_2 = \varepsilon_t$$

因此,如果将工作应变片与补偿应变片分别连接在测量电桥的相邻桥臂(图 17-5b),则由式(17-6)可知,应变仪的读数为

$$\varepsilon_r = \varepsilon_1 - \varepsilon_2 = \varepsilon_A$$

上式表明,采用补偿片可消除温度变化所造成的影响。

§17-3 应变测量与应力计算

进行电测实验时,首先应对构件的应力情况进行初步分析,从而确定测量点的位置,然后根据测量点处的应力状态与温度变化等情况,确定应变片的布置与接线方案。

一、已知主应力方位的应力状态

若测量点处于单向应力状态,并已知该点处非零主应力的方位,则可在该点并沿该主应力方位粘贴一应变片,测得应变后,由胡克定律即可求出该主应力为

$$\sigma = E\varepsilon$$

若测量点处于二向应力状态,并已知主应力的方位,则只需在该点并沿主应力方位各粘贴一应变片,测得主应变 ε_i 与 ε_j 后,利用广义胡克定律,即可求出相应主应力为

$$\sigma_i = \frac{E}{1-\mu^2}(\varepsilon_i + \mu\varepsilon_j)$$

$$\sigma_j = \frac{E}{1-\mu^2}(\varepsilon_j + \mu\varepsilon_i)$$

二、平面应力状态一般情况

若测量点处于平面应力状态一般情况(图 17-6a),应力 σ_x,σ_y 与 τ_x 均为未知,即共有三个待测量。在这种情况下,必须测出该点处沿三个不同方位的正应变才能求解(图 17-6b)。

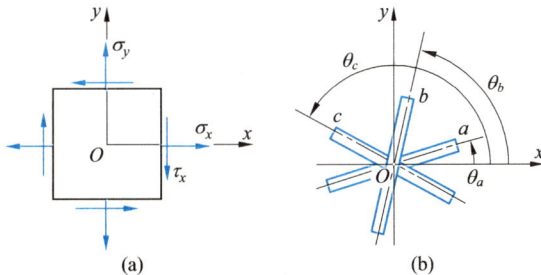

(a)　　　　　　　(b)

图 17-6

设 O 点处沿坐标轴 x 与 y 方位的正应变分别为 ε_x 与 ε_y,切应变为 γ_{xy},则由

式(8-16)可知,沿 θ_a, θ_b 与 θ_c 方位的正应变分别为

$$\left.\begin{aligned}
\varepsilon_a &= \frac{\varepsilon_x + \varepsilon_y}{2} + \frac{\varepsilon_x - \varepsilon_y}{2}\cos 2\theta_a - \frac{\gamma_{xy}}{2}\sin 2\theta_a \\
\varepsilon_b &= \frac{\varepsilon_x + \varepsilon_y}{2} + \frac{\varepsilon_x - \varepsilon_y}{2}\cos 2\theta_b - \frac{\gamma_{xy}}{2}\sin 2\theta_b \\
\varepsilon_c &= \frac{\varepsilon_x + \varepsilon_y}{2} + \frac{\varepsilon_x - \varepsilon_y}{2}\cos 2\theta_c - \frac{\gamma_{xy}}{2}\sin 2\theta_c
\end{aligned}\right\} \tag{17-7}$$

因此,当由实验测得应变 ε_a, ε_b 与 ε_c 后,由上述方程组可求出应变 ε_x, ε_y 与 γ_{xy},再将所得结果代入广义胡克定律,即可确定应力 σ_x, σ_y 与 τ_x。

三、应变花

在实际测量中,为便于计算与使用,通常选取 $\theta_a = 0°$, $\theta_b = 45°$ 与 $\theta_c = 90°$,或选取 $\theta_a = 0°$, $\theta_b = 60°$ 与 $\theta_c = 120°$,并分别按所选方位将三个敏感栅粘贴在同一基底上,形成所谓应变花。按方位角 $0°$, $45°$ 与 $90°$ 所制作的应变花(图 17-7a),称为三轴直角应变花;按方位角 $0°$, $60°$ 与 $120°$ 所制作的应变花(图 17-7b),称为三轴等角应变花。这是两种常用的应变花。

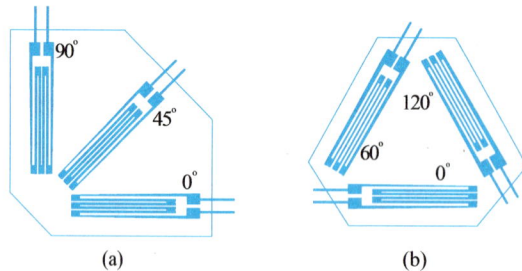

(a)   (b)

图 17-7

当采用三轴直角应变花时,将测量所得 $\varepsilon_{0°}$, $\varepsilon_{45°}$ 与 $\varepsilon_{90°}$ 之值代入式(17-7),得

$$\left.\begin{aligned}
\varepsilon_x &= \varepsilon_{0°} \\
\varepsilon_y &= \varepsilon_{90°} \\
\gamma_{xy} &= \varepsilon_{0°} + \varepsilon_{90°} - 2\varepsilon_{45°}
\end{aligned}\right\} \tag{17-8}$$

同理,当采用三轴等角应变花时,则有

$$\left.\begin{array}{l} \varepsilon_x = \varepsilon_{0°} \\[2mm] \varepsilon_y = \dfrac{1}{3}\left(2\varepsilon_{60°} + 2\varepsilon_{120°} - \varepsilon_{0°}\right) \\[2mm] \gamma_{xy} = \dfrac{2}{\sqrt{3}}\left(\varepsilon_{60°} - \varepsilon_{120°}\right) \end{array}\right\} \qquad (17\text{-}9)$$

例 17-1 图 17-8a 所示矩形截面悬臂梁,承受铅垂载荷 F 作用。设材料的弹性模量为 E,要求测出横截面 m-m 的最大弯曲正应力,试确定贴片与接线方案,并建立相应计算公式。

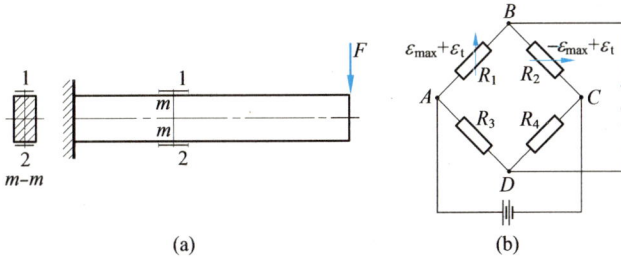

图 17-8

解: 截面 m-m 上、下表面的纵向正应变大小相等、正负符号相反。所以,可在该截面上、下表面的纵向各粘贴一应变片,并将上表面的应变片 1 接在测量电桥的 A 与 B 端,下表面的应变片 2 接在 B 与 C 端,即采用半桥接线法进行测量(图 17-8b)。

设截面上、下表面的温度变化相同,则在加载后,应变片 1 与 2 所反映的正应变分别为

$$\varepsilon_1 = \varepsilon_{\max} + \varepsilon_t$$

$$\varepsilon_2 = -\varepsilon_{\max} + \varepsilon_t$$

其中:$\varepsilon_{\max}$ 代表截面 m-m 的最大弯曲正应变;ε_t 代表温度变化引起的测量误差。将上述表达式代入式(17-6),得应变仪的读数为

$$\varepsilon_r = \varepsilon_1 - \varepsilon_2 = 2\varepsilon_{\max}$$

上式表明,当采用图 17-8b 所示方案进行测量时,不仅可以消除温度变化的影响,而且可将读数灵敏度提高一倍。

$\varepsilon_{\max}$ 测定后,根据胡克定律,得截面 m-m 的最大弯曲正应力为

$$\sigma_{\max} = E\varepsilon_{\max} = \frac{E\varepsilon_r}{2}$$

例 17-2 图 17-9a 所示连杆,横截面的面积为 A,材料的弹性模量为 E。要

求测出连杆所受拉力 F,试确定贴片与接线方案,并建立相应计算公式。

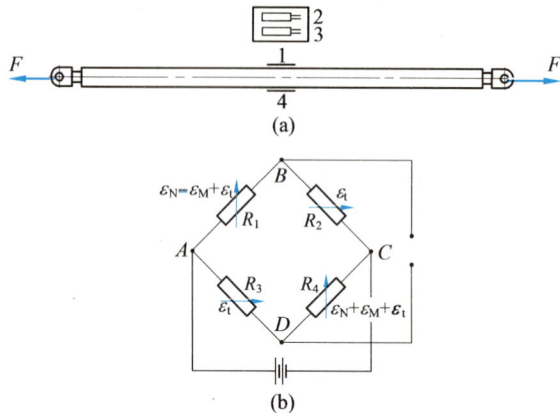

图 17-9

解:连杆主要承受轴向拉力,考虑到杆件可能存在初曲与载荷偏离轴线的情况,当连杆受力时,粘贴在杆表面的应变片,不仅感受由轴力引起的正应变 ε_N,同时还感受由附加弯矩引起的正应变 ε_M 与温度变化造成的误差 ε_t。

为了消除弯曲与温度变化的影响,在杆件同一横截面的上、下表面,沿纵向分别粘贴工作应变片 1 与 4,并将粘贴有补偿应变片 2 与 3 的补偿块,放置在上述工作片附近,然后将上述四个应变片连接成图 17-9b 所示全桥线路。于是,当连杆受力时,由于

$$\varepsilon_1 = \varepsilon_N - \varepsilon_M + \varepsilon_t$$
$$\varepsilon_2 = \varepsilon_3 = \varepsilon_t$$
$$\varepsilon_4 = \varepsilon_N + \varepsilon_M + \varepsilon_t$$

则根据式(17-5)得应变仪的读数为

$$\varepsilon_r = \varepsilon_1 - \varepsilon_2 - \varepsilon_3 + \varepsilon_4 = 2\varepsilon_N$$

上式表明,当采用图 17-9 所示方案进行测量时,不仅可以消除弯曲与温度变化的影响,而且可将读数灵敏度提高一倍。

ε_N 测定后,根据胡克定律得连杆拉力为

$$F = \varepsilon_N E \cdot A = \frac{\varepsilon_r E A}{2}$$

例 17-3 图 17-10a 所示平面应力状态,是一种常见的应力状态。设材料的弹性模量为 E,泊松比为 μ,要求测出正应力 σ_x 与切应力 τ_x,试确定贴片方案,并建立相应计算公式。

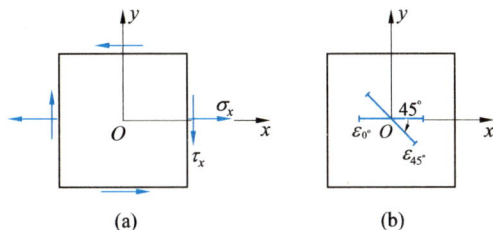

图 17-10

解：1. 问题分析

由图可知，$\sigma_y = 0$，所以，为了测量应力 σ_x 与 τ_x，只需粘贴两个工作应变片即可。

正应力 σ_x 与正应变 ε_x 直接相关，而切应力 τ_x 则既引起切应变 γ_{xy}，同时也会在偏离坐标轴 x 与 y 的方位引起正应变，其中又以 ±45° 方位的正应变值最大。因此，为了测量应力 σ_x 与 τ_x，可在 0° 与 −45°（或 45°）方位各粘贴一应变片（图 17-10b）。

2. 应变与应力分析

由式（8-16）可知，−45° 方位的正应变为

$$\varepsilon_{-45°} = \frac{\varepsilon_x + \varepsilon_y}{2} + \frac{\varepsilon_x - \varepsilon_y}{2}\cos(-90°) - \frac{\gamma_{xy}}{2}\sin(-90°) \qquad (a)$$

在图示贴片与应力状态下，

$$\varepsilon_x = \varepsilon_{0°}, \quad \varepsilon_y = -\mu\varepsilon_x = -\mu\varepsilon_{0°}$$

代入式（a），得

$$\gamma_{xy} = 2\varepsilon_{-45°} - (1-\mu)\varepsilon_{0°}$$

根据胡克定律以及 E, G 与 μ 间的关系式（3-6），于是得

$$\sigma_x = E\varepsilon_x = E\varepsilon_{0°}$$

$$\tau_x = G\gamma_{xy} = \frac{E}{2(1+\mu)}[2\varepsilon_{-45°} - (1-\mu)\varepsilon_{0°}]$$

例 17-4 图 17-11a 所示薄壁圆筒，承受内压 p、轴向拉力 F 与扭力偶矩 M 作用。圆筒的平均直径为 D，壁厚为 δ，弹性模量为 E，泊松比为 μ，试用电测法测量上述各载荷。

解：1. 问题分析

需要测量三个外载荷（p, F 与 M），必须粘贴三个工作应变片。

在拉力 F 作用下，筒壁的轴向正应变最大；在内压 p 作用下，筒壁的周向正应变最大；在扭力偶矩 M 作用下，沿 −45° 方位的拉应变最大。综合考虑上述情

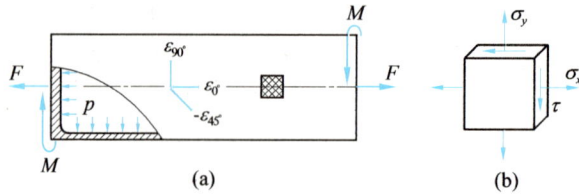

图 17-11

况,分别沿 $0°,90°$ 与 $-45°$ 方位粘贴应变片(图 17-11a)。

2. 应力与应变分析

用纵、横截面从筒壁切取微体,其应力如图 17-11b 所示, x 与 y 截面的正应力分别为

$$\sigma_x = \frac{pD}{4\delta} + \frac{F}{\pi D \delta} \tag{a}$$

$$\sigma_y = \frac{pD}{2\delta} \tag{b}$$

而切应力则为

$$\tau = \frac{2M}{\pi D^2 \delta} \tag{c}$$

显然,微体沿轴向与横向的正应变分别为

$$\varepsilon_x = \varepsilon_{0°} \tag{d}$$

$$\varepsilon_y = \varepsilon_{90°} \tag{e}$$

根据式(8-16)还可知,

$$\gamma_{xy} = 2\varepsilon_{-45°} - \varepsilon_{0°} - \varepsilon_{90°} \tag{f}$$

3. 载荷测量

根据广义胡克定律以及 E, G 与 μ 间的关系式(3-6),由式(d),(e)与式(f),得

$$\sigma_x = \frac{E(\varepsilon_{0°} + \mu\varepsilon_{90°})}{1-\mu^2}$$

$$\sigma_y = \frac{E(\mu\varepsilon_{0°} + \varepsilon_{90°})}{1-\mu^2}$$

$$\tau = G\gamma_{xy} = \frac{E[2\varepsilon_{-45°} - \varepsilon_{0°} - \varepsilon_{90°}]}{2(1+\mu)}$$

将式(a),(b)与式(c)依次代入上述三方程,并求解,于是得

$$p = \frac{2E\delta(\mu\varepsilon_{0°} + \varepsilon_{90°})}{(1-\mu^2)D}$$

$$F = \frac{E\pi D\delta\left[\,\varepsilon_{0°}\,(\,2-\mu\,)+\varepsilon_{90°}\,(\,2\mu-1\,)\,\right]}{2\,(\,1-\mu^{2}\,)}$$

$$M = \frac{E\pi D^{2}\delta\left[\,2\varepsilon_{-45°}-\varepsilon_{0°}-\varepsilon_{90°}\,\right]}{4\,(\,1+\mu\,)}$$

§17-4　光弹性仪与偏振光场

光弹性试验在光弹性仪上进行。光弹性仪由光路部分、加力部分与支承部分所组成。光路部分为光弹性仪的主要部分,包括光源、偏振片、四分之一波长片与透镜等。

光源分为单色光源与普通白光源两种。仅有一种波长的光波为单色光,白光则是由红、橙、黄、绿、青、蓝、紫七种单色光所组成。由汞灯或钠灯并配置适当滤光片可得单色光,由白炽灯或碘钨灯可得白光。

靠近光源的偏振片(图 17-12),称为起偏镜。其作用是将来自光源的自然光变为平面偏振光。靠近屏幕的偏振片,称为检偏镜或分析镜。当检偏镜的偏振轴 A 与起偏镜的偏振轴 P 垂直时,来自起偏镜的平面偏振光全部被检偏镜吸收,这时,屏幕上呈现黑暗。

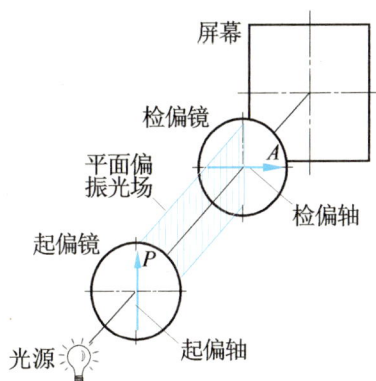

图 17-12

在光弹性仪中,另一对重要光学元件是所谓四分之一波长片或简称为 $\lambda/4$ 片。当平面偏振光垂直投射到 $\lambda/4$ 片时,由于双折射效应,被分解成沿 $\lambda/4$ 片的光轴方位与垂直于该光轴方位的两束平面偏振光(图 17-13),而且在穿越 $\lambda/4$ 片时,前者比后者传播快,在通过 $\lambda/4$ 片后,二者间产生一相位差或光程差,其值恰等于所用单色光波长 λ 的 1/4,所以,将该元件称为 $\lambda/4$ 片。

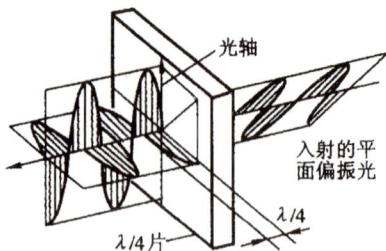

图 17-13

可以证明,当平面偏振光的振动平面与 $\lambda/4$ 片的光轴成 45°时(图 17-14),通过 $\lambda/4$ 片后,将形成一个幅值不变、光矢量作等速旋转的光波,称为圆偏振光。

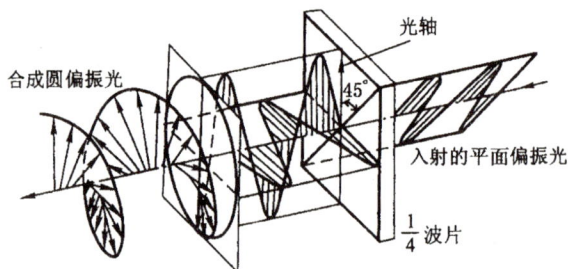

图 17-14

在正交平面偏振光场内放置一对 $\lambda/4$ 片,并使第一个 $\lambda/4$ 片的光轴与起偏轴 P 成 45°(图 17-15),则原来的平面偏振光变为圆偏振光。第二个 $\lambda/4$ 片的光轴与前一个 $\lambda/4$ 片的光轴垂直,其作用是消除第一个 $\lambda/4$ 片产生的光程差。所以,当圆偏振光通过第二个 $\lambda/4$ 片后,又还原为平面偏振光。

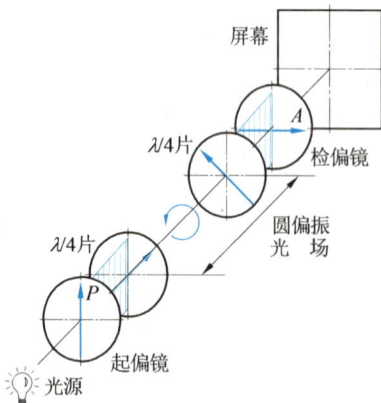

图 17-15

§17-5 光弹性法的基本原理

本节介绍光弹性法的基本原理与测试方法。

一、应力光学定律

试验表明,当平面偏振光垂直射入处于平面应力状态的光弹性透明模型时,将产生双折射效应,偏振光沿主应力 σ_i 与 σ_j 的方位分解成两束平面偏振光(图 17-16),而且,由于它们在模型中的传播速度不同,在通过模型后将产生一光程差,其值则为

$$\delta = Ch(\sigma_i - \sigma_j) \tag{17-10}$$

式中:C 为光学常数,其值与模型材料及所用光波的波长有关,由实验测定;h 为模型厚度。

式(17-10)表明,平面偏振光通过光弹性模型任一点所产生的光程差,与该点处的主应力差成正比,称为应力光学定律。于是,求主应力差的问题,转换为求光程差的问题。

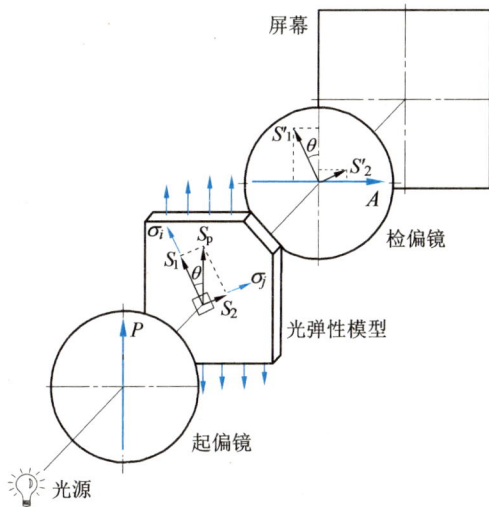

图 17-16

二、出射光的波动方程与光强

通过起偏镜后的光波为平面偏振光,其波动方程为

$$S_p = a \sin \frac{2\pi}{\lambda} vt$$

式中:a 为振幅;λ 为所用单色光的波长;v 为光波的传播速度;t 为时间。

如上所述,当上述偏振光到达模型时,将沿主应力 σ_i 与 σ_j 方位分解为 S_1 与 S_2 两束平面偏振光(图 17-16),其振幅分别为

$$a_1 = a \cos \theta$$
$$a_2 = a \sin \theta$$

式中,θ 代表主应力 σ_i 与起偏轴 P 的夹角。穿越模型后,由于出现光程差,上述两束偏振光的波动方程则分别为

$$S_1' = a_1 \sin \frac{2\pi}{\lambda} vt = a \cos \theta \sin \frac{2\pi}{\lambda} vt \tag{a}$$

$$S_2' = a_2 \sin \frac{2\pi}{\lambda}(vt-\delta) = a \sin \theta \sin \frac{2\pi}{\lambda}(vt-\delta) \tag{b}$$

然而,当此二偏振光到达检偏镜时,由于只有平行于检偏轴 A 的偏振光才能通过,所以,通过检偏镜后的合成光或出射光的波动方程为

$$S_A = S_1' \sin \theta - S_2' \cos \theta$$

将式(a)与(b)代入上式,得

$$S_A = a \sin 2\theta \sin \frac{\pi\delta}{\lambda} \cos \frac{2\pi}{\lambda}\left(vt-\frac{\delta}{2}\right)$$

由此可见,合成光仍为一平面偏振光,其振幅为

$$A = a \sin 2\theta \sin \frac{\pi\delta}{\lambda}$$

而其光强则为

$$I = KA^2 = K\left(a \sin 2\theta \sin \frac{\pi\delta}{\lambda}\right)^2 \tag{17-11}$$

式中,K 为另一光学常数。可见,光强 I 与光程差 δ 以及主应力方位角 θ 有关。

三、等差线与等倾线的形成

现在分析使光强 $I=0$ 的条件,并研究相应的力学现象。

由式(17-11)可知,当 $\sin(\pi\delta/\lambda)=0$ 时,$I=0$,而该方程的解为

$$\delta = m\lambda \quad (m=0,1,2,\cdots) \tag{17-12}$$

所以,当通过模型任一点所产生的光程差等于所用单色光波长的整数倍时,屏幕上相应呈现黑点。

一般情况下,模型内各点处的主应力差不同,产生的光程差也不同,但由于

应力是连续分布的,一般总存在光程差相同的点并汇集成连续曲线,所以,当某曲线上各点的光程差 $\delta = m\lambda$ 时,屏幕上相应呈现黑色条纹。根据应力光学定律可知,光程差相同的点,主应力差也相同。屏幕上对应同值主应力差所呈现的条纹,称为等差线。

当 $\delta = 0, \lambda, 2\lambda, \cdots$ 时均使 $I=0$,所以,屏幕上将同时呈现若干黑色条纹,分别称为 0 级等差线、1 级等差线、2 级等差线、…,等等。由等差线族构成的图案,称为等差线图。例如,图 17-17a 所示即为径向受压圆盘的等差线图。

如果用白光作光源,则上述等差线由彩色带组成。凡是主应力差或光程差相同的点,条纹的颜色相同,所以,等差线又称为等色线。

由式(17-11)还可以看出,当 $\sin 2\theta = 0$ 时, $I=0$,而该方程的解为

$$\theta = \frac{n\pi}{2} \quad (n=0,1,2,\cdots)$$

所以,当模型内某点的主应力方位平行于起偏轴 P 时,屏幕上相应呈现黑点。模型内一般也存在主应力方位相同的点,它们汇集成连续曲线。当起偏轴与上述某曲线各点的主应力方位相同时,屏幕上相应呈现一条黑色条纹,而相应主应力的方位角,则可由起偏镜的刻度盘读出。屏幕上对应同值方位角所呈现的条纹,称为等倾线。

当起偏镜位于 0°时,屏幕上呈现 0°等倾线,同步旋转起偏镜与检偏镜至另一角度,例如 5°,10°,…,屏幕上将相继出现 5°,10°,…等倾线。由等倾线族所构成的图案,称为等倾线图。例如,图 7-17a 所示径向受压圆盘,其等倾线图即如图 17-17b 所示。

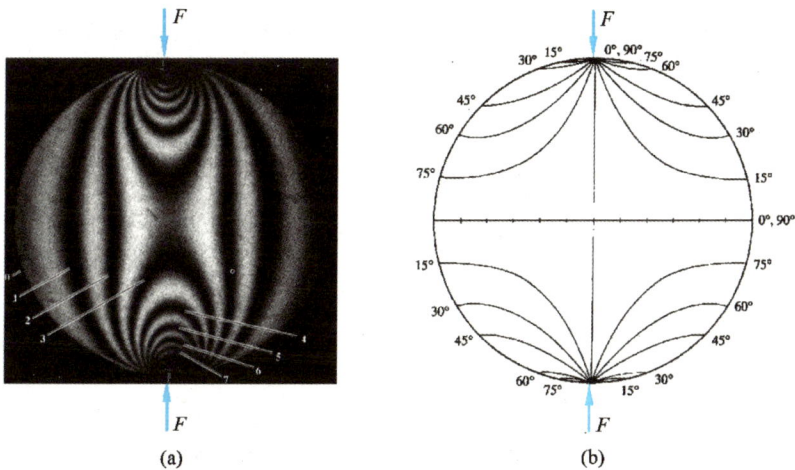

图 17-17

四、等差线与等倾线的观测

由以上分析可知,等差线的形成与光程差的大小有关,等倾线的形成则与主应力和偏振轴间的相对方位有关。所以,在使用平面偏振光进行实验时,屏幕上将同时出现等差线与等倾线。但是,如果采用圆偏振光场(图17-15),等倾线将不复存在。

在圆偏振光场中观测等差线时,首要问题是确定等差线的级数。由于模型内的应力是连续分布的,因此,相邻等差线的级数必然是连续变化的。此外,在一般情况下,等差线图中常存在 $m=0$ 的黑点或黑线,即 $\sigma_i = \sigma_j$ 的点或线。于是,当确定了条纹级数为零的点或线的位置后,根据条纹级数变化的连续性,即可确定任一等差线的级数。

观测等差线可用白光或单色光。当使用白光时,等差线为彩色条纹,零级等差线为黑色,一级等差线的色彩在红、蓝之间,二级等差线的色彩在红、绿之间,…,等等。不足的是,随着条纹级数的增加,色彩变淡,识别率显著降低。所以,在观测等差线时,最好先用白光作光源,用以确定各级条纹的变化规律,特别是确定零级等差线的位置,然后再改用单色光进行精确观测,并记下各条纹的级数。

观测等倾线须用平面偏振光,而且,为便于识别等倾线,最好用白光作光源,这时,等差线为彩色条纹,而等倾线则为黑色条纹。

§17-6 边界应力计算与数字光弹性法简介

本节研究构件边界应力的分析计算方法,并简要介绍光弹图像采集与应力分析计算的近代技术。

一、边界应力计算

将式(17-10)代入式(17-12),得

$$\sigma_i - \sigma_j = \frac{\lambda m}{Ch}$$

引入符号

$$f = \frac{\lambda}{C}$$

并称为材料的**条纹值**,于是得

$$\sigma_i - \sigma_j = m\frac{f}{h} \tag{17-13}$$

上式表明,主应力差与条纹级数及材料条纹值成正比,与模型厚度成反比。

对于不直接承受外力作用的板件边缘,即自由边界(图17-18a),与边界正交的主应力为零,所以,当测得边界处的条纹级数后,由式(17-13)即可确定与边界切线相平行的另一主应力值。同样,如果在边界处作用有已知的法向载荷(图17-18b),这时,与边界正交的主应力是已知的,而与边界切线相平行的另一主应力值同样可由该式确定。

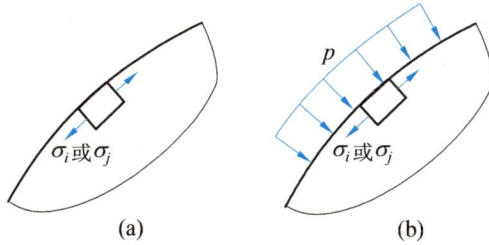

图 17-18

二、数字光弹性法简介

采用光弹性法测量应力时,由于等差线条纹往往稀少,等倾线又粗宽、弥散,因而影响了应力的测试精度。

近年来,电子计算机得到迅速发展。将电子计算机与数字图像处理技术引入光弹应力分析领域,实现了光弹图像的自动采集、处理与应力分析计算,进一步提高了应力的测试精度与速度。

图17-19所示为一种光弹图像自动采集与分析系统的示意图,它包括光弹图像输入、图像存贮、图像显示、计算机以及结果输出装置等部分。

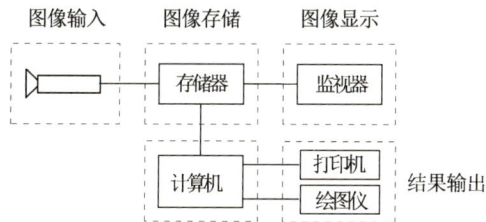

图 17-19

图像输入设备的性能对采图精度与质量有直接影响,目前一般常采用所谓CCD(Charge Coupled Device)相机作为图像输入设备,它是一种利用光敏电荷耦合实现光电转换的设备。CCD相机安装在光弹仪的光场中,直接对准光弹受力模型摄取光弹图像(图17-20)。

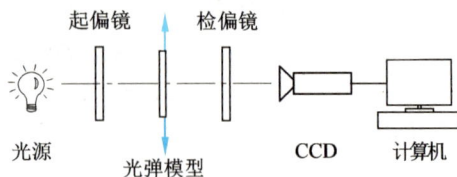

图 17-20

利用光弹图像的自动采集与分析系统,不仅实现了对等倾线与等差线的自动采集,而且,还对上述应力光图进行数值处理,包括增强条纹的反差、确定条纹中心线的位置、条纹的增密与细化、判别条纹参数(等倾角与条纹级数)、以及消除噪声干扰等,最后形成精细的等倾线与等差线的骨骼线图,并在此基础上,应用相关理论(例如切应力差数法),自动进行应力分析。

复 习 题

17-1 试述电阻应变片的转换原理与电测法的测量原理? 如何实现温度补偿?

17-2 如何针对不同应力状态确定布片与接线方案?

17-3 试述应力光学定律与光弹性法的基本原理?

17-4 何谓等差线? 如何确定其条纹级数? 何谓等倾线? 在实验观测时,如何区分等差线和等倾线?

17-5 如何根据等差线计算板件边界部位的应力?

习 题

17-1 图示工字型截面悬臂梁,弹性常数 E 与 μ 均为已知,并承受铅垂载荷 F 作用,为了测出图示截面 A,B 与 C 三点处的应力(A 点位于翼缘端部,B 点位于中性层,C 点位于腹板与翼缘的交界处),试确定布片与接线方案,并建立相应计算公式。

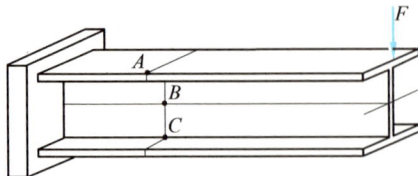

题 17-1 图

17-2 图示圆截面轴,直径 d、弹性常数 E 与 μ 均为已知,并承受弯矩 M 与扭力偶矩 M_e 作用。为了测出该二力偶矩之值,在截面顶部与底部沿 $\pm45°$ 方位粘贴四个应变片,试确定接线方案,并建立相应计算公式。

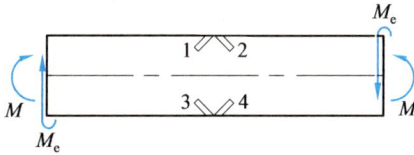

题 17-2 图

17-3 图示薄壁圆筒,同时承受内压 p 与扭力矩 M_e 作用。已知筒截面的平均半径为 R_0,壁厚为 δ,材料的弹性模量为 E,泊松比为 μ。试确定用电测法测量 p 与 M_e 值的布片与接线方案,并建立相应计算公式。

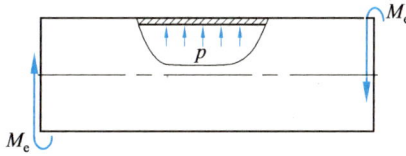

题 17-3 图

17-4 用直角应变花测得构件表面某点处的应变为 $\varepsilon_{0°} = 400\times10^{-6}$, $\varepsilon_{45°} = 300\times10^{-6}$, $\varepsilon_{90°} = 100\times10^{-6}$,材料的弹性模量 $E = 200$ GPa,泊松比 $\mu = 0.3$,试确定该点处的主应力大小及方位。

*第十八章　杆与杆系分析的计算机方法

以位移作为基本未知量进行结构分析的方法,即所谓位移法。位移法不仅可用于分析静定问题,也可用于分析静不定问题。

本章简要介绍用位移法分析杆与杆系的基本原理与方法,为便于计算机的应用,有关变量、公式与方程均采用矩阵形式表示。

工程实际中的一些杆与杆系结构,其所受载荷往往比较复杂,横截面也常常是变化的,采用解析方法,往往不易求解,对于这类问题,如果利用计算机并采用数值方法求解,则常常极为有效。

本章的主要研究对象是梁、平面刚架与平面桁架等,并结合具体算例,介绍有关程序的应用。

§18-1　位移法概念

考虑图 18-1a 所示桁架,由 n 根杆组成,并在节点 A 承受载荷 F_x 与 F_y 作用。设杆 $i(i=1,2,\cdots,n)$ 的拉压刚度 E_iA_i、杆长 l_i 与方位角 θ_i 均为已知,现分析各杆的轴力。

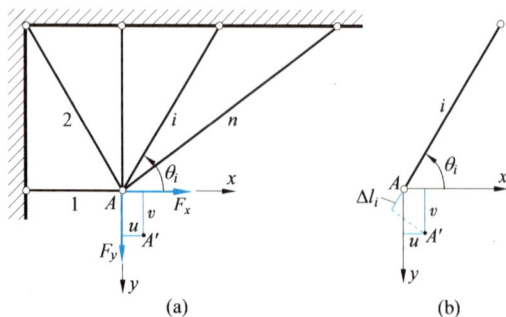

(a)　　　　(b)

图 18-1

桁架受力后,节点 A 位移至 A' 处(图 18-1b)。设该节点沿坐标轴 x 与 y 方

位的位移分量分别为 u 与 v,则根据变形几何关系与胡克定律可知,杆 i 的轴向变形与轴力分别为

$$\Delta l_i = v\sin \theta_i - u\cos \theta_i \tag{a}$$

$$F_{Ni} = \frac{E_i A_i}{l_i}\Delta l_i = \frac{E_i A_i}{l_i}(v\sin \theta_i - u\cos \theta_i) \tag{b}$$

可见,当位移 u 与 v 确定后,各杆的轴向变形与轴力即随之确定。

如前所述,为了求解静不定问题,除应利用几何条件与物理关系外,还应利用静力平衡条件。所以,位移 u 与 v 可根据静力平衡条件确定。

节点 A 的平衡方程为

$$\sum F_x = 0, \qquad \sum_{i=1}^{n} F_{Ni}\cos \theta_i + F_x = 0$$

$$\sum F_y = 0, \qquad \sum_{i=1}^{n} F_{Ni}\sin \theta_i - F_y = 0$$

将式(b)代入上述方程组,得

$$v\sum_{i=1}^{n}\frac{E_i A_i}{l_i}\sin \theta_i\cos \theta_i - u\sum_{i=1}^{n}\frac{E_i A_i}{l_i}\cos^2 \theta_i + F_x = 0$$

$$v\sum_{i=1}^{n}\frac{E_i A_i}{l_i}\sin^2 \theta_i - u\sum_{i=1}^{n}\frac{E_i A_i}{l_i}\sin \theta_i\cos \theta_i - F_y = 0$$

解上述方程组,可求出位移 u 与 v,再将其代入式(b)与(a),即可确定各杆的轴力与变形。

由以上分析可以看出,利用位移法求解时,首先是将结构分解成若干杆件或单元,然后利用变形几何关系与胡克定律,用节点位移表示单元的变形与内力,最后,将各单元组合成结构并由节点的平衡条件确定节点位移,从而求出各单元的变形与内力等。可见,位移法求解的基本方程是用位移表示的平衡方程。

§18-2 刚度矩阵与等效节点载荷概念

以上所述仅仅是一个比较简单的实例,实际结构往往比较复杂,而且形式多样。为便于计算机的应用,现以连续梁为例,说明如何将整个分析计算过程规范化、程序化,包括单元的特性研究,单元的组合,以及在给定载荷与位移约束条件下的求解等。

一、单元刚度矩阵

图 18-2a 所示连续梁,在其支座处承受矩为 M_1, M_2, M_3 与 M_4 的集中力偶

作用。现将支座处的梁微段视为刚节点(图 18-2b),每两个支座之间的梁段为一个单元,则连续梁被离散为由若干刚节点连接的连续梁单元的组合体,而基本未知量则为节点的转角。

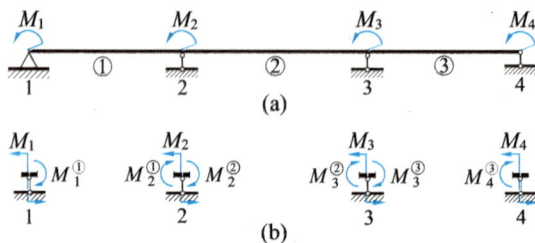

图 18-2

如图所示,节点的编号为 1,2,3 与 4,单元的编号为①,②与③,单元的端点位移即截面转角,而相应的端点力则为力偶矩。现在选取一典型单元ⓔ(图 18-3),以研究单元的端点力偶矩 M_i^e,M_j^e 与端点转角 θ_i,θ_j 之间的关系。这里,e 为单元编号,i 与 j 为节点编号,单元ⓔ的弯曲刚度为 $E_e I_e$,长度为 l_e,并规定转向为逆时针的端点力偶矩与端点转角为正。

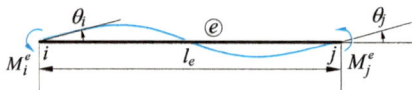

图 18-3

由叠加法可知,在端点力偶矩 M_i^e 与 M_j^e 的作用下,端点 i 与 j 的转角分别为

$$\theta_i = \frac{M_i^e l_e}{3E_e I_e} - \frac{M_j^e l_e}{6E_e I_e}$$

$$\theta_j = -\frac{M_i^e l_e}{6E_e I_e} + \frac{M_j^e l_e}{3E_e I_e}$$

联立求解上述方程,并令

$$i_e = \frac{E_e I_e}{l_e}$$

于是得

$$M_i^e = 4i_e\theta_i + 2i_e\theta_j$$

$$M_j^e = 2i_e\theta_i + 4i_e\theta_j$$

写成矩阵形式,即为

$$\begin{pmatrix} M_i^e \\ M_j^e \end{pmatrix} = \begin{pmatrix} 4i_e & 2i_e \\ 2i_e & 4i_e \end{pmatrix} \begin{pmatrix} \theta_i \\ \theta_j \end{pmatrix} \qquad (18\text{-}1)$$

单元端点力与端点位移间的关系方程,称为**单元刚度方程**。单元刚度方程的系数矩阵,称为**单元刚度矩阵**,并用 **k** 表示。所以,式(18-1)即为连续梁单元的刚度方程,而其单元刚度矩阵则为

$$k = \begin{pmatrix} 4i_e & 2i_e \\ 2i_e & 4i_e \end{pmatrix} \qquad (18\text{-}2)$$

可以看出,单元刚度矩阵为对称矩阵。

二、整体刚度矩阵

在图 18-2a 所示连续梁中,节点转角为 θ_1, θ_2, θ_3 与 θ_4,作用在节点上的载荷即所谓节点载荷为力偶矩 M_1, M_2, M_3 与 M_4,它们分别组成梁的节点位移矢量 θ 与节点载荷矢量 M,即

$$\theta = (\theta_1 \quad \theta_2 \quad \theta_3 \quad \theta_4)^{\mathrm{T}}$$

$$M = (M_1 \quad M_2 \quad M_3 \quad M_4)^{\mathrm{T}}$$

这里,并规定转向为逆时针的节点转角与节点力偶矩为正。

在线弹性范围内,节点载荷与相应节点位移之间保持线性关系,因此,节点载荷矢量与节点位移矢量之间的关系可表示为

$$\begin{pmatrix} M_1 \\ M_2 \\ M_3 \\ M_4 \end{pmatrix} = \begin{pmatrix} K_{11} & K_{12} & K_{13} & K_{14} \\ K_{21} & K_{22} & K_{23} & K_{24} \\ K_{31} & K_{32} & K_{33} & K_{34} \\ K_{41} & K_{42} & K_{43} & K_{44} \end{pmatrix} \begin{pmatrix} \theta_1 \\ \theta_2 \\ \theta_3 \\ \theta_4 \end{pmatrix} \qquad (\text{a})$$

或简写成

$$M = K\theta \qquad (18\text{-}3)$$

节点载荷矢量与节点位移矢量间的关系方程,称为**整体刚度方程**。整体刚度方程的系数矩阵 **K**,称为**整体刚度短阵**。

显然,整体刚度矩阵与单元刚度矩阵密切相关,现在研究二者间的关系。

由式(18-1)可知,单元①,②与单元③的刚度方程分别为

$$\begin{pmatrix} M_1^{\textcircled{1}} \\ M_2^{\textcircled{1}} \end{pmatrix} = \begin{pmatrix} 4i_1 & 2i_1 \\ 2i_1 & 4i_1 \end{pmatrix} \begin{pmatrix} \theta_1 \\ \theta_2 \end{pmatrix}$$

$$\begin{pmatrix} M_2^{\textcircled{2}} \\ M_3^{\textcircled{2}} \end{pmatrix} = \begin{pmatrix} 4i_2 & 2i_2 \\ 2i_2 & 4i_2 \end{pmatrix} \begin{pmatrix} \theta_2 \\ \theta_3 \end{pmatrix}$$

$$\begin{pmatrix} M_3^{③} \\ M_4^{③} \end{pmatrix} = \begin{pmatrix} 4i_3 & 2i_3 \\ 2i_3 & 4i_3 \end{pmatrix} \begin{pmatrix} \theta_3 \\ \theta_4 \end{pmatrix}$$

为了建立整体刚度矩阵,将上述各单元刚度方程,扩大为包括所有节点位移的形式,它们依次变为

$$\begin{pmatrix} M_1^{①} \\ M_2^{①} \\ 0 \\ 0 \end{pmatrix} = \begin{pmatrix} 4i_1 & 2i_1 & 0 & 0 \\ 2i_1 & 4i_1 & 0 & 0 \\ 0 & 0 & 0 & 0 \\ 0 & 0 & 0 & 0 \end{pmatrix} \begin{pmatrix} \theta_1 \\ \theta_2 \\ \theta_3 \\ \theta_4 \end{pmatrix}$$

$$\begin{pmatrix} 0 \\ M_2^{②} \\ M_3^{②} \\ 0 \end{pmatrix} = \begin{pmatrix} 0 & 0 & 0 & 0 \\ 0 & 4i_2 & 2i_2 & 0 \\ 0 & 2i_2 & 4i_2 & 0 \\ 0 & 0 & 0 & 0 \end{pmatrix} \begin{pmatrix} \theta_1 \\ \theta_2 \\ \theta_3 \\ \theta_4 \end{pmatrix}$$

$$\begin{pmatrix} 0 \\ 0 \\ M_3^{③} \\ M_4^{③} \end{pmatrix} = \begin{pmatrix} 0 & 0 & 0 & 0 \\ 0 & 0 & 0 & 0 \\ 0 & 0 & 4i_3 & 2i_3 \\ 0 & 0 & 2i_3 & 4i_3 \end{pmatrix} \begin{pmatrix} \theta_1 \\ \theta_2 \\ \theta_3 \\ \theta_4 \end{pmatrix}$$

然后,将上述三式相加,得

$$\begin{pmatrix} M_1^{①} \\ M_2^{①} + M_2^{②} \\ M_3^{②} + M_3^{③} \\ M_4^{③} \end{pmatrix} = \begin{pmatrix} 4i_1 & 2i_1 & 0 & 0 \\ 2i_1 & 4i_1 + 4i_2 & 2i_2 & 0 \\ 0 & 2i_2 & 4i_2 + 4i_3 & 2i_3 \\ 0 & 0 & 2i_3 & 4i_3 \end{pmatrix} \begin{pmatrix} \theta_1 \\ \theta_2 \\ \theta_3 \\ \theta_4 \end{pmatrix} \qquad (\text{b})$$

由图 18-2b 可以看出,在各个节点上,除作用有外加力偶矩即节点载荷外,还作用有梁单元的端点力偶矩,它们之间保持平衡,节点 1,2,3 与 4 的平衡方程依次为

$$M_1^{①} = M_1$$
$$M_2^{①} + M_2^{②} = M_2$$
$$M_3^{②} + M_3^{③} = M_3$$
$$M_4^{③} = M_4$$

将上述关系式代入式(b),于是得

$$\begin{pmatrix} M_1 \\ M_2 \\ M_3 \\ M_4 \end{pmatrix} = \begin{pmatrix} 4i_1 & 2i_1 & 0 & 0 \\ 2i_1 & 4i_1+4i_2 & 2i_2 & 0 \\ 0 & 2i_2 & 4i_2+4i_3 & 2i_3 \\ 0 & 0 & 2i_3 & 4i_3 \end{pmatrix} \begin{pmatrix} \theta_1 \\ \theta_2 \\ \theta_3 \\ \theta_4 \end{pmatrix} \qquad (18-4)$$

比较上式与式(a)可知,上式右端的系数矩阵即整体刚度矩阵 **K**。

可见,将各单元的刚度矩阵扩大并叠加,即构成整体刚度矩阵。还可以看出,整体刚度矩阵也是对称矩阵。

三、等效节点载荷

一般情况下,连续梁上除在节点直接作用有载荷即节点载荷外,在节点间也常常作用有载荷,即所谓非节点载荷。例如,在图 18-4a 所示连续梁的单元② 上,作用有均布载荷 q。

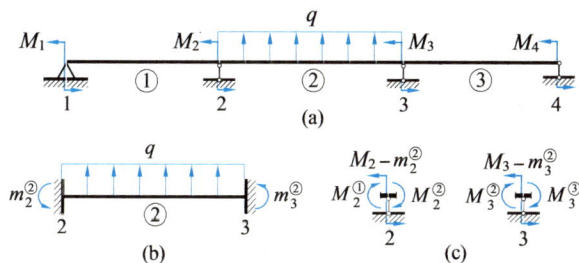

图 18-4

当单元上作用有非节点载荷、同时杆端节点又有位移时,可以先求出只有节点位移时的端点力,然后再求出单元上作用有中间载荷、而节点位移为零时的端点力,最后将两组端点力叠加,即得总的端点力。

第一组杆端力由式(18-1)确定。而杆端节点无位移的情况,相当于杆端固定支持(图 18-4b),因此,中间载荷引起的附加端点力即固定端的约束力偶矩 $m_2^{②}$ 与 $m_3^{②}$。

根据上述分析,对于图 18-4a 所示梁,节点 2 与 3 的受力如图 18-4c 所示,因此,整体刚度方程(18-4)变为

$$\begin{pmatrix} M_1 \\ M_2-m_2^{②} \\ M_3-m_3^{②} \\ M_4 \end{pmatrix} = \begin{pmatrix} 4i_1 & 2i_1 & 0 & 0 \\ 2i_1 & 4i_1+4i_2 & 2i_2 & 0 \\ 0 & 2i_2 & 4i_2+4i_3 & 2i_3 \\ 0 & 0 & 2i_3 & 4i_3 \end{pmatrix} \begin{pmatrix} \theta_1 \\ \theta_2 \\ \theta_3 \\ \theta_4 \end{pmatrix} \qquad (18-5)$$

由此可见,当某单元上存在非节点载荷时,只需将由其在固定端引起的支反力偶矩的负值,与相应外加节点载荷叠加,以形成节点总载荷矢量并进行求解即可。非节点载荷在单元固定端所引起的约束力的等值反向力,称为**等效节点载荷**。对于连续梁单元,节点位移为转角,即仅具有一个自由度,所以,相应等效节点载荷即为支反力偶矩。

解方程(18-5)求得节点位移后,由式(18-1)可求出各单元的端点力偶矩。但对于存在非节点载荷的单元②,其端点力偶矩中则还应包括附加力偶矩 $m_2^{②}$ 与 $m_3^{②}$,即

$$\begin{pmatrix} M_2^{②} \\ M_3^{②} \end{pmatrix} = \begin{pmatrix} 4i_2 & 2i_2 \\ 2i_2 & 4i_2 \end{pmatrix} \begin{pmatrix} \theta_2 \\ \theta_3 \end{pmatrix} + \begin{pmatrix} m_2^{②} \\ m_3^{②} \end{pmatrix}$$

四、位移约束条件的引入

有些情况下,连续梁上的某些节点的载荷为已知,而另一些节点的位移(即转角)为已知,即给定了位移约束条件。例如 18-5 所示连续梁的左端为固定端,该截面的转角为零,但支反力偶矩为未知。在这种情况下,节点载荷矢量中包含未知项,而节点位移矢量中则包含已知项。对于这类问题,一种常用的处理方法是所谓乘大数法。

图 18-5

设节点位移矢量的第 i 个分量 θ_i 为已知,其值为 $\bar{\theta}_i$(零或非零值),则可将整体刚度矩阵的对角线元素 K_{ii} 乘以某个很大的数 a,例如数量级为 $10^{10} \sim 10^{12}$ 的数,同时,将节点载荷矢量中的第 i 个分量用 $aK_{ii}\bar{\theta}_i$ 代替,即

$$\begin{pmatrix} K_{11} & K_{12} & \cdots & K_{1i} & \cdots & K_{1n} \\ K_{21} & K_{22} & \cdots & K_{2i} & \cdots & K_{2n} \\ \vdots & \vdots & & \vdots & & \vdots \\ K_{i1} & K_{i2} & \cdots & aK_{ii} & \cdots & K_{in} \\ \vdots & \vdots & & \vdots & & \vdots \\ K_{n1} & K_{n2} & \cdots & K_{ni} & \cdots & K_{nn} \end{pmatrix} \begin{pmatrix} \theta_1 \\ \theta_2 \\ \vdots \\ \theta_i \\ \vdots \\ \theta_n \end{pmatrix} = \begin{pmatrix} M_1 \\ M_2 \\ \vdots \\ aK_{ii}\bar{\theta}_i \\ \vdots \\ M_n \end{pmatrix}$$

经上述修改后,整体刚度方程组的第 i 个方程变为

$$K_{i1}\theta_1 + K_{i2}\theta_2 + \cdots + aK_{ii}\theta_i + \cdots + K_{in}\theta_n = aK_{ii}\bar{\theta}_i$$

在上式中,由于 $aK_{ii} \gg K_{ij}(j \neq i)$,于是得

$$\theta_i \approx \overline{\theta}_i$$

采用上述乘大数法,不仅求解方便,而且,由于方程的阶数与节点位移的顺序均不改变,程序编制简单。因此,乘大数法在实际计算中得到广泛应用。

五、矩阵位移法求解要点概述

以上所述以位移法为基础、矩阵为工具、离散化为手段进行结构分析的数值方法,称为矩阵位移法。现将其基本要点概述如下:

1. 将研究对象离散化为节点与单元体的组合;

2. 由单元刚度矩阵组集整体刚度矩阵,将节点载荷与等效节点载荷相叠加,形成节点载荷矢量;

3. 根据位移约束条件对整体刚度矩阵与节点载荷矢量进行修正;

4. 解整体刚度方程求节点位移,并利用单元刚度矩阵由节点位移求端点力,从而进一步确定各单元的内力、应力与位移等。

单元刚度矩阵的建立、整体刚度矩阵的组集与处理,是一项很规范的工作,特别适合利用计算机完成,此外,线性方程组的求解也有许多标准程序可以利用。

例 18-1 图 18-6a 所示连续梁,承受集中载荷 F、均布载荷 q 与矩为 M_e 的集中力偶作用。已知 $F = 5 \text{ kN}, q = 5 \text{ N/mm}, M_e = 5 \times 10^6 \text{ N} \cdot \text{mm}, l = 2 \text{ m}$,试建立节点载荷矢量。

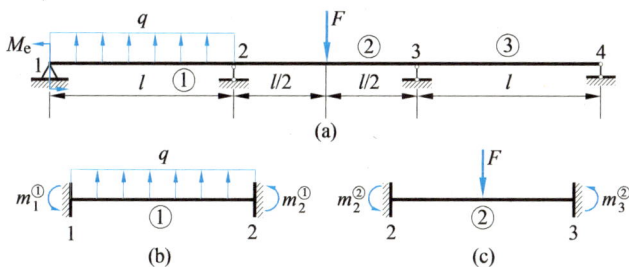

图 18-6

解: 当单元①与②的端点固定时,固定端的支反力偶矩如图 18-6b 与 c 所示,方向均设为正,其值则分别为

$$m_1^{①} = -m_2^{①} = -\frac{ql^2}{12} = -\frac{(5 \times 10^3 \text{ N/m})(2 \text{ m})^2}{12} = -1.66 \times 10^3 \text{ N} \cdot \text{m}$$

$$m_2^{②} = -m_3^{②} = \frac{Fl}{8} = \frac{(5 \times 10^3 \text{ N})(2 \text{ m})}{8} = 1.25 \times 10^3 \text{ N} \cdot \text{m}$$

作用在节点 1 的载荷为

$$M_1 = M_e$$

于是得梁的节点载荷矢量为

$$\boldsymbol{M} = \begin{pmatrix} M_e - m_1^{①} \\ -m_2^{①} - m_2^{②} \\ -m_3^{②} \\ 0 \end{pmatrix} = \begin{pmatrix} 6.66 \times 10^3 \\ -2.91 \times 10^3 \\ 1.25 \times 10^3 \\ 0 \end{pmatrix} \text{N} \cdot \text{m}$$

§18-3 刚架单元的特性分析

常见的平面杆系结构,有平面刚架与平面桁架。本节研究平面刚架单元的刚度矩阵与等效节点载荷的计算公式。

一、局部坐标系刚架单元的刚度矩阵

考虑图 18-7 所示平面刚架单元,坐标原点位于端点 i,坐标轴 x 沿杆件轴线,并与坐标轴 y 形成右手坐标系,端点 i 与 j 的位移为 u_i, v_i, θ_i 与 u_j, v_j, θ_j,相应端点力为 $F_{xi}^e, F_{yi}^e, M_i^e$ 与 $F_{xj}^e, F_{yj}^e, M_j^e$,即单元的端点位移矢量与端点力矢量分别为

$$\boldsymbol{d} = \begin{pmatrix} u_i & v_i & \theta_i & u_j & v_j & \theta_j \end{pmatrix}^{\text{T}}$$

$$\boldsymbol{f} = \begin{pmatrix} F_{xi}^e & F_{yi}^e & M_i^e & F_{xj}^e & F_{yj}^e & M_j^e \end{pmatrix}^{\text{T}}$$

这里,并规定与相应坐标轴同向的端点位移 u, v 及端点力 F_x^e, F_y^e 为正,逆时针转向的端点转角 θ 及端点力偶矩 M^e 为正。现在,研究端点力矢量与端点位移矢量间的关系。

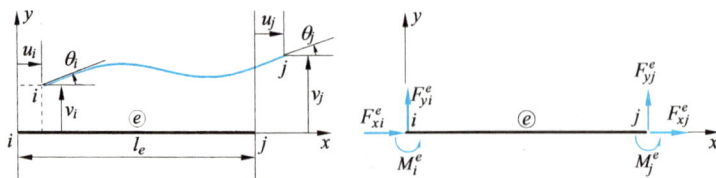

图 18-7

在图 18-8a 中,单元的 i 端固定,使 j 端产生位移 u_j, v_j 与 θ_j,求得 j 端的端点

力为

$$F'_{xj} = \frac{EA}{l}u_j$$

$$F'_{yj} = \frac{12EI}{l^3}v_j - \frac{6EI}{l^2}\theta_j$$

$$M'_j = -\frac{6EI}{l^2}v_j + \frac{4EI}{l}\theta_j$$

根据平衡条件,求得 i 端的相应端点力为

$$F'_{xi} = -F'_{xj} = -\frac{EA}{l}u_j$$

$$F'_{yi} = -F'_{yj} = -\frac{12EI}{l^3}v_j + \frac{6EI}{l^2}\theta_j$$

$$M'_i = -M'_j - F'_{yj}l = -\frac{6EI}{l^2}v_j + \frac{2EI}{l}\theta_j$$

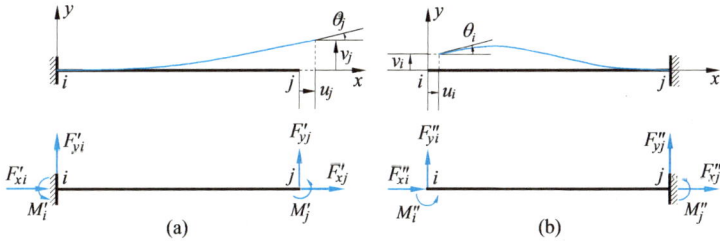

图 18-8

在图 18-8b 中,单元的 j 端固定,使 i 端产生位移 u_i, v_i 与 θ_i,按照上述方法求得端点 i 与 j 的端点力分别为

$$F''_{xi} = \frac{EA}{l}u_i$$

$$F''_{yi} = \frac{12EI}{l^3}v_i + \frac{6EI}{l^2}\theta_i$$

$$M''_i = \frac{6EI}{l^2}v_i + \frac{4EI}{l}\theta_i$$

$$F''_{xj} = -\frac{EA}{l}u_i$$

$$F''_{yj} = -\frac{12EI}{l^3}v_i - \frac{6EI}{l^2}\theta_i$$

$$M_j'' = \frac{6EI}{l^2}v_i + \frac{2EI}{l}\theta_i$$

将上述两组端点力叠加,即得平面刚架单元的刚度方程为

$$f = kd \tag{a}$$

式中,k 为平面刚架单元的刚度矩阵,其表达式为

$$k = \begin{pmatrix} \dfrac{EA}{l} & 0 & 0 & -\dfrac{EA}{l} & 0 & 0 \\[3mm] 0 & \dfrac{12EI}{l^3} & \dfrac{6EI}{l^2} & 0 & -\dfrac{12EI}{l^3} & \dfrac{6EI}{l^2} \\[3mm] 0 & \dfrac{6EI}{l^2} & \dfrac{4EI}{l} & 0 & -\dfrac{6EI}{l^2} & \dfrac{2EI}{l} \\[3mm] -\dfrac{EA}{l} & 0 & 0 & \dfrac{EA}{l} & 0 & 0 \\[3mm] 0 & -\dfrac{12EI}{l^3} & -\dfrac{6EI}{l^2} & 0 & \dfrac{12EI}{l^3} & -\dfrac{6EI}{l^2} \\[3mm] 0 & \dfrac{6EI}{l^2} & \dfrac{2EI}{l} & 0 & -\dfrac{6EI}{l^2} & \dfrac{4EI}{l} \end{pmatrix} \tag{18-6}$$

二、整体坐标系平面刚架单元的刚度矩阵

以上建立刚架单元的刚度矩阵时,坐标轴 x 沿杆轴,并与坐标轴 y 构成右手坐标系,即为一种依附于杆轴方位的局部坐标系。然而,组成刚架各单元的方位不尽相同,因此,为进行整体分析,必需采用统一或整体坐标系,以建立用整体坐标系描写的单元刚度矩阵。

如图 18-9a 所示,在整体坐标系 $\overline{O}\overline{x}\overline{y}$ 中,设端点 i 的位移为 $\overline{u}_i, \overline{v}_i, \overline{\theta}_i$,端点 j 的位移为 $\overline{u}_j, \overline{v}_j, \overline{\theta}_j$,坐标轴 x 的方位角为 α,则显然有

$$u_i = \overline{u}_i \cos\alpha + \overline{v}_i \sin\alpha$$

$$v_i = -\overline{u}_i \sin\alpha + \overline{v}_i \cos\alpha$$

$$\theta_i = \overline{\theta}_i$$

$$u_j = \overline{u}_j \cos\alpha + \overline{v}_j \sin\alpha$$

$$v_j = -\overline{u}_j \sin\alpha + \overline{v}_j \cos\alpha$$

$$\theta_j = \overline{\theta}_j$$

用矩阵表示,得

$$
\begin{pmatrix} u_i \\ v_i \\ \theta_i \\ u_j \\ v_j \\ \theta_j \end{pmatrix} = \begin{bmatrix} \cos\alpha & \sin\alpha & 0 & 0 & 0 & 0 \\ -\sin\alpha & \cos\alpha & 0 & 0 & 0 & 0 \\ 0 & 0 & 1 & 0 & 0 & 0 \\ 0 & 0 & 0 & \cos\alpha & \sin\alpha & 0 \\ 0 & 0 & 0 & -\sin\alpha & \cos\alpha & 0 \\ 0 & 0 & 0 & 0 & 0 & 1 \end{bmatrix} \begin{pmatrix} \bar{u}_i \\ \bar{v}_i \\ \bar{\theta}_i \\ \bar{u}_j \\ \bar{v}_j \\ \bar{\theta}_j \end{pmatrix} \tag{b}
$$

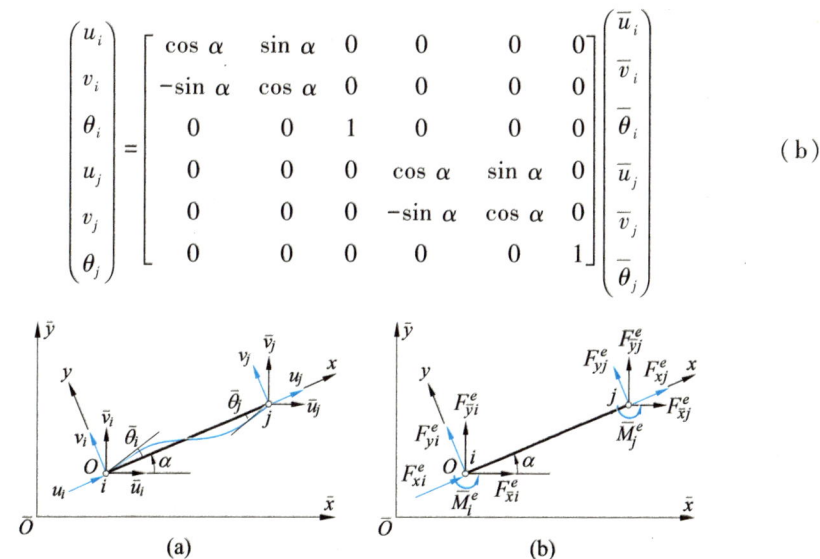

图 18-9

将式(b)右端的系数矩阵或转换矩阵用 T 表示,即

$$
T = \begin{pmatrix} \cos\alpha & \sin\alpha & 0 & 0 & 0 & 0 \\ -\sin\alpha & \cos\alpha & 0 & 0 & 0 & 0 \\ 0 & 0 & 1 & 0 & 0 & 0 \\ 0 & 0 & 0 & \cos\alpha & \sin\alpha & 0 \\ 0 & 0 & 0 & -\sin\alpha & \cos\alpha & 0 \\ 0 & 0 & 0 & 0 & 0 & 1 \end{pmatrix} \tag{18-7}
$$

同时,令整体坐标系中的端点位移矢量为

$$
\bar{d} = (\bar{u}_i \quad \bar{v}_i \quad \bar{\theta}_i \quad \bar{u}_j \quad \bar{v}_j \quad \bar{\theta}_j)^{\mathrm{T}}
$$

于是得

$$
d = T\bar{d} \tag{18-8}
$$

如图 18-9b 所示,在整体坐标系 $\overline{O}\,\overline{x}\,\overline{y}$ 中,设端点 i 的杆端力为 $F_{\bar{x}i}^e, F_{\bar{y}i}^e, \bar{M}_i^e$,端点 j 的杆端力为 $F_{\bar{x}j}^e, F_{\bar{y}j}^e, \bar{M}_j^e$,即端点力矢量为

$$
\bar{f} = (F_{\bar{x}i}^e, F_{\bar{y}i}^e, \bar{M}_i^e, F_{\bar{x}j}^e, F_{\bar{y}j}^e, \bar{M}_i^e)^{\mathrm{T}}
$$

同样可以证明,

$$
f = T\bar{f} \tag{18-9}
$$

将式(18-9)与(18-8)代入式(a),得

$$\overline{f} = T^{-1}kT\,\overline{d}$$

可以证明,

$$T^{-1} = T^{\mathrm{T}}$$

于是得

$$\overline{f} = T^{\mathrm{T}}kT\,\overline{d}$$

或

$$\overline{f} = \overline{k}\,\overline{d} \tag{18-10}$$

即整体坐标系的单元刚度矩阵为

$$\overline{k} = T^{\mathrm{T}}kT \tag{18-11}$$

显然,矩阵 $\overline{k}$ 也是对称矩阵。

三、平面刚架单元的等效节点载荷

作用在刚架单元上的非节点载荷,也可按上节所述原则处理,不同的是,平面刚架单元的端点自由度有三个,相应的等效节点载荷也是三个。几种常见非节点载荷的等效节点载荷 $f_{ix}, f_{iy}, m_i, f_{jx}, f_{jy}$ 与 m_j 如表18-1所示。

表18-1　等效节点载荷计算式

类型	非节点载荷	f_{ix}	f_{iy}	m_i	f_{jx}	f_{jy}	m_j
1		0	$\dfrac{F(l+2a)b^2}{l^3}$	$\dfrac{Fab^2}{l^2}$	0	$\dfrac{F(l+2b)a^2}{l^3}$	$-\dfrac{Fa^2b}{l^2}$
2		$\dfrac{Fb}{l}$	0	0	$\dfrac{Fa}{l}$	0	0
3		0	$-\dfrac{6abM_e}{l^3}$	$-\dfrac{b(3a-l)M_e}{l^2}$	0	$\dfrac{6abM_e}{l^3}$	$-\dfrac{a(3b-l)M_e}{l^2}$

续表

类型	非节点载荷	f_{ix}	f_{iy}	m_i	f_{jx}	f_{jy}	m_j
4		0	$\dfrac{ql}{2}$	$\dfrac{ql^2}{12}$	0	$\dfrac{ql}{2}$	$-\dfrac{ql^2}{12}$
5		0	$\dfrac{7q_0 l}{20}$	$\dfrac{q_0 l^2}{20}$	0	$\dfrac{3q_0 l}{20}$	$-\dfrac{q_0 l^2}{30}$

当单元局部坐标系与整体坐标系的方位不同时,等效节点载荷也应进行相应变换。

§18-4 梁与桁架单元的特性分析

一、梁单元的刚度矩阵

直梁单元如图 18-10 所示,端点 i 与 j 的位移分别为 v_i, θ_i 与 v_j, θ_j,相应端点力为 F_{yi}^e, M_i^e 与 F_{yj}^e, M_j^e,即梁单元的端点位移矢量与端点力矢量分别为

$$\boldsymbol{d} = (v_i,\ \theta_i,\ v_j,\ \theta_j)^{\mathrm{T}}$$

$$\boldsymbol{f} = (F_{yi}^e,\ M_i^e,\ F_{yj}^e,\ M_j^e)^{\mathrm{T}}$$

按照前节所述建立单元刚度矩阵的方法,得直梁单元的刚度矩阵为

$$k_{\mathrm{b}} = \frac{EI}{l^3}\begin{pmatrix} 12 & 6l & -12 & 6l \\ 6l & 4l^2 & -6l & 2l^2 \\ -12 & -6l & 12 & -6l \\ 6l & 2l^2 & -6l & 4l^2 \end{pmatrix} \tag{18-12}$$

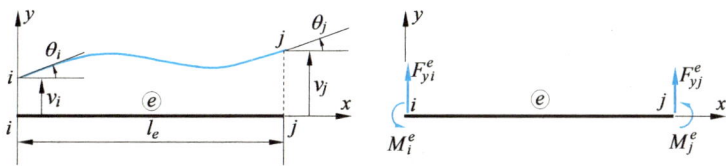

图 18-10

实际上,直梁单元可看成是刚架单元的一种特殊情况,即轴向位移与轴向力均为零的情况,因此,直梁单元刚度矩阵也可经由刚架单元整体刚度矩阵即式(18-6)简化得到。

梁单元的等效节点载荷 f_{iy},m_i,f_{jy} 与 m_j 可由表 18-1 查得。

二、桁架单元的刚度矩阵

在局部坐标系中,桁架单元如图 18-11 所示,端点 i 与 j 的位移分别为 u_i,v_i 与 u_j,v_j,相应端点力为 F^e_{xi},F^e_{yi} 与 F^e_{xj},F^e_{yj},即单元的端点位移矢量与端点力矢量分别为

$$\boldsymbol{d} = (\, u_i \quad v_i \quad u_j \quad v_j \,)^{\mathrm{T}}$$

$$\boldsymbol{f} = (\, F^e_{xi} \quad F^e_{yi} \quad F^e_{xj} \quad F^e_{yj} \,)^{\mathrm{T}}$$

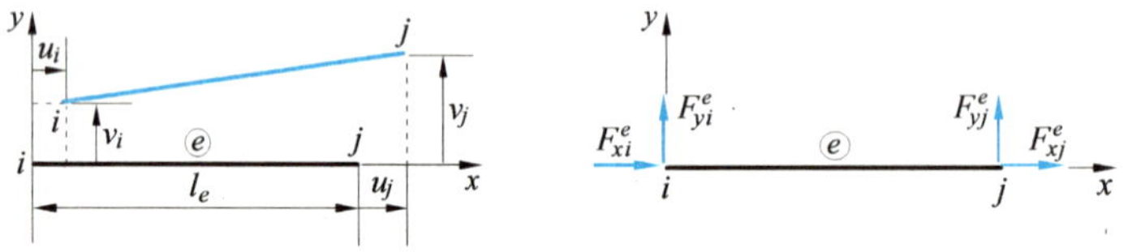

图 18-11

众所周知,桁架单元为二力杆,杆端力 F^e_{yi} 与 F^e_{yj} 均为零,于是可以证明,桁架单元在局部坐标系中的刚度矩阵为

$$k_1 = \frac{EA}{l} \begin{pmatrix} 1 & 0 & -1 & 0 \\ 0 & 0 & 0 & 0 \\ -1 & 0 & 1 & 0 \\ 0 & 0 & 0 & 0 \end{pmatrix} \tag{18-13}$$

在整体坐标系 $\overline{O}\,\overline{x}\,\overline{y}$ 中(图 18-12),设端点 i 与 j 的位移分别为 $\overline{u}_i$,$\overline{v}_i$ 与 $\overline{u}_j$,$\overline{v}_j$,相应端点力为 $F^e_{\overline{x}i}$,$F^e_{\overline{y}i}$ 与 $F^e_{\overline{x}j}$,$F^e_{\overline{y}j}$,即端点位移矢量与端点力矢量分别为

$$\overline{\boldsymbol{d}} = (\, \overline{u}_i \quad \overline{v}_i \quad \overline{u}_j \quad \overline{v}_j \,)^{\mathrm{T}}$$

$$\overline{\boldsymbol{f}} = (\, F^e_{\overline{x}i} \quad F^e_{\overline{y}i} \quad F^e_{\overline{x}j} \quad F^e_{\overline{y}j} \,)^{\mathrm{T}}$$

设坐标轴 x 在整体坐标系中的方位角为 α,可以看出,

$$u_i = \overline{u}_i \cos \alpha + \overline{v}_i \sin \alpha$$

$$v_i = -\overline{u}_i \sin \alpha + \overline{v}_i \cos \alpha$$

$$u_j = \overline{u}_j \cos \alpha + \overline{v}_j \sin \alpha$$

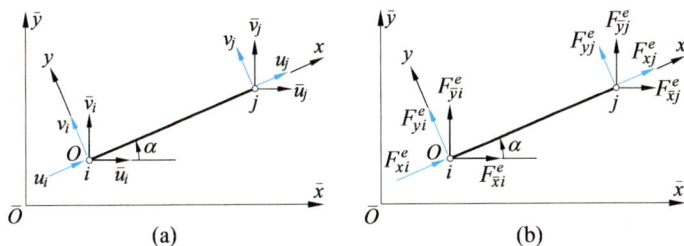

图 18-12

$$v_j = -\bar{u}_j \sin\,\alpha + \bar{v}_j \cos\,\alpha$$

用矩阵表示,得

$$d = T_t \bar{d} \tag{a}$$

式中,T_t 代表桁架单元的转换矩阵,其表达式为

$$T_t = \begin{bmatrix} \cos\,\alpha & \sin\,\alpha & 0 & 0 \\ -\sin\,\alpha & \cos\,\alpha & 0 & 0 \\ 0 & 0 & \cos\,\alpha & \sin\,\alpha \\ 0 & 0 & -\sin\,\alpha & \cos\,\alpha \end{bmatrix} \tag{18-14}$$

同理得

$$f = T_t \bar{f} \tag{b}$$

在局部坐标系中,桁架单元的刚度方程为

$$f = k_t d$$

将式(a)与(b)代入上式,于是得桁架单元在整体坐标系中的刚度方程为

$$\bar{f} = \bar{k}_t d \tag{18-15}$$

式中,$\bar{k}_t$ 代表桁架单元在整体坐标系中的刚度矩阵,其值为

$$\bar{k}_t = T_t^{\mathrm{T}} k_t T_t \tag{18-16}$$

§18-5　杆与杆系的计算机分析

根据上述分析,可将杆与杆系分析的计算过程用图 18-13 表示。

实际上,上述框图即代表计算机主程序的流程图。

关于杆与杆系的计算机分析,已有许多通用或专用程序可供利用。

例 18-2　图 18-14a 所示两端固定阶梯形梁,承受集中载荷 F_P、均布载荷 q 与矩为 M_e 的集中力偶作用。已知 $F_P = 5$ kN,$q = 4$ N/mm,$M_e = 6 \times 10^6$ N·mm,弹

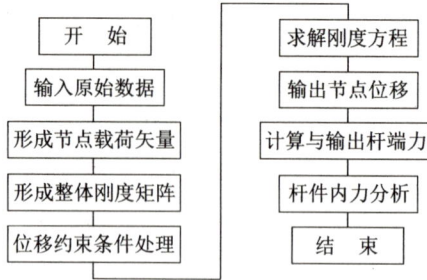

图 18-13

性模量 $E = 200$ GPa，AC 与 FB 段的惯性矩均为 $I_1 = 2.0 \times 10^7$ mm^4，CF 段的惯性矩则为 $I_2 = 3.0 \times 10^7$ mm^4。试求截面 D 的挠度与梁端的支反力。

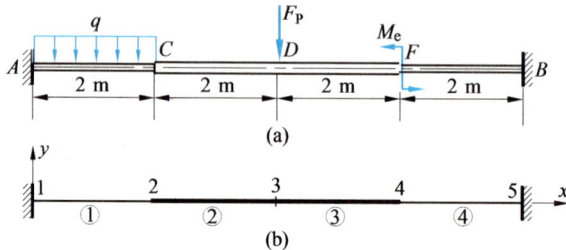

图 18-14

解：根据梁的受力与截面的变化情况，将梁离散为由 5 个节点与 4 个单元所组成，其编号如图 18-14b 所示。

由图中可以看出，梁的节点载荷矢量 $\boldsymbol{F}$ 包括 10 个分量，即

$$\boldsymbol{F} = (F_1 \quad F_2 \quad F_3 \quad \cdots \quad F_{10})^{\mathrm{T}}$$

其中给定的非零节点载荷分量为

$$F_5 = -F_P = -5 \text{ kN}$$

$$F_8 = M_e = 6 \times 10^3 \text{ N} \cdot \text{m}$$

此外，在单元①上还作用有非节点载荷 q（表 18-1 之类型 4）。

梁的节点位移矢量 $\boldsymbol{d}$ 也包括 10 个分量，即

$$\boldsymbol{d} = (d_1 \quad d_2 \quad d_3 \quad \cdots \quad d_{10})^{\mathrm{T}}$$

其中给定的位移分量即位移约束条件为

$$d_1 = v_1 = 0, \quad d_2 = \theta_1 = 0$$

$$d_9 = v_5 = 0, \quad d_{10} = \theta_5 = 0$$

根据上述数据,采用直梁计算程序进行计算,得计算报告如图 18-15 所示。

```
***************************
*        直梁计算         *
***************************


     +*****   输入数据   ******

   节点数＝ 5        单元数＝ 4         位移约束数＝ 4
   节点载荷数＝ 2     非节点载荷数＝ 1

   节点      x (mm)
    1          .0
    2       2000.0
    3       4000.0
    4       6000.0
    5       8000.0

   零位移分量号
    1  2  9  10

   非零节点载荷分量号       载荷值
          5             -.5000E+04
          8              .6000E+07

   非节点载荷情况
      单元    类型    载荷值
       1      4      -4.0

   单元  始节点  终节点     弹性模量        惯性矩
    1     1      2       .2000E+06      .2000E+08
    2     2      3       .2000E+06      .3000E+08
    3     3      4       .2000E+06      .3000E+08
    4     4      5       .2000E+06      .2000E+08


        ******   计算结果   ******

   截面     挠 度        转 角
    1      .0000       .000000
    2     -2.8231     -.001669
    3     -4.7611      .000056
    4     -2.4101      .002064
    5      .0000       .000000

   截面     支反力       支反力偶矩
    1      .1092E+05     .1159E+08
    5      .2076E+04    -.6204E+07
```

图 18-15

由上述报告可以看出,截面 D 的挠度以及 A 与 B 端的支反力分别为

$$f_D = 0.004\ 8\ \text{m} \qquad (\downarrow)$$

$$F_{Ay} = 10.92\ \text{kN}, \qquad M_A = 1.159 \times 10^4\ \text{N} \cdot \text{m}$$

$$F_{By} = 2.08\ \text{kN}, \qquad M_B = -6.20 \times 10^5\ \text{N} \cdot \text{m}$$

例18-3　图 18-16a 所示刚架,承受载荷 F_x, F_y 与矩为 M_e 的集中力偶作用。已知 $F_x = 20.0$ kN, $F_y = 20.0$ kN, $M_e = 40$ kN·m,各杆段的横截面面积均为 $A = 2.0 \times 10^3$ mm^2,惯性矩 $I = 3.0 \times 10^6$ mm^4,弹性模量 $E = 210$ GPa,试画刚架的弯矩图。

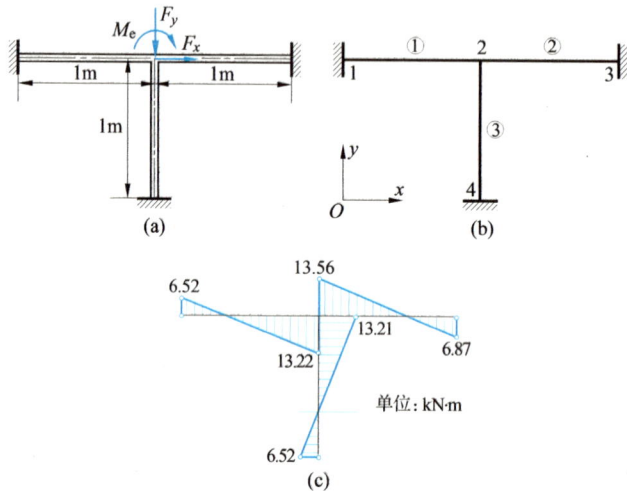

图 18-16

解:刚架的单元划分、节点与单元的编号如图 18-16b 所示,共计 3 个单元,4 个节点。

采用刚架计算程序进行计算,得计算报告如图 18-17 所示。根据计算结果,画刚架的弯矩图如图 18-16c 所示。

例18-4　图 18-18a 所示桁架,承受载荷 F_{P1}, F_{P2} 与 F_{P3} 作用。已知 $F_{P1} = 3.0$ kN, $F_{P2} = 2.0$ kN, $F_{P3} = 1.0$ kN,各杆的横截面面积均为 $A = 100$ mm^2,弹性模量均为 $E = 200$ GPa。试求各杆的轴力,并画桁架的变形图。

解:桁架的单元划分、节点与单元的编号如图 18-18b 所示,共计 6 个单元,4 个节点。

根据计算结果,画桁架的变形图如图 18-18b 中的虚线所示,各杆的轴力则分别为

$$F_{N1} = -1.058 \text{ kN}, \qquad F_{N2} = 971 \text{ N}, \qquad F_{N3} = -2.06 \text{ kN}$$

$$F_{N4} = 971 \text{ N}, \qquad F_{N5} = 65.3 \text{ N}, \qquad F_{N6} = -2.17 \text{ kN}$$

```
****************************
*        刚架计算        *
****************************
```

****** 输入数据 ******

节点数＝4   单元数＝3   位移约束数＝9
节点载荷数＝3   非节点载荷数＝0

节点	x (mm)	y (mm)
1	.0	1000.0
2	1000.0	1000.0
3	2000.0	1000.0
4	1000.0	.0

零位移分量号
1 2 3 7 8 9 10 11 12

非零载荷分量号	载荷值
4	.2000E+05
5	-.2000E+05
6	-.4000E+08

单元	始节点	终节点	弹性模量	横截面面积	惯性矩
1	1	2	210000.0	2000.0	3000000.0
2	2	3	210000.0	2000.0	3000000.0
3	4	2	210000.0	2000.0	3000000.0

****** 计算结果 ******

节点	水平位移	竖向位移	转角
1	.00000	.00000	.00000
2	.04730	-.04596	-.00531
3	.00000	.00000	.00000
4	.00000	.00000	.00000

单元	杆端	横向力	轴向力	力偶矩
1	始端	-.1987E+05	-.1974E+05	-.6523E+07
	终端	.1987E+05	.1974E+05	-.1322E+08
2	始端	.1987E+05	-.2044E+05	-.1356E+07
	终端	-.1987E+05	.2044E+05	-.6870E+07
3	始端	.1931E+05	-.1973E+05	-.6518E+07
	终端	-.1931E+05	.1973E+05	-.1321E+08

图 18-17

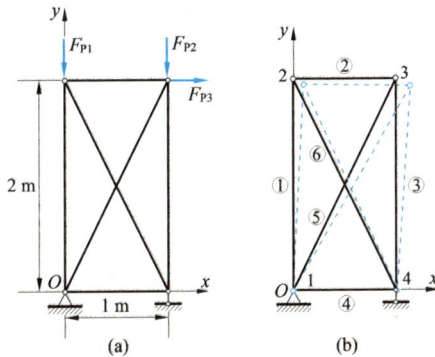

图 18-18

复 习 题

18-1 位移法与力法的区别何在？是否只能利用位移法求解静不定问题？

18-2 何谓单元刚度矩阵与整体刚度矩阵？如何由单元刚度矩阵构造整体刚度矩阵？单元刚度矩阵与整体刚度矩阵有何共同处？

18-3 如何处理非节点载荷？对于直接承受非节点载荷的单元，应如何分析其内力？

18-4 如何利用乘大数法引入位移约束条件？

18-5 节点载荷与杆端力有何关系？节点位移与杆端位移又有何关系？节点载荷矢量与杆端力矢量有何区别？节点位移矢量与杆端位移矢量有何区别？

18-6 在分析连续梁单元、平面刚架单元、一般梁单元与桁架单元时，关于杆端位移以及杆端力的正负符号是如何规定的？关于节点载荷与节点位移的正负符号又如何规定？

习 题

18-1 试建立桁架单元在局部坐标系中的刚度矩阵。

18-2 试建立桁架单元在整体坐标系中的刚度矩阵。

18-3 图示梁，同时承受集中载荷 F、分布载荷 q 与矩为 M_e 的集中力偶作用。已知 $F = 6$ kN, $q = 4$ N/mm, $M_e = 4 \times 10^6$ N·mm, $l = 1$ m, 试写出节点载荷矢量。

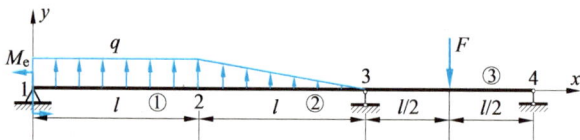

题 18-3 图

计算机作业

18-C1 题 18-3 所述梁，惯性矩 $I = 3.0 \times 10^6$ mm^4，弹性模量 $E = 200$ GPa，试求支反力与梁内的最大弯矩。

18-C2 例 18-2 所述梁，若将 CF 段看作是一个单元，即将载荷 F_P 视为非节点载荷，试重新求解，并比较计算结果。

18-C3 图示桁架，承受载荷 F_B 与 F_C 作用。已知 $F_B = 3.0$ kN, $F_C = 2.0$ kN，各杆的横截面面积均为 $A = 100$ mm^2，弹性模量均为 $E = 200$ GPa，试求各杆的轴力，并画桁架的变形图。

18-C4 图示刚架，承受集中载荷 F 与均布载荷 q 作用。已知 $F = 10$ kN, $q = 5$ N/mm，各

杆段的横截面面积均为 $A = 2.0 \times 10^{3}$ mm^{2},惯性矩为 $I = 3.0 \times 10^{6}$ mm^{4},弹性模量为 $E = 210$ GPa,试画刚架的弯矩图。

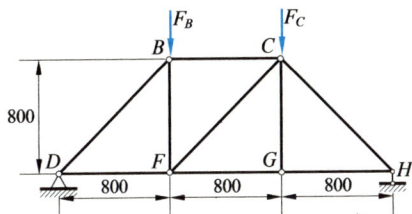

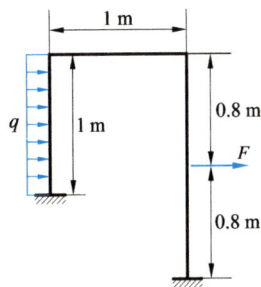

题 18-C3 图   题 18-C4 图

*第十九章　考虑材料塑性的强度计算

§19-1　引　言

在§3-6中,曾以理想弹塑性假设为基础,介绍了塑性机构与塑性极限状态的概念,并具体研究了静不定拉压杆的极限承载能力。

理想弹塑性假设为:当正应力小于屈服应力 σ_s 时,材料服从胡克定律;屈服后,正应力保持不变并等于屈服应力,材料可以任意变形(图3-24)。

以形成几何可变"机构"为特征的平衡状态,即所谓塑性极限状态,或简称为极限状态,相应载荷即所谓极限载荷。以极限状态为危险状态所建立的强度判据,即所谓许用载荷强度条件。

对于由塑性材料制成的静不定拉压杆或杆系,当某杆或杆段屈服时,仍可承担继续增大的载荷。所以,如果以极限状态为危险状态,其承载能力将显著提高。

实际上,上述情况不仅存在于塑性材料静不定拉压杆或杆系,对于横截面上应力非均匀分布的塑性材料杆,以及由塑性材料制成的其他静不定杆或杆系,均存在类似情况。

本章进一步研究拉压静不定问题的极限载荷,圆轴的极限扭矩与极限载荷,梁的极限弯矩与极限载荷。

§19-2　拉压静不定问题的极限载荷

在轴向拉压一度静不定问题中,当有一杆或杆段屈服时,即变为静定问题,如果再有一杆或杆段屈服,即处于极限状态。依此类推,在轴向拉压 n 度静不定问题中,如果有 $n+1$ 根杆或杆段屈服,即处于极限状态。

求解轴向拉压 n 度静不定问题,需要 n 个补充条件,再加上待求的极限载荷,则共需 $n+1$ 补充条件。而当轴向拉压 n 度静不定问题处于极限状态时,已屈服的 $n+1$ 根杆或杆段的轴力为

$$F_{Ni} = A_i \sigma_{si} \qquad (i = 1, 2, \cdots, n+1)$$

极限状态下的 $n+1$ 个已知屈服内力,恰好提供 $n+1$ 个补充条件。因此,极限载荷可根据极限状态的平衡条件确定。

但是,当所述问题处于极限状态时,究竟是哪些杆或杆段屈服,以及屈服轴力的方向(是拉力抑或压力),均需要判断。显然,这二者又是相互关联的。

如果假定某 $n+1$ 根杆或杆段屈服为一种可能极限状态,则将有与此相应的屈服内力方向。为了判断哪种可能极限状态为真实极限状态,可通过检查所设未屈服杆或杆段是否确未屈服来确定。

例 19-1 图 19-1a 所示结构,由刚性梁 BE 以及杆 1、杆 2 与杆 3 组成,并承受铅垂载荷 F 作用。设三杆的拉、压屈服应力均为 σ_s,横截面面积分别为 A_1,A_2 与 A_3,且 $A_1 = A_3 = A$,$A_2 = 2A$,试求极限载荷 F_u。

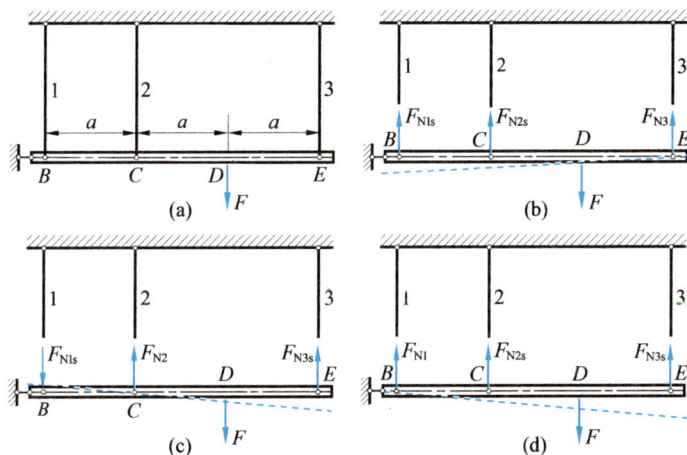

图 19-1

解: 1. 问题分析

这是一度静不定问题,必须有两杆屈服才可能变为塑性机构。此外,由于该结构包含三根拉压杆,因此,相应有三种可能的极限状态。

杆 1、杆 2 与杆 3 的屈服轴力分别为

$$F_{N1s} = A_1 \sigma_s = A\sigma_s$$

$$F_{N2s} = A_2 \sigma_s = 2A\sigma_s$$

$$F_{N3s} = A_3 \sigma_s = A\sigma_s$$

在三种可能的极限状态中,只有所设未屈服杆的轴力,确未超过其屈服轴力,才是真实极限状态。

2. 极限状态与极限载荷分析

设第一种可能极限状态为杆 1 与杆 2 屈服,杆 3 未屈服(图 19-1b)。在这种情况下,载荷 F 有使梁 BE 绕 E 点沿逆时针方向转动的趋势,杆 1 与杆 2 均为受拉屈服,其轴力分别为 F_{N1s} 与 F_{N2s}。于是,由梁的平衡方程 $\sum M_E=0$ 与 $\sum M_D=0$,分别得

$$F=3F_{N1s}+2F_{N2s}=7A\sigma_s$$

$$F_{N3}=2F_{N1s}+F_{N2s}=4A\sigma_s>F_{N3s}$$

轴力 F_{N3} 超过其屈服值 F_{N3s},不符合理想弹塑性假设。因此,图 19-1b 所示状态不可能出现。

设第二种可能极限状态为杆 1 与杆 3 屈服,杆 2 未屈服(图 19-1c)。在这种情况下,载荷 F 有使梁绕 C 点沿顺时针方向转动的趋势,杆 1 受压屈服,杆 3 受拉屈服,其轴力分别为 F_{N1s} 与 F_{N3s}。于是,由梁的平衡方程 $\sum M_C=0$ 与 $\sum M_D=0$,分别得

$$F=F_{N1s}+2F_{N3s}=3A\sigma_s$$

$$F_{N2}=2F_{N1s}+F_{N3s}=3A\sigma_s>F_{N2s}$$

轴力 F_{N2} 超过其屈服值 F_{N2s}。因此,图 19-1c 所示状态也不可能出现。

最后一种可能极限状态为杆 2 与杆 3 屈服,杆 1 未屈服(图 19-1d)。在这种情况下,载荷 F 有使梁绕 B 点沿顺时针方向转动的趋势,杆 2 与杆 3 均为受拉屈服。于是,由梁的平衡方程 $\sum M_B=0$ 与 $\sum M_D=0$,分别得

$$F=\frac{1}{2}(F_{N2s}+3F_{N3s})=2.5A\sigma_s$$

$$F_{N1}=\frac{1}{2}(F_{N2s}-F_{N3s})=0.5A\sigma_s<F_{N1s}$$

杆 1 确未屈服,说明图 19-1d 所示状态为真实极限状态。

由此可见,极限载荷值为

$$F_u=2.5A\sigma_s$$

3. 讨论

以上计算表明,最后一种情况的极限载荷,为三种可能情况中之最小者,这同样说明第三种情况的真实性。因为当载荷值达到 $2.5A\sigma_s$ 时,结构已变为塑性机构,载荷已不能继续增大。

例 19-2　图 19-2a 所示桁架,承受铅垂载荷 $F=160$ kN 作用。设杆 1、杆 2 与杆 3 的横截面面积分别为 A_1、A_2 与 A_3,且 $A_1=A_3=A$,$A_2=2A$,拉、压屈服应力均为 $\sigma_s=235$ MPa,安全因数 $n_u=1.5$,试根据许用载荷强度条件确定各杆的横截面面积。

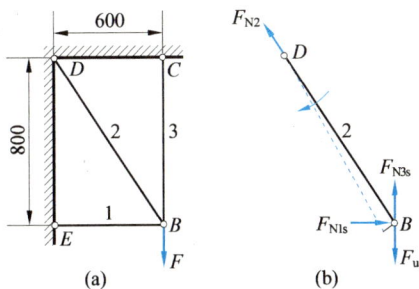

图 19-2

解: 1. 极限载荷分析

这是一度静不定问题。设杆 1 与杆 3 屈服为一种可能的极限状态,这时,载荷 F_u 将使杆 2 绕 D 点转动,杆 1 受压屈服,杆 3 受拉屈服(图 19-2b)。根据平衡方程 $\sum F_x = 0$,求得杆 2 的轴力为

$$F_{N2} = \frac{5}{3} F_{N1s} = \frac{5}{3} A\sigma_s$$

显然,

$$F_{N2} < F_{N2s} = 2A\sigma_s$$

可见,所设状态为真实极限状态。于是,由平衡方程 $\sum M_D = 0$,得极限载荷为

$$F_u = \frac{(0.8 \text{ m})F_{N1s} + (0.6 \text{ m})F_{N3s}}{0.6 \text{ m}} = \frac{7A\sigma_s}{3} \quad\quad (\text{a})$$

2. 截面设计

由式(3-15)可知,许用载荷强度条件为

$$F \leqslant \frac{F_u}{n_u}$$

将式(a)代入上式,得

$$F \leqslant \frac{7A\sigma_s}{3n_u}$$

由此得

$$A \geqslant \frac{3Fn_u}{7\sigma_s} = \frac{3(160\times10^3 \text{ N})\times1.5}{7(235\times10^6 \text{ Pa})} = 4.38\times10^{-4} \text{ m}^2$$

即

$$A_1 = A_3 = A = 438 \text{ mm}^2$$

$$A_2 = 2A = 876 \text{ mm}^2$$

§19-3　圆轴的极限扭矩与极限载荷

一、圆轴扭转极限扭矩

第四章研究圆轴扭转问题时,曾在扭转平面假设的基础上,得最大扭转切应力为

$$\tau_{\max} = \frac{16T}{\pi d^3}$$

按照许用应力法的观点,当最大扭转切应力到达屈服切应力 τ_s 时,轴即处于危险状态。最大扭转切应力等于屈服切应力时的扭矩,称为屈服扭矩,其值为

$$T_s = \frac{\pi d^3}{16}\tau_s \tag{19-1}$$

实际上,由于圆轴扭转切应力沿半径线性分布,当最大切应力达到屈服切应力时,截面内部各点处的材料仍处于弹性状态,因而仍可承担继续增大的载荷。

当载荷增大时,横截面上切应力到达屈服切应力的区域(即所谓塑性区)逐渐向内扩展。由于平面假设仍然成立,切应变仍沿半径线性变化,因此,如果采用理想弹塑性的假设(图19-3),则扭转切应力的分布曲线将由直线变为折线(图19-4a)。而当载荷增加到横截面上各点处的切应力均等于屈服切应力时(图19-4b),轴即处于极限状态。

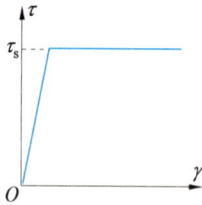

图 19-3

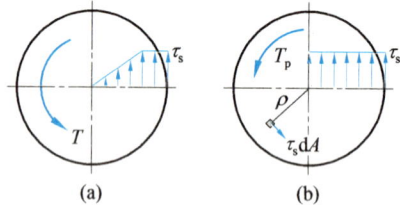

图 19-4

横截面上各点处的扭转切应力均等于屈服切应力时的扭矩,称为极限扭矩,并用 T_p 表示,其值为

$$T_p = \int_A \rho\tau_s \mathrm{d}A = \tau_s\int_A \rho\,\mathrm{d}A = \tau_s\int_0^{d/2} \rho\cdot 2\pi\rho\,\mathrm{d}\rho$$

于是得

$$T_p = \frac{\pi d^3 \tau_s}{12} \qquad (19-2)$$

比较式(19-2)与(19-1),得

$$\frac{T_p}{T_s} = \frac{4}{3}$$

可见,如果按照许用载荷法进行强度计算,轴的承载能力将提高33.3%。

二、圆轴扭转极限载荷

考虑图19-5a所示两端固定圆轴,承受扭力偶矩 M 作用。设轴的直径为 d,扭转屈服切应力为 τ_s,现在研究扭力偶矩 M 的极限值 M_u。

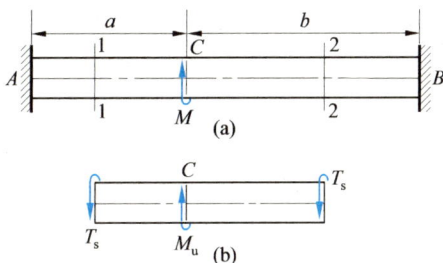

图 19-5

当扭力偶矩 M 较小时,整个圆轴处于弹性状态。经求解(详见§4-6),得轴段 AC 与 CB 横截面上的最大扭转切应力分别为

$$\tau_{1\max} = \frac{T_1}{W_p} = \frac{Mb}{W_p(a+b)}$$

$$\tau_{2\max} = \frac{T_2}{W_p} = \frac{Ma}{W_p(a+b)}$$

显然,如果 $b > a$,则 $\tau_{1\max} > \tau_{2\max}$。

当扭力偶矩 M 逐渐增大时,轴段 AC 各横截面的扭矩将首先达到极限扭矩值 T_p,随着扭力偶矩进一步增大,轴段 CB 各横截面的扭矩也达到极限扭矩值 T_p,整个圆轴处于极限状态。

以横截面1-1与2-2从轴中切取一段,其受力如图19-5b所示。于是,由平衡方程 $\sum M_x = 0$,得扭力偶矩 M 的极限值为

$$M_u = 2T_p \qquad (a)$$

由式(19-2)可知,圆轴的极限扭矩为

$$T_{\text{p}} = \frac{\pi d^3 \tau_{\text{s}}}{12}$$

代入式(a),于是得

$$M_{\text{u}} = \frac{\pi d^3 \tau_{\text{s}}}{6}$$

例 19-3 图 19-6a 所示圆截面轴,直径为 d,横截面上的扭矩为 T,且 $T_{\text{s}} < T < T_{\text{p}}$,试求扭转角变化率 $\mathrm{d}\varphi / \mathrm{d}x$。

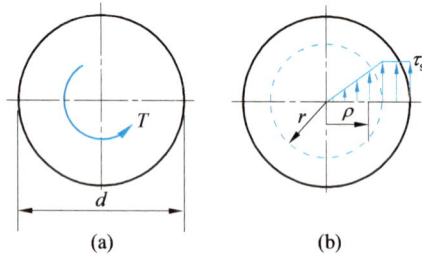

图 19-6

解: 1. 弹性区分析

设圆轴横截面上弹性区的半径为 r,则由图 19-6b 可以看出,弹性与塑性区的扭转切应力分别为

$$\tau_1 = \frac{\rho \tau_{\text{s}}}{r} \quad (0 \leqslant \rho \leqslant r)$$

$$\tau_2 = \tau_{\text{s}} \quad (r < \rho \leqslant d/2)$$

因此,圆轴横截面上的扭矩为

$$T = \int_0^r \rho \cdot \frac{\rho \tau_{\text{s}}}{r} \cdot 2\pi\rho \mathrm{d}\rho + \int_r^{d/2} \rho \cdot \tau_{\text{s}} \cdot 2\pi\rho \mathrm{d}\rho = \frac{\pi \tau_{\text{s}}}{12}(d^3 - 2r^3)$$

由此得

$$r = \sqrt[3]{\frac{d^3}{2} - \frac{6T}{\pi \tau_{\text{s}}}} \tag{a}$$

2. 扭转变形分析

圆轴的扭转变形由弹性区控制。设弹性区所承担的扭矩为 T_1,弹性区截面的极惯性矩与抗扭截面系数分别为 I_{p1} 与 W_{p1},则由式(4-2)得扭转角变化率为

$$\frac{\mathrm{d}\varphi}{\mathrm{d}x} = \frac{T_1}{GI_{\mathrm{p1}}} = \frac{\tau_{\mathrm{s}}W_{\mathrm{p1}}}{GI_{\mathrm{p1}}} = \frac{\tau_{\mathrm{s}}}{Gr}$$

将式(a)代入上式,于是得

$$\frac{\mathrm{d}\varphi}{\mathrm{d}x} = \frac{\tau_{\mathrm{s}}}{G}\left(\frac{d^3}{2} - \frac{6T}{\pi\tau_{\mathrm{s}}}\right)^{-1/3}$$

§19-4 梁的极限弯矩

梁截面上的弯曲正应力也为非均匀分布,因此,如果按照许用载荷法进行强度分析,其承载能力也将显著提高。

一、屈服弯矩与极限弯矩

梁的最大弯曲正应力为

$$\sigma_{\max} = \frac{M}{W}$$

按照许用应力法的观点,当最大弯曲正应力达到屈服应力时,梁即处于危险状态。

最大弯曲正应力达到屈服应力时的弯矩,称为屈服弯矩,其值为

$$M_{\mathrm{s}} = W\sigma_{\mathrm{s}} \tag{19-3}$$

在屈服弯矩作用时,横截面内部各点处的材料仍处于弹性状态,因而仍可承担继续增大的载荷。

当载荷增加时,横截面上正应力到达屈服应力 σ_{s} 的区域(即塑性区)逐渐向中性轴扩展。由于平面假设仍然成立,纵向正应变沿截面高度线性变化,因此,如果采用理想弹塑性假设(图 3-24),则弯曲正应力的分布曲线将由直线变为折线(图 19-7a)。而当载荷增加到使横截面上各点处的正应力均等于 σ_{s} 时(图 19-7b),梁处于极限状态。

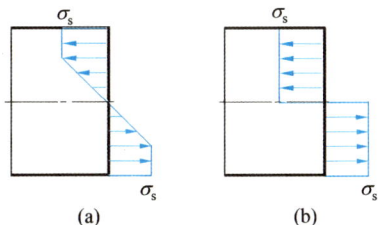

图 19-7

横截面上各点处的弯曲正应力均等于屈服应力时的弯矩,称为**极限弯矩**,并用 M_p 表示。

二、极限弯矩计算

图 19-8 所示为一对称截面梁及其在极限状态时的正应力分布图。设截面受拉与受压区的面积分别为 A_1 与 A_2,则由轴力为零的条件可知,

$$A_1\sigma_s = A_2\sigma_s$$

由此得

$$A_1 = A_2$$

可见,当梁处于极限状态时,中性轴沿横截面的面积平分线。

根据上述分析,得梁截面的极限弯矩为

$$M_p = \int_{A_1} y\sigma_s\, dA + \int_{A_2} (-y)(-\sigma_s)\, dA = \sigma_s\left(\int_{A_1} y\, dA + \int_{A_2} y\, dA\right)$$

于是得

$$M_p = \sigma_s(S_1 + S_2) \tag{19-4}$$

式中,S_1 与 S_2 分别代表截面 A_1 与 A_2 对中性轴 z 的静矩,且均取正值。

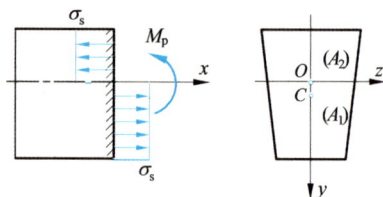

图 19-8

比较式(19-3)与(19-4),得

$$\frac{M_p}{M_s} = \frac{S_1 + S_2}{W}$$

令

$$f = \frac{S_1 + S_2}{W} \tag{19-5}$$

则

$$M_p = fM_s = fW\sigma_s \tag{19-6}$$

即极限弯矩为屈服弯矩的 f 倍。

由式(19-5)可以看出,系数 f 之值仅与横截面的形状有关,称为**形状系数**。

几种常见截面的形状系数如表 19–1 所示。

表 19–1　几种常见截面的形状系数

截面形状	工字形	薄壁圆形	矩形	实心圆形
f	1.15 ~ 1.17	1.27	1.50	1.70

例 19–4　一矩形截面梁（图 19–9a），截面的高度为 h，宽度为 b，材料的屈服应力为 σ_s，试求梁的极限弯矩。

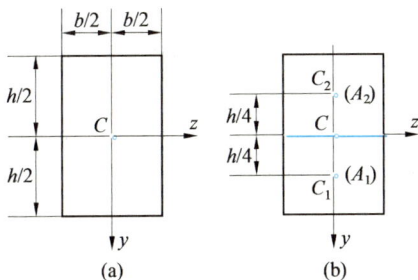

图 19–9

解：当梁截面处于极限状态时，其中性轴即面积平分线通过形心 C（图 19–9b），受拉与受压区对中性轴的静矩值均为

$$S_1 = S_2 = \frac{bh}{2} \cdot \frac{h}{4} = \frac{bh^2}{8}$$

于是由式（19–4）可知，梁的极限弯矩为

$$M_p = \sigma_s(S_1 + S_2) = \sigma_s\left(\frac{bh^2}{8} + \frac{bh^2}{8}\right) = \frac{bh^2\sigma_s}{4}$$

§19–5　梁的极限载荷

梁的极限弯矩确定后，现在进一步研究梁的极限载荷。

考虑图 19–10a 所示简支梁，当截面 C 的弯矩即梁的最大弯矩等于极限弯矩 M_p 时，整个截面 C 完全屈服，其邻近截面也发生局部塑性变形，如图中阴影区域所示。这时，截面 C 处的微小梁段虽然仍可承受极限弯矩 M_p，但已如同铰链一样失去抵抗弯曲变形的能力，杆段 AC 与 CB 分别绕支点 A 与 B 作刚性转动（图 19–10b）。梁弯曲时由于塑性变形所形成的"铰链"，称为**塑性铰**。

塑性铰与普通铰不同：前者能传递极限弯矩，后者不能传递弯矩；前者是单

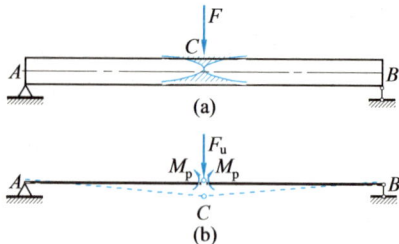

图 19-10

向铰,相连两截面只能沿极限弯矩方向发生相对转动,而后者则是双向铰,相连两截面间可沿任意方向发生相对转动。

对于一度静不定梁,出现一个塑性铰变为静定梁,如果再出现一个塑性铰,梁即变为塑性机构。依次类推,对于 n 度单跨静不定梁,如果出现 $n+1$ 个塑性铰,梁即处于极限状态,相应载荷即为极限载荷。

梁的极限状态确定后,根据平衡条件即可确定其极限载荷。

例 19-5 图 19-11a 所示等截面梁,承受载荷 F 作用。设屈服应力 σ_s、抗弯截面系数 W 与形状系数 f 均为已知,试求极限载荷 F_u。

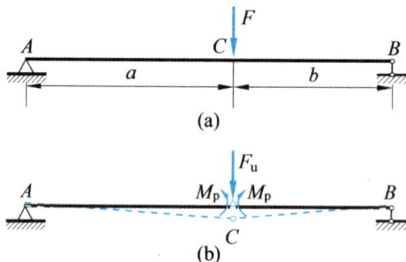

图 19-11

解: 最大弯矩发生在截面 C,其值为

$$M_{max} = \frac{Fab}{a+b}$$

当梁处于极限状态时(图 19-11b),

$$\frac{Fab}{a+b} = M_p \qquad\qquad (a)$$

由式(19-6)可知,极限弯矩为

$$M_p = fW\sigma_s$$

代入式(a),于是得极限载荷为

$$F_u = \frac{M_p(a+b)}{ab} = \frac{fW\sigma_s(a+b)}{ab}$$

例 19-6　图 19-12a 所示等截面梁,承受载荷 F 作用。已知梁的极限弯矩为 M_p,试求极限载荷 F_u。

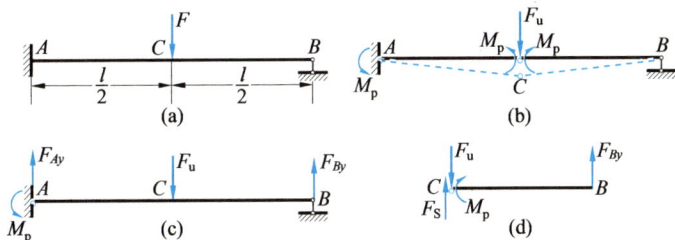

图 19-12

解:1. 问题分析

这是一度静不定梁,当出现两个塑性铰时,梁即处于极限状态。

在集中载荷作用下,峰值弯矩只可能发生在截面 A 与 C,所以,塑性铰将发生在该二截面处。塑性铰出现后,梁段 AC 与 CB 分别绕支点 A 与 B 转动(图 19-12b)。因此,截面 A 的弯矩为负,截面 C 的弯矩为正,因为极限弯矩的方向与其所在截面的机构运动方向相反。

2. 极限载荷的确定

现在研究梁的平衡以确定其极限载荷。

首先,以整个梁 AB 为研究对象(图 19-12c),由平衡方程

$$\sum M_A = 0, \quad M_p + F_{By}l - F_u\frac{l}{2} = 0$$

得

$$F_u = \frac{2M_p}{l} + 2F_{By} \tag{a}$$

其次,以梁段 CB 为研究对象(图 19-12d),由平衡方程

$$\sum M_C = 0, \quad F_{By}\frac{l}{2} - M_p = 0$$

得

$$F_{By} = \frac{2M_p}{l}$$

最后,将上式代入式(a),于是得极限载荷为

$$F_u = \frac{6M_p}{l}$$

例 19-7　图 19-13a 所示等截面梁,承受均布载荷 q 作用。已知梁的极限弯矩为 M_p,试求极限载荷 q_u。

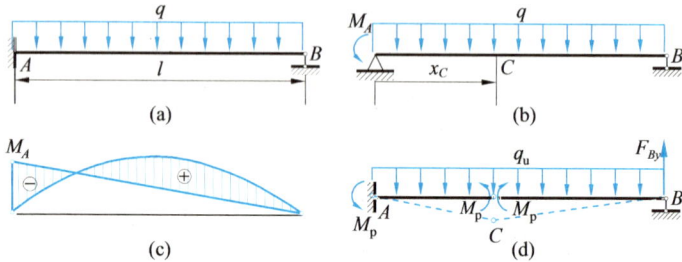

图 19-13

解:1. 问题分析

这是一度静不定梁,当出现两个塑性铰时,梁即处于极限状态。

梁的受力如图 19-13b 所示,分别画 M_A 与 q 单独作用时梁的弯矩图并叠加,即得梁的弯矩图(图 19-13c)。

可以看出,一个塑性铰将发生在横截面 A,而另一个塑性铰则将发生在靠近梁跨度中点的某一横截面 C,梁作机构运动与塑性铰处极限弯矩的方向如图 19-13d 所示。于是,当截面 C 的位置确定后,即可确定极限载荷。

2. 极限载荷的确定

设截面 C 的横坐标为 x_C,并以梁 AC 与梁 CB 为研究对象,分别建立平衡方程

$$\sum M_A = 0, \qquad M_p - \frac{q_u l^2}{2} + F_{By} l = 0$$

$$\sum M_C = 0, \qquad -M_p - \frac{q_u (l-x_C)^2}{2} + F_{By} l = 0$$

联立求解上述方程组,得

$$q_u = \frac{2M_p(2l-x_C)}{x_C l(l-x_C)} \qquad\qquad (a)$$

即 q_u 为 x_C 的函数。

由例 19-1 可知,在各种可能的极限状态中,真正极限状态为使极限载荷最

小者。按此概念,由式(a)计算 q_u 对 x_c 的一阶导数,并令其为零,得

$$x_c = (2-\sqrt{2})l$$

将上式代入式(a),于是得极限载荷为

$$q_u = \frac{2(3+2\sqrt{2})M_p}{l^2}$$

例 19-8 图 19-14a 所示等截面梁,承受载荷 F 作用。已知梁的极限弯矩为 M_p,试求载荷 F 的极限值 F_u。

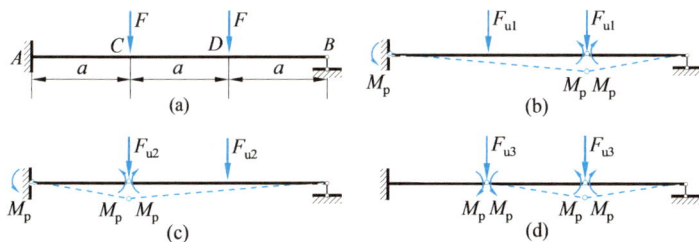

图 19-14

解: 这是一度静不定梁,当出现两个塑性铰时,即处于极限状态。由于弯矩的峰值将发生在截面 A, C 与 D 处,因此,可能的极限状态相应有三种,分别如图 19-14b,c 与 d 所示。

对于上述三种可能的极限状态,经求解,相应极限载荷依次为

$$F_{u1} = \frac{4M_p}{3a}, \quad F_{u2} = \frac{5M_p}{3a}, \quad F_{u3} = \frac{3M_p}{a}$$

可见,图 19-14b 所示状态为真实极限状态,于是得载荷 F 的极限值为

$$F_u = F_{u1} = \frac{4M_p}{3a}$$

复 习 题

19-1 如何判断轴向拉压静不定问题的极限状态? 如何确定其极限载荷?

19-2 在各种可能的极限状态中,真实极限状态有何特点?

19-3 何谓屈服扭矩与极限扭矩? 如何计算屈服扭矩与极限扭矩?

19-4 何谓屈服弯矩与极限弯矩? 如何确定极限状态时横截面上中性轴的位置? 如何确定形状系数?

19-5 何谓塑性铰? 如何确定塑性铰的位置及该处弯矩的方向? 试比较塑性铰与普通

铰的异同点?

19-6 如何确定静定梁与静不定梁的极限载荷?

习 题

19-1 图示结构,由刚性梁 BC 与三根钢杆组成,并承受载荷 F 作用。已知杆 1,2 与杆 3 的横截面面积分别为 $A_1=A_2=200 \text{ mm}^2$,$A_3=100 \text{ mm}^2$,屈服应力 $\sigma_s=240 \text{ MPa}$,安全因数 $n_u=2$,试根据许用载荷法计算载荷 F 的许用值 $[F_u]$。

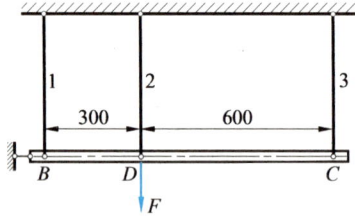

题 19-1 图

19-2 图示两端固定杆 AB,承受轴向载荷 F 作用。已知杆段 AC 与 CB 的横截面面积分别为 $A_1=200 \text{ mm}^2$,$A_2=150 \text{ mm}^2$,屈服应力 $\sigma_s=300 \text{ MPa}$,试确定极限载荷 F_u。

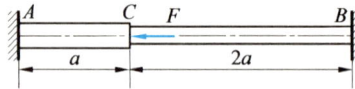

题 19-2 图

19-3 图示两端固定杆,各杆段的横截面面积分别为 $A_1=200 \text{ mm}^2$,$A_2=100 \text{ mm}^2$,$A_3=200 \text{ mm}^2$,屈服应力 $\sigma_s=300 \text{ MPa}$,安全因数 $n_u=3$,试根据许用载荷法计算 F 的许用值 $[F_u]$。

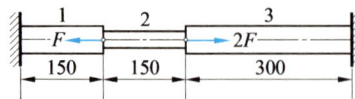

题 19-3 图

19-4 图示桁架,由三根钢杆所组成,在节点 C 承受载荷 F 作用。已知三杆的横截面面积均为 $A=150 \text{ mm}^2$,屈服应力 $\sigma_s=360 \text{ MPa}$,试求极限载荷 F_u。

19-5 题 19-4 所述桁架,弹性模量 $E=210 \text{ GPa}$,杆 1 的长度 $l_1=1 \text{ m}$,试按弹性与弹塑性阶段,绘制节点 C 的铅垂位移 δ 随载荷 F 增长的关系曲线。

提示:参阅《材料力学 I》(第 4 版)§3-7。

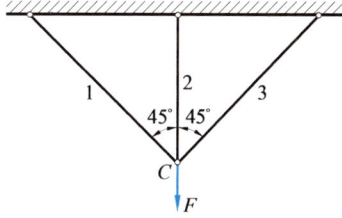

题 19-4 图

19-6 一空心圆截面轴,外径为 D,内径为 d,材料的剪切屈服应力为 τ_s,试求轴的极限扭矩 T_p 与屈服扭矩 T_s 的比值。

19-7 图示两端固定空心圆截面轴,承受扭力偶矩 M 作用。已知外径 $d_o = 40$ mm,内径 $d_i = 20$ mm,剪切屈服应力 $\tau_s = 100$ MPa,安全因数 $n_u = 1.5$,试根据许用载荷法确定扭力偶矩 M 的许用值。

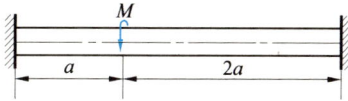

题 19-7 图

19-8 梁截面如图所示,弯矩作用在铅垂对称面内。已知屈服应力为 σ_s,试求极限弯矩 M_p。

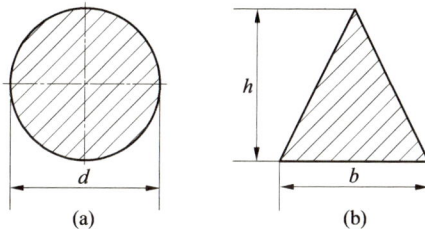

(a)　　　　　　(b)

题 19-8 图

19-9 一矩形截面梁,宽为 b,高为 h,横截面上的弯矩为 M,且 $M_s < M < M_p$,拉、压屈服应力均为 σ_s,试求梁的曲率半径 ρ。

19-10 一跨度为 $l = 1.2$ m 的简支梁,横截面如图所示,梁承受均布载荷 q 作用。若屈服应力 $\sigma_s = 320$ MPa,安全因数 $n_u = 2.0$,试根据许用载荷法确定 q 的许用值 $[q_u]$。

19-11 图示两端固定梁,承受均布载荷 $q = 50$ N/mm 作用。已知许用应力 $[\sigma] = 160$ MPa,梁的跨度 $l = 4$ m,试根据许用载荷法选择工字钢。

19-12 图示梁,用 No.22a 工字钢制成,$a = 1$ m,许用应力 $[\sigma] = 160$ MPa,试根据许用载

荷法确定梁的承载能力。

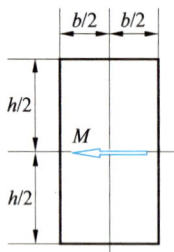

题 19-9 图

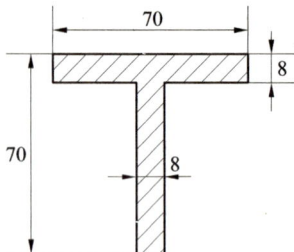

题 19-10 图

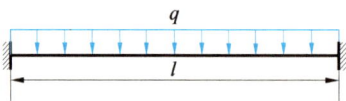

题 19-11 图

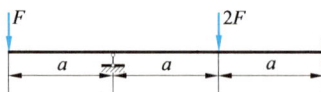

题 19-12 图

19-13　如图所示梁,其上作用一沿梁轴移动的载荷 F。已知极限弯矩为 M_p,试求极限载荷 F_u。

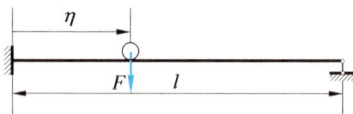

题 19-13 图

19-14　图示等截面刚架,承受载荷 F 作用。已知极限弯矩为 M_p,试求极限载荷 F_u。

19-15　图示结构,由梁 BC 与杆 CD 组成。梁用 No.32b 工字钢制成,杆的横截面面积 $A = 250\ \mathrm{mm}^2$,梁与杆的屈服应力均为 $\sigma_s = 240\ \mathrm{MPa}$, $a = 8\ \mathrm{m}$, $b = 1\ \mathrm{m}$,试求极限载荷 F_u。

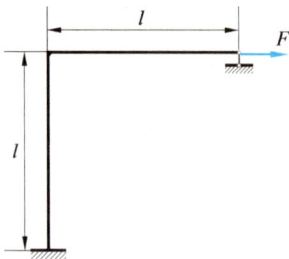

题 19-14 图

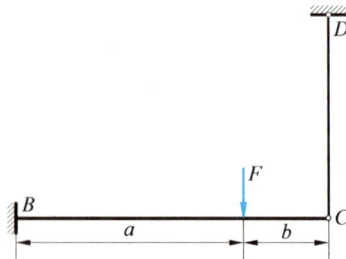

题 19-15 图

参 考 文 献

［1］单辉祖.材料力学(修订版):上册［M］.北京:国防工业出版社,1986.

［2］单辉祖.材料力学(修订版):下册［M］.北京:国防工业出版社,1986.

［3］单辉祖.材料力学问题、例题与分析方法［M］.北京:高等教育出版社,2006.

［4］单辉祖.材料力学问题与范例分析［M］.2 版.北京:高等教育出版社,2016.

［5］单辉祖.材料力学教程［M］.2 版.北京:高等教育出版社,2016.

［6］杜庆华.工程力学手册［M］.北京:高等教育出版社,1994.

［7］孙训方,方孝淑,陆耀洪.材料力学:上册［M］.2 版.北京:高等教育出版社,1987.

［8］孙训方,方孝淑,陆耀洪.材料力学:下册［M］.2 版.北京:高等教育出版社,1991.

［9］龙驭球.有限元法概论［M］.北京:人民教育出版社,1978.

［10］徐灏.疲劳强度［M］.北京:高等教育出版社,1988.

［11］费奥多谢夫 В И.材料力学［M］.赵九江,等,译.北京:高等教育出版社,1985.

［12］Gere J M, Timoshenko S P. Mechanics of Materials［M］.2nd SI ed. New York：Van Nostrand Reinhold Company Ltd, 1984.

［13］Timoshenko S P. Strength of Materials［M］. Part II Advanced. 3rd ed. New York：Van Nostrand Reinhold Company Ltd, 1978.

［14］Beer F P, Johnton E R. Mechanics of Materials［M］. 2nd ed. New York：McGraw-Hill Inc.1992.

［15］Hibbeler R C, Mechanics of Materials［M］.5th ed. New Jersey：Prentice Hall.2004.

［16］Nash W A. Theory and Problems of Strength of Materials［M］. 2nd ed. New York：McGraw-Hill Book Company, 1977.

［17］Zienkiewicz O C. The Finite Element Method［M］.3rd ed. London：Mc-

Garw-Hill Book Company (UK) Limited, 1977.

[18]Richard G Budynas. Advanced Strength and Applied Stress Analysis[M]. 2nd ed.McGarw-Hill Company. 1999.

习 题 答 案

第十二章　弯曲问题进一步研究

12-1　$\sigma_{max} = 155.3$ MPa

12-2　$\sigma_{max} = \dfrac{4M_z}{b^3}$

12-3　（a）平面弯曲

　　　（b）斜弯曲

　　　（c）平面弯曲

12-4　$\sigma_{t,max} = 105.6$ MPa，$\sigma_{c,max} = -85.3$ MPa

12-5　$\tau_{max} = 6.75$ MPa

12-6　$\tau_{w,max} = \dfrac{F_{Sy}h(4b+h)}{8I_z}$，$I_z \approx \dfrac{\delta h^3}{12} + 2b\delta\left(\dfrac{h}{2}\right)^2 = \dfrac{7\delta h^3}{12}$

12-7　$\tau_{1,max} = \tau_{3,max} = \dfrac{2F_{Sy}}{(4+\pi)R\delta}$，$\tau_{2,max} = \dfrac{4F_{Sy}}{(4+\pi)R\delta}$

12-8　（a）与形心 C 重合

　　　（b）中心线折角处

　　　（c）中心线折角处

12-10　（a）$e_z = 4R_0/\pi$（形心右侧）

　　　　（b）$e_z = bh_2^3/(h_1^3+h_2^3)$（左腹板形心右侧）

12-11　（a）$\sigma_{al,max}^c = 22.3$ MPa，$\sigma_{st,max} = 45.4$ MPa

　　　　（b）$\sigma_{al,max}^c = 26.9$ MPa，$\sigma_{st,max}^c = 30.4$ MPa，$\sigma_{co,max}^t = 36.9$ MPa

　　　　（c）$\sigma_{al,max}^c = 108.2$ MPa，$\sigma_{st,max} = 216$ MPa

12-12　$\delta_1 \geqslant 0.017\ 1$ m

12-13　$[M_e] = 37.0$ kN·m，$\theta = 0.833°$

12-14　$\sigma_{max} = 124.6$ MPa，$\tau_{max} = 2.50$ MPa

12-15　$\sigma_{t,max} = 32.7$ MPa，$\sigma_{c,max} = 33.7$ MPa，$\theta_{A/B} = 0.106\ 9°$

12-16 $[F] = 5.75$ kN

12-17 $b = 0.155\ 9$ m

12-18 $\sigma_{max} = 106.7$ MPa

12-19 (a) $\theta_B = -\dfrac{M_e a}{12EI}, w_C = 0$

(b) $\theta_B = \dfrac{7qa^3}{48EI}, w_C = -\dfrac{5qa^4}{48EI}$

(c) $\theta_B = \dfrac{Fa^2}{2EI},\ w_C = \dfrac{Fa^3}{12EI}$

(d) $\theta_B = -\dfrac{5Fa^2}{6EI},\ w_C = 0$

第十三章　能量法

13-2 (a) $V_\varepsilon = \dfrac{F^2 l^3}{96EI}, \Delta_C = \dfrac{Fl^3}{48EI}$

(b) $V_\varepsilon = \dfrac{M_e^2 l}{3EI}, \theta_A = \dfrac{2M_e l}{3EI}$

13-3 $\Delta l = \dfrac{Fl}{E\delta(b_2 - b_1)} \ln \dfrac{b_2}{b_1}$

13-5 $\theta_{B,F} = \dfrac{Fl^2}{16EI}$

13-7 $\Delta_B = \dfrac{3+2\sqrt{2}}{2}\dfrac{Fa}{EA}$

13-8 $\theta_C = \dfrac{5Fa^2}{6EI}$

13-9 (a) $\Delta_A = \dfrac{Fa^3}{6EI}, \theta_A = \dfrac{Fa^2}{2EI}$

(b) $\Delta_A = \dfrac{11qa^4}{24EI}, \theta_A = \dfrac{2qa^3}{3EI}$

13-10 $\Delta_{A/B} = \dfrac{3\pi FR^3}{EI}$

13-11 $\Delta_{A/C} = \dfrac{Fl}{EA}$

13-12 $\Delta_A = \dfrac{(4F - qa)a}{2EA}$

13-13 $\quad \varphi_A = \dfrac{3ma^2}{2GI_p}$

13-15 $\quad \Delta_C = \dfrac{13Fa^3}{54EI}, \theta_A = \dfrac{31Fa^2}{108EI}$

13-16 $\quad \bar{\theta} = \dfrac{qa^3}{3EI}$

13-17 $\quad$ (a) $\Delta_B = \dfrac{\sqrt{3}\,Fa}{12EA}, \theta_{AB} = \dfrac{5\sqrt{3}\,F}{6EA}$

$\qquad$ (b) $\Delta_B = \dfrac{(2+2\sqrt{2})\,Fa}{EA}, \theta_{AB} = \dfrac{(2+4\sqrt{2})\,F}{EA}$

13-18 $\quad$ (a) $\theta_A = \dfrac{qa^3}{2EI}, \Delta_D = \dfrac{11qa^4}{24EI}$

$\qquad$ (b) $\theta_A = \dfrac{M_e a}{3EI}, \Delta_D = \dfrac{M_e a^2}{6EI}$

13-21 $\quad \Delta_A = \dfrac{16\,000F}{3\pi Ed}$

13-22 $\quad \Delta_A = \dfrac{Fa^3}{3EI} + \dfrac{Fl^3}{3EI} + \dfrac{Fa^2 l}{GI_t}$

13-23 $\quad \Delta_A = 0.016\,8 \text{ m}$

13-24 $\quad \Delta_C = \dfrac{2Fa^3}{3EI} + \dfrac{8\sqrt{2}\,Fa}{EA}, \theta_C = \dfrac{5Fa^2}{6EI} + \dfrac{4\sqrt{2}\,F}{EA}$

13-25 $\quad \Delta_C = \dfrac{3\pi-8}{8}\dfrac{Fa^3}{EI}$

13-26 $\quad \bar{\theta} = \dfrac{(\pi-2)\,FR^2}{4EI}$

13-27 $\quad \Delta_{A/B} = \dfrac{\pi FR^3}{EI}, \theta_{A/B} = 0$

13-28 $\quad$ 一对矩为 $M_e = EI\Delta\theta/(2\pi R)$ 的力偶

13-29 $\quad \Delta_{A/B} = \dfrac{5Fl^3}{6EI} + \dfrac{3Fl^3}{2GI_t}$

13-30 $\quad \varphi_A = \dfrac{\pi M_e R}{2EI} + \dfrac{\pi M_e R}{2GI_t}, \Delta_A = \dfrac{\pi M_e R^2}{2EI} + \dfrac{\pi M_e R^2}{2GI_t}$

13-32 $\quad \Delta_y = \dfrac{3l^2 \alpha_l (T_2 - T_1)}{2h} + \dfrac{l\alpha_l (T_2 + T_1)}{2}, \Delta_x = \dfrac{l\alpha_l (T_2 + T_1)}{2} - \dfrac{l^2 \alpha_l (T_2 - T_1)}{2h}$

$$\theta_C = \frac{2l\alpha_l(T_2 - T_1)}{h}$$

13-33 $\quad \Delta_y = \dfrac{6F^4 l}{A^2 B^2}, \Delta_x = 0$

13-34 $\quad \Delta_{By} = 2\sqrt{2}\,\delta \quad (\downarrow)$

13-35 $\quad$ （a） $\Delta_B = \alpha_l a \Delta T$

$\qquad$ （b） $\Delta_B = \alpha_l a \Delta T$

13-40 $\quad$ （1） $\Delta_{max} = \dfrac{5ql^2}{\pi E d^2}\left(\dfrac{l^2}{6d^2} + \dfrac{8}{27}\right), \theta_{max} = \dfrac{8ql^3}{3\pi E d^4}$

$\qquad$ （2） 当 $l/d = 10$ 时，$\Delta_s / \Delta_{max} = 1.75\%$; 当 $l/d = 5$ 时，$\Delta_s / \Delta_{max} = 6.63\%$

13-41 $\quad q_{cr} = \dfrac{2\pi^2 EI}{l^2}$

13-42 $\quad$ （a） $F_{cr} = \dfrac{2\pi^2 EI}{3l^2}$

$\qquad$ （b） $F_{cr} = \dfrac{1.82\pi^2 EI}{l^2}$

第十四章　静不定问题分析

14-1 $\quad$ （a）四度静不定

$\qquad$ （b）二度静不定

$\qquad$ （c）一度静不定

$\qquad$ （d）一度静不定

14-2 $\quad$ （a） $|M|_{max} = \dfrac{M_e}{2}$

$\qquad$ （b） $|M|_{max} = \dfrac{3ql^2}{8}$

14-3 $\quad$ （a） $F_{By} = F_{Cy} = \dfrac{F}{2}, F_{Bx} = F_{Cx} = \dfrac{F}{\pi}$

$\qquad$ （b） $F_{Ay} = F_{By} = \dfrac{4M_e}{\pi R}, F_{Ax} = F_{Bx} = 0, M_B = \dfrac{(4-\pi)M_e}{\pi}$

14-4 $\quad \Delta_{Bx} = \dfrac{qR^4}{EI}\left(\dfrac{\pi^2}{8} - \dfrac{\pi}{2} - \dfrac{2}{\pi} + 1\right)$

14-5 $\quad F_{N,BC} = \dfrac{2-\sqrt{2}}{2}F$

14-6　$\Delta_{Cy}=\dfrac{Fa^3}{\left(6+2\sqrt{3}\right)EI}$

14-7　（a）$F_{N,BC}=\dfrac{25F}{13}$

　　　（b）$F_{N,BC}=1.2F,\Delta_B=\dfrac{8.53Fa}{EA}$

14-8　$F_{N1}=F,F_{N2}=\dfrac{F}{4},F_{N3}=-\dfrac{F}{2},\theta_{BC}=\dfrac{5Fl}{16aEA}$

14-9　（a）$\left|M\right|_{\max}=\dfrac{Fl}{4}$

　　　（b）$\left|M\right|_{\max}=\dfrac{2ql^2}{7}$

14-10　（a）$M_{\max}=\dfrac{ql^2}{12},\Delta_{A/B}=\dfrac{ql^4}{64EI}$

　　　（b）$M_{\max}=\dfrac{Fl}{8},\Delta_{A/B}=\dfrac{Fl^3}{96EI}$

　　　（c）$M_{\max}=\dfrac{Fl}{2},\Delta_{A/B}=0$

　　　（d）$M_{\max}=\dfrac{ql^2}{4},\Delta_{A/B}=0$

14-11　$M_A=\dfrac{FR}{\pi},M_C=-FR\left(\dfrac{1}{2}-\dfrac{1}{\pi}\right),\Delta_{A/B}=\dfrac{\left(\pi^2-8\right)FR^3}{4\pi EI}$

14-12　$\Delta=\dfrac{0.019\,54FR^3}{EI}$

14-13　$a\geqslant 0.232$ m

14-14　$F_x=\dfrac{8-2\pi}{\pi^2-8}F,F_y=F$

14-15　（a）$\theta_{BC}=\dfrac{\left(1+\sqrt{2}\right)F}{EA}$

　　　（b）$\theta_{BC}=\dfrac{\sqrt{3}F}{EA}$

14-16　（a）$\Delta_{A/B}=\dfrac{0.042\,2FR^3}{EI}$

　　　（b）$\Delta_{A/B}=0$

14-17 $F_{N1} = F_{N2} = \dfrac{3}{4 + 3\sqrt{3}}\left(F - \dfrac{EA\delta}{l}\right)$, $F_{N3} = \dfrac{1}{4 + 3\sqrt{3}}\left(4F + \dfrac{3\sqrt{3}EA\delta}{l}\right)$

14-18 $M_D = \dfrac{M_e}{\sqrt{3}}$, $M_A = \dfrac{\sqrt{3}M_e}{6}$

14-19 $\theta_{A/B} = \dfrac{8M_e R(E + 2G)}{GEd^4}$

14-20 $F_{SG} = F_{SK} = \dfrac{F}{2}$, $T_G = T_K = \dfrac{Fa}{2}$

14-21   (a) $|M|_{max} = qa^2$, $T_{max} = 0.145qa^2$

         (b) $|M|_{max} = \dfrac{9Fa}{23}$, $T_{max} = \dfrac{5Fa}{46}$

14-22   (a) $M_B = -\dfrac{ql^2}{30}$, $M_C = -\dfrac{7ql^2}{60}$

         (b) $M_A = \dfrac{2M_e}{7}$, $M_{B_-} = -\dfrac{4M_e}{7}$

14-23 $M_A = \dfrac{2M_e}{11}$, $M_B = -\dfrac{4M_e}{11}$

14-24 $M_B = \dfrac{30EI\delta}{7l^2}$, $M_C = \dfrac{36EI\delta}{7l^2}$

第十五章　动载荷

15-1 $F_{N,max} = F_1$

15-2 $T_{max} = M_A$

15-3 $|\sigma|_{max} = \dfrac{F}{A}$, $\Delta l = -\dfrac{Fl}{2EA}$

15-4 $n = 109\ 20$ r/min, $\Delta l = 0.030$ m

15-5 $\sigma_A = \dfrac{\rho l^2 \omega^2}{12}$

15-6 $A(x) = \dfrac{WR_0\omega^2}{g[\sigma]}e^{\frac{\rho\omega^2(R_0^2 - x^2)}{2[\sigma]}}$

15-7 $|M|_{max} = \dfrac{7\rho Aa^2\omega^2}{16}$

15-8 $\sigma_{max} = \dfrac{4l\rho h\delta\omega^2 d_1^2}{d^3}$

15-9　（a）$\sigma_{max} = 184.3$ MPa

　　　（b）$\sigma_{max} = 15.85$ MPa

15-10　$[h] = 0.016\ 3$ m

15-11　$\Delta_{max} = 0.074\ 4$ m，$\sigma_{max} = 168.3$ MPa

15-12　$\tau_{max} = \dfrac{4\omega}{d}\sqrt{\dfrac{GJ}{2\pi l}}$

15-13　$\Delta_{B,max} = v\sqrt{\dfrac{Pl}{gEA}}$，$\sigma_{max} = v\sqrt{\dfrac{PE}{glA}}$

15-14　（a）$\sigma_{max} = 172.5$ MPa

　　　（b）$\sigma_{max} = 208$ MPa

15-15　$\sigma_{max} = \dfrac{3.24PR}{d^3}\left(1 + \sqrt{1 + \dfrac{2h}{\Delta_{st}}}\right)$

15-17　$\sigma_{max} = \dfrac{vl}{2W}\sqrt{\dfrac{6MEAI}{l(2I + Al^2)}}$

15-18　$\omega_0 = \sqrt{\dfrac{GI_p}{lI}}$

15-19　$\omega_0 = 64.4$ rad/s

15-20　（a）$l = 1.05$ m

　　　（b）$l = 0.883$ m，$\sigma_{max} = 43$ MPa

第十六章　疲劳

16-1　$\sigma_m = 200$ MPa，$\sigma_a = 100$ MPa，$r = 0.333$

16-2　$\sigma_{max} = 152.8$ MPa，$\sigma_{min} = -101.8$ MPa，$\sigma_m = 25.5$ MPa，$\sigma_a = 127.3$ MPa，
　　　$r = -0.666$

16-3　$K_\sigma = 1.53$

16-4　$K_\tau = 1.19$

16-5　合金钢：$[\sigma_{-1}] = 34.8$ MPa；碳钢：$[\sigma_{-1}] = 34.6$ MPa

16-6　$n_\sigma = 2.40$

16-7　$F_{max} = 212$ kN

16-8　$K_\sigma = 1.6$

16-9　$n_f = 2.61$

16-10　$n_\sigma = 1.94$

16-11　$n_{\sigma\tau} = 1.4$

16-12 $n_{\sigma\tau}=2.69$

第十七章 应力分析的实验方法

17-1 $\sigma_A=E\varepsilon_{0°}$; $\tau_B=\dfrac{E}{(1+\mu)}\varepsilon_{-45°}$; $\sigma_C=E\varepsilon_{0°}$, $\tau_C=\dfrac{E}{2(1+\mu)}\big[(1-\mu)\varepsilon_{0°}+2\varepsilon_{45°}\big]$

17-2 $M=\dfrac{E\pi d^3}{64(1-\mu)}(\varepsilon_3-\varepsilon_1-\varepsilon_2+\varepsilon_4)$, $M_e=\dfrac{E\pi d^3}{64(1+\mu)}(\varepsilon_2-\varepsilon_1-\varepsilon_4+\varepsilon_3)$

17-3 $M_e=\dfrac{\pi ER_0^2\delta}{(1+\mu)}(\varepsilon_{-45°}-\varepsilon_{45°})$, $p=\dfrac{4E\delta}{3(1-\mu)(2R_0-\delta)}(\varepsilon_{-45°}+\varepsilon_{45°})$

17-4 $\sigma_1=95.8$ MPa , $\sigma_2=47.1$ MPa , $\alpha_0=9°13'$

第十八章 杆与杆系分析的计算机方法

18-1 $[k]=\dfrac{EA}{l}\begin{bmatrix}1&0&-1&0\\0&0&0&0\\-1&0&1&0\\0&0&0&0\end{bmatrix}$

18-2 $[\bar{k}]=\dfrac{EA}{l}\begin{bmatrix}\cos\alpha&\sin\alpha&0&0\\-\sin\alpha&\cos\alpha&0&0\\0&0&\cos\alpha&\sin\alpha\\0&0&-\sin\alpha&\cos\alpha\end{bmatrix}^T\begin{bmatrix}1&0&-1&0\\0&0&0&0\\-1&0&1&0\\0&0&0&0\end{bmatrix}\cdot$

$\begin{bmatrix}\cos\alpha&\sin\alpha&0&0\\-\sin\alpha&\cos\alpha&0&0\\0&0&\cos\alpha&\sin\alpha\\0&0&-\sin\alpha&\cos\alpha\end{bmatrix}$

18-3 $M=\begin{bmatrix}5\ 217\\-1\ 700\\750\end{bmatrix}$ N·m

第十九章 考虑材料塑性的强度计算

19-1 $[F_u]=60$ kN

19-2 $F_u=105$ kN

19-3 $[F_u]=15$ kN

19-4 $F_u=130$ kN

19-5 $F=F_s$ 时 , $f_s=1.212$ mm ; $F=F_u$ 时 , $f_u=2.42$ mm

19-6 $\dfrac{T_{\text{p}}}{T_{\text{s}}} = \dfrac{4(1-\alpha^3)}{3(1-\alpha^4)}, \alpha = \dfrac{d}{D}$

19-7 $[M_{\text{u}}] = 2.23 \ \text{kN} \cdot \text{m}$

19-8   (a) $M_{\text{p}} = \dfrac{\sigma_{\text{s}} d^3}{6}$

         (b) $M_{\text{p}} = \dfrac{(2-\sqrt{2})\sigma_{\text{s}} bh^2}{6}$

19-9 $\rho = \dfrac{E}{\sigma_{\text{s}}}\sqrt{3\left(\dfrac{h^2}{4} - \dfrac{M}{b\sigma_{\text{s}}}\right)}$

19-10 $[q_{\text{u}}] = 1.59 \times 10^4 \ \text{N/m}$

19-11   No.22a

19-12 $[F_{\text{u}}] = 57.4 \ \text{kN}$

19-13 $F_{\text{u}} = \dfrac{5.83 M_{\text{p}}}{l}, \eta = 0.586l$

19-14 $F_{\text{u}} = \dfrac{2 M_{\text{p}}}{l}$

19-15 $F_{\text{u}} = 92.8 \ \text{kN}$

索　引

Synopsis

The main objective of the study of the mechanics of materials is to provide the students with the means of analyzing and designing various members that make up machines and structures. The subject of mechanics of materials involves analytical methods for determining the strength, stiffness and stability of the various load-carring members. For teaching purpose, this text book is divided into two volumes, titled 《Mechanics of Materials Ⅰ》and《Mechanics of Materials Ⅱ》respectively. The first one covers the fundamental part of mechanics of materials, and the more advanced portions of the subject are incorporated in the second volume. There are 20 chapters in whole text book.

The basic concepts concerning internal force, stress, strain, and stress – strain relation are presented in Chap.1. The analysis of the stresses and deformations in various structural members, considering successively axial loading, torsion, transverse and combined loading, are devoted in Chaps 2,3,4,5,6,7 and 10, respectively.The general theories of the states of stress and strain are presented in Chap.8. The failure theories are introduced in Chap.9. Chap.11 discusses the analysis and design of columns. The chapters mentioned above form the volume one of the book.

There are eight chapters in the second volume. In Chap.12 some problems relating to unsymmetrical bending and special beams are covered. Chap.13 is devoted to the basic theorems of energy method. Chap.14 discusses the analysis of statically indeterminate problems. The analyses of stresses under dynamic loading are presented in Chap.15. Recently, fatigue and fracture become very important in the design of structure members, a basic introduction to fatigue and fracture is presented in Chap.16. Experimental and numerical methods are two important aspects in mechanics of materials. Chap.17 deals with the experimental methods to determine the stress distribution in a member or structure, Chap.18 the analysis method for bar and bar system by using computer method. In Chap.19 students will learn the methods of plastic analysis to determinate the limit loads of a member or structure.

The geometric properties of plane area are described in Appendix A.

A large number of review problems and exercises are given for each chapter. In some chapter, a couple of problems are designed to be solved with a computer.

Contents

作者简介

编者单辉祖,北京航空航天大学教授。

历任教育部工科力学教材编审委员、国家教委工科力学课程教学指导委员会委员、中国力学学会教育工作委员会副主任委员、北京航空航天大学校务委员会委员与校教学指导委员会委员等。

主要讲授材料力学、材料力学方法、工程力学、复合材料力学、复合材料结构力学与有限元素法等课程,编写出版《材料力学I,II》、《材料力学教程》、《工程力学》与《材料力学问题、例题与分析方法》等教材多种。这些教材或属于"普通高等教育'九五'、'十五'、'十一五'国家级规划教材",或属于"教育科学'十五'国家级规划课题研究成果",或属于"北京市精品教材"。

科研工作主要集中在复合材料力学、有限元素法、边界元素法、各向异性弹性力学与细观力学等方面,承担与主持相关科研课题约20项,在《力学学报》与国际复合材料等期刊上,发表科研论文60余篇。

编写的教材获"国家教委优秀教材一等奖"、"中国高校科学技术自然科学奖二等奖"与"航空航天工业部优秀教材一等奖"等;主持负责的教学研究项目《材料力学优质课程建设》与《面向21世纪工科基础力学系列课程教学内容、课程体系与教学方法改革的研究与实践》,分别获"国家级教学优秀成果"一等奖与二等奖。

1992年被授予航空航天工业部"有突出贡献专家"称号,同年起享受国务院颁发的政府特殊津贴。